步步图解

电子电路识图技能

符号、关系、单元电路，实战分解

分解图 直观学 易懂易查
看视频 跟着做 快速上手

双色印刷

韩雪涛 主编

吴瑛 韩广兴 副主编

本书全面系统地讲解了各种电子电路的特点、功能、结构、应用的专业知识和针对不同类型电路的识图技能与技巧。为了确保图书的品质和特色，本书对目前各行业的电子电路识图和应用技能进行了细致的调研，将电子电路识图和应用技能按照岗位特色进行了整理，并将国家职业资格标准和行业培训规范融入到了图书的知识体系中。具体内容包括：电子电路识图基础、电子电路识图方法、电子元器件的图形符号与电路识读、基本放大电路识图、脉冲电路识图、电源电路识图、遥控电路识图、音频电路识图、传感器与微处理器电路识图、照明控制电路识图、电动机控制电路识图、电子产品实用电路识图。

本书可作为专业技能认证的培训教材，也可作为职业技术院校的实训教材，适合电子电气领域的技术人员、电工电子技术爱好者阅读。

图书在版编目（CIP）数据

步步图解电子电路识图技能/韩雪涛主编. —北京：机械工业出版社，2023.8
ISBN 978-7-111-73391-1

Ⅰ.①步…　Ⅱ.①韩…　Ⅲ.①电子电路-识图-图解　Ⅳ.①TN710-64

中国国家版本馆 CIP 数据核字（2023）第 115157 号

机械工业出版社（北京市百万庄大街 22 号　邮政编码 100037）
策划编辑：任　鑫　　　　责任编辑：任　鑫　刘星宁
责任校对：张爱妮　张　薇　　封面设计：王　旭
责任印制：邓　博
盛通（廊坊）出版物印刷有限公司印刷
2023 年 11 月第 1 版第 1 次印刷
148mm×210mm · 8 印张 · 258 千字
标准书号：ISBN 978-7-111-73391-1
定价：49.00 元

电话服务　　　　　　　　网络服务
客服电话：010-88361066　　机　工　官　网：www.cmpbook.com
010-88379833　　机　工　官　博：weibo.com/cmp1952
010-68326294　　金　书　网：www.golden-book.com
封底无防伪标均为盗版　　机工教育服务网：www.cmpedu.com

前 言

电子电路识图的专业知识和应用技能是电工电子领域相关工作岗位必须具备的一项基础技能。尤其是随着科技的进步和人们生活水平的提升，电子技术和电气自动化应用技术得到了进一步的发展，电工电子领域的岗位类别和从业人数逐年增加，如何能够在短时间内掌握电子电路识图的专业知识和应用技能，成为很多从业者和爱好者亟待解决的关键问题。

本书就是为从事和希望从事电工电子领域相关工作的专业人员及业余爱好者编写的一本专门提升电子电路识图和应用技能的“图解类”技能培训指导图书。

针对新时代读者的特点和需求，本书从知识架构、内容安排、呈现方式等多方面进行了创新和尝试。

1. 知识架构

本书对关于电子电路识图及应用的知识体系进行了系统的梳理。从基础知识开始，从使用角度出发，成体系地、循序渐进地讲解知识，传授技能。让读者加深对基础知识的理解，避免工作中出现低级错误，明确基本技能的操作方法，提高基本的职业素养。

2. 内容安排

本书注重基础知识的实用性和专业技能的实操性。在基础知识方面，以技能为导向，知识以实用、够用为原则；在内容的讲解方面，力求简单明了，充分利用图片化演示代替冗长的文字说明，让读者直观地通过图示掌握知识内容；在技能的锻炼方面，以实际案例为依托，注重技能的规范性和延伸性，力求让读者通过技能训练掌握过硬的本领，指导实际工作。

3. 呈现方式

本书充分发挥图解特色，在专业知识方面，将晦涩难懂的冗长文字简化，包含在图中，让读者通过读图便可直观地掌握所要体现的知识内容。在实操技能方面，通过大量的操作照片、细节图解、透视图、结构图等图解演绎手法，让读者在第一时间得到最直观、最真实的案例重现，确保在最短时间内获得最大的收获，从而指导工作。

4. 版式设计

本书在版式设计上更加丰富，多个模块的互补既确保学习和练习的融合，同时又增强了互动性，提升了学习的兴趣，充分调动学习者的主观能动性，让学习者在轻松的氛围下自主地完成学习。

5. 技术保证

在图书的专业性方面，本书由数码维修工程师鉴定指导中心组织编写，所有编者都具备丰富的维修知识和培训经验。书中所有的内容均来源于实际的教学和工作案例，从而确保图书的权威性、真实性。

6. 增值服务

在图书的增值服务方面，本书依托数码维修工程师鉴定指导中心和天津市涛涛多媒体技术有限公司提供全方位的技术支持和服务。为了获得更好的学习效果，本书充分考虑读者的学习习惯，在图书中增设了二维码学习方式。读者通过手机扫描二维码即可打开相关的学习视频进行自主学习，不仅提升了学习效率，同时增强了学习的趣味性和效果。

读者在阅读过程中如遇到任何问题，可通过以下方式与我们取得联系：

咨询电话：022-83715667/13114807267

联系地址：天津市南开区华苑产业园区天发科技园 8-1-401

邮政编码：300384

为了方便读者学习，本书电路图中所用的电路图形符号与厂商实物标注（各厂商的标注不完全一致）一致，未进行统一处理。

在专业知识和技能提升方面，我们也一直在学习和探索，由于水平有限，编写时间仓促，书中难免会出现一些疏漏，欢迎读者指正，也期待与您的技术交流。

编者

目录

第1章 电子电路识图基础

1.1 电子电路文字标识和图形符号

1.1.1 电子电路文字标识

电子电路图是将各种元器件的连接关系用图形符号和连线连接起来的一种技术资料，因此在电子电路图中的符号和标记必须有统一的标准。这些电路符号或标记中包含了很多的识图信息，掌握这些识图信息能够对其在电路中的作用进行分析和判断，同时这也是学习电子电路识图的必备基础知识。

文字标识是电子电路图中常用的一种字符代码，一般标注在电路中的电子元器件、连接线路等的附近，以标示其名称、参数、状态或特征等。

例如，图1-1所示为小型收音机的电路图。从图中可以看到，除了一些线、框构成的符号外，图中示出了很多文字标识，这些标识用于说明其对应图形符号的一些基本信息。

要点说明

图1-1中，天线线圈用字符L1标出，在电路中用于感应电磁波接收无线电广播的信号；单联可变电容器用字符TC1标出，在电路中与天线线圈L1构成谐振电路，用以选择电台进行调谐；场效应晶体管用字符VT1标出，在电路中用来放大天线线圈接收的高频信号；去耦电容用字符C2标出，在电路中与源极电阻器并联起去耦作用，以提高VT1高频放大增益；耦合电容器用字符C3标出，在电路中用来传输交流信号；晶体管用字符VT2标出，在电路中用作检波和放大的作

用，用以输出音频信号；音量调整电位器用字符 VP1 标出，在电路中用来调整音量的大小。

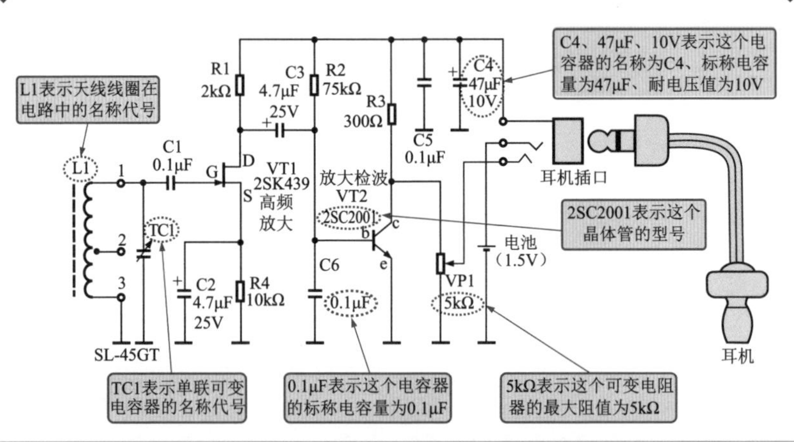

图 1-1 小型收音机的电路图

在电子电路图中，不同的电子元器件或功能部件、特征等，有明确特定的文字符号进行标识，在学习识图过程中，熟记这些文字符号十分重要。

例如，以电子电路图中最为常见的电子元器件为例：电阻器名称用“R+数字”标识，标称电阻值为“Ω、kΩ”等；电容器名称用“C+数字”标识，标称电容量为“F、μF、nF、pF”等；电感器名称用“L+数字”标识，标称电容量为“H、μH、mH”等。

电子电路图中常用的文字符号见表 1-1。

1.1.2 电子电路图形符号

当看到一张电子电路图时，其所包含的不同元器件、装置、线路以及安装连接等，并不是这些物理部件的实际外形，而是由每种物理部件对应的图样或简图进行体现的，把这种“图样”和“简图”称为图形符号。

图形符号是组成电气图的基本单元，就好比一篇文章中的“词汇”。因此在学习识读电路图前，首先要正确地了解、熟悉和识别这些符号的形式、内容、含义，以及它们之间的相互关系。

例如，图 1-2 所示为一种典型电子产品的电子电路。从图中可以看到，除了文字符号外，整张图都是由各种线和“外形各异”的图形符号构成，每个图形符号代表着电子产品中实际电路板上的一个电子元器件。

表 1-1 电子电路图中常用的文字符号

名称	文字符号	名称	文字符号	名称	文字符号
电阻器	R	欧姆（电阻值单位）	Ω（kΩ、MΩ）	交流	AC
电容器	C	法（电容量单位）	F（μF、pF、nF）	直流	DC
电感器	L	亨（电感量单位）	H（μH、mH）	交直流	AC/DC
二极管	VD、VZ	伏特（电压单位）	V（mV）	接地	GND
晶体管	V、VT	安培（电流单位）	A（mA）	相线	L
场效应晶体管	VT	瓦（功率单位）	W（mW）	零线	N
晶闸管	VF、VS	—	—	电源正极	L+
变压器	T	—	—	电源负极	L-
电动机	M	—	—	—	—
集成电路	IC	—	—	—	—
指示灯	HL	—	—	—	—
继电器	K	—	—	—	—
晶体振荡器	X 或 Z	—	—	—	—
扬声器	BL	—	—	—	—

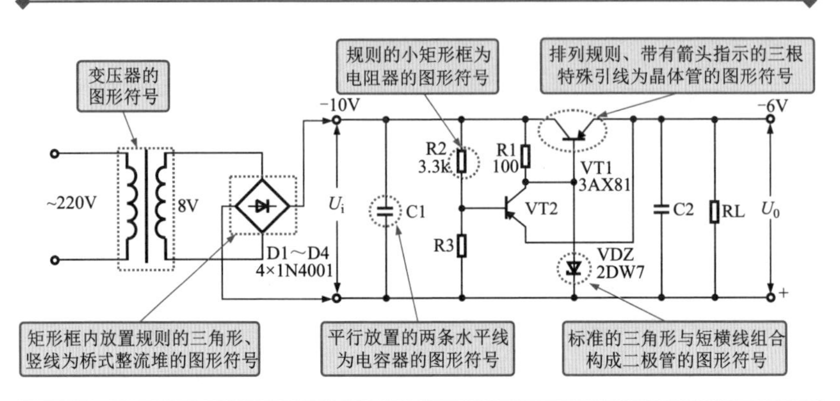

图 1-2 一种典型电子产品的电子电路

图中，不同形状的图形符号代表不同特性的元器件和功能部件，通过识别这些图形符号便可了解该电子电路的基本结构组成，结合识别出的元器件或功能部件的功能特点、原理等，便可完成对电子电路图的识读。

一般来说，在电子电路图中，以电子元器件应用最为广泛，具体各种电子元器件的图形符号，将在后续的章节中详细介绍。电子电路中常用基本图形符号，见表 1-2。

表 1-2 电子电路中常用基本图形符号

名称	图形符号	名称	图形符号
交流	～	交叉不相连的导线	
直流		交叉相连的导线	
交直流		丁字连接的导线	或
正极	+	力或电流等按箭头方向传送	
负极	−	信号输出端	或
接地	或	信号输入端	或
导线的连接点	●	信号输入、输出端	或

1.2 电子电路的连接关系

1.2.1 串联电路

串联电路结构上的最大特点就是元器件之间采用首尾相接的连接方式。

图1-3所示为电阻器串联电路的结构。在电阻器串联电路中，只有一条电流通路，即流过每个电阻器的电流都是相等的，这些电阻器的阻值相加就是该电路中的总阻值，每个电阻器上的电压根据每个电阻器阻值的大小，按比例进行分配。当开关打开或电路的某一点出现问题时，整个电路呈开路状态。

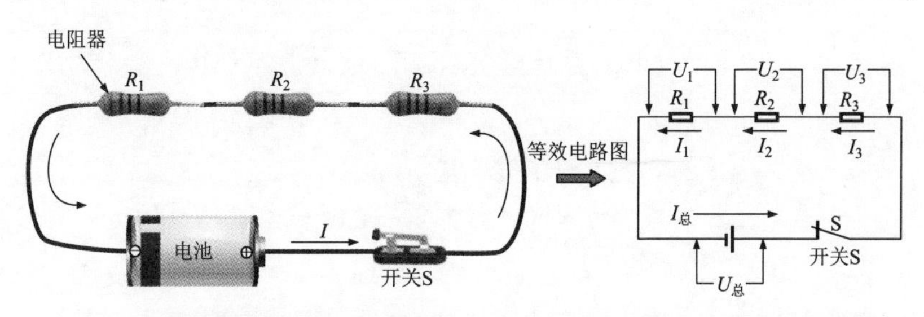

a) 电阻器串联电路的实物图　　b) 电阻器串联电路的原理图

图1-3　电阻器串联电路的结构

由图中可知，$U_{总}=U_1+U_2+U_3$，$R_{总}=R_1+R_2+R_3$，$I_{总}=I_1=I_2=I_3$

电路中各串联电阻器上的电压分配与各电阻值成正比。

电路中，$U_1=I_1R_1=IR_1$，因为 $I=\frac{U}{R_1+R_2+R_3}$，所以有 $U_1=U\frac{R_1}{R_1+R_2+R_3}$。

同理，$U_2=U\frac{R_2}{R_1+R_2+R_3}$、$U_3=U\frac{R_3}{R_1+R_2+R_3}$。

从以上分析可以看出，在电阻器串联电路中，电阻值越大，该电阻两端的电压就越高。

通过电阻器串联电路的特性，便可以通过调整串联电阻器数量或改变串联电阻器阻值的方式对电路进行调整，以实现相应的功能。

要点说明

电阻器串联电路有以下几个特点：

1）只有一条电流通路，且电路中电流处处相等。

2）各个电阻器上的电压之和等于电路两端的电压。

3）总电阻器阻值等于各电阻器阻值之和。

4）电路中各串联电阻器上的电压分配与各电阻值成正比。

知识拓展

欧姆定律表述了电压（U）与电流（I）及电阻（R）之间的关系。欧姆定律可定义如下：流过一段导体的电流（I）与这段导体两端的电压（U）成正比，与这段导体的电阻（R）成反比，即$I=\frac{U}{R}$。

根据上述对电阻串联电路特点的分析和介绍可以了解到，电阻器串联电路具有限流和分压的作用。

电路中电压的单位为V（伏特）。其进制关系为$1V=10^3mV$（毫伏）$=10^6\mu V$（微伏）。

电路中电流的单位为A（安培）。其进制关系为$1A=10^3mA$（毫安）$=10^6\mu A$（微安）。

电路中电阻的单位为Ω（欧姆）。其进制关系为$1M\Omega=10^3k\Omega=10^6\Omega$。

图1-4所示为电容器串联电路的结构，通常在电容器串联电路中，采用交流电压源供电，电路中通过每个电容器的电流相同。同时，在串联电路中仅有一个电流通路。当开关打开或电路的某一点出现问题时，整个电路呈开路状态。

在电容器串联电路中，电容器与电阻器的串联计算相反，即电容器串联时，三个电容器总电容值的倒数等于三个电容值倒数之和。多个电容器串联的总电容值的倒数等于各电容值的倒数之和。

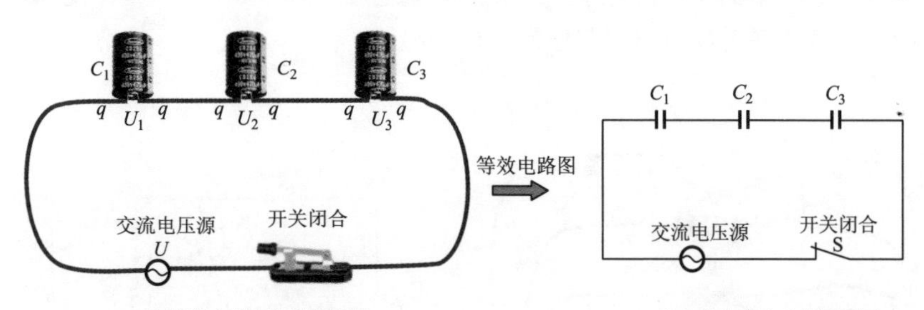

a) 电容器串联电路的实物图　　b) 电容器串联电路的原理图

C_1　C_2　C_3

$$\frac{1}{C}=\frac{1}{C_1}+\frac{1}{C_2}+\frac{1}{C_3}$$

C

c) 三个电容器串联的等效电路

C_1　C_2　…　C_n

$$\frac{1}{C}=\frac{1}{C_1}+\frac{1}{C_2}+\cdots+\frac{1}{C_n}$$

C

d) 多个电容器串联的等效电路

图 1-4　电容器串联电路的结构

当外加电压 U 加到串联电容器两端时，中间电容器的各个极板则由于静电感应而产生感应电荷，则感应电荷的大小与两端极板上的电荷量相等，均为 q，已知电荷量的公式为

$q=CU$，则 $q=C_1U_1=C_2U_2=C_3U_3$，每个电容器所带的电量为 q，因此这个电容器组合体的总电量也是 q。由串联电路的总电压公式可知，电容器串联时的总电压是

$$U=U_1+U_2+U_3=\frac{q}{C_1}+\frac{q}{C_2}+\frac{q}{C_3}=q\left(\frac{1}{C_1}+\frac{1}{C_2}+\frac{1}{C_3}\right)$$

由上述分析可知，串联电容器上的电压之和等于总输入电压，因而串联电容器电路具有分压功能。

1.2.2　并联电路

并联电路结构上的最大特点就是元器件之间采用并行的方式进行连接。

如图 1-5 所示，在电阻器并联电路中，各并联电阻器两端的电压都相等，电路中的总电流等于各分支的电流之和，且电路中总电阻器阻值的倒数等于各并联电阻器阻值的倒数之和。

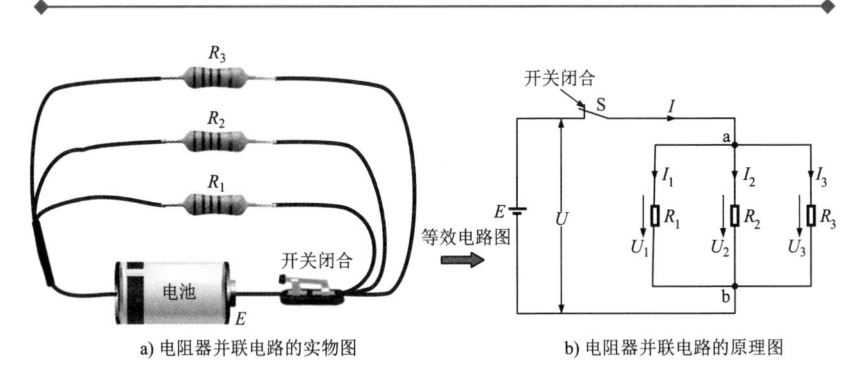

a) 电阻器并联电路的实物图　　b) 电阻器并联电路的原理图

图 1-5　电阻器并联电路结构

由图可知，在电阻器并联电路中：

1）各并联电阻器两端的电压相等。

$$U=U_1=U_2=U_3$$

因为各电阻器两端分别接在电路的 a 与 b 点之间，所以各电阻器两端电压与电路总电压相等。

2）电路的总电流等于各分支的电流之和。

$$I=I_1+I_2+I_3$$

根据电流连续性原理，流入 a 点的电流 I 应等于 a 点流出的电流 I_1、I_2、I_3 之和。

3）电路的等效电阻（总电阻）的倒数等于各并联电阻的倒数之和。

$$\frac{1}{R}=\frac{1}{R_1}+\frac{1}{R_2}+\frac{1}{R_3}$$

4）电路中流过电阻的电流与各电阻成反比。

在图中，$I_1R_1=U_1=U$，$I_2R_2=U_2=U$，$I_3R_3=U_3=U$，所以 $I_1R_1=I_2R_2=I_3R_3$，则可得

$$I_1:I_2:I_3=\frac{1}{R_1}:\frac{1}{R_2}:\frac{1}{R_3}$$

可以看出，在电阻并联电路中电阻越小，流过该电阻的电流就越大。

要点说明

电阻并联电路的主要作用是进行分流。当几个电阻器并联到一个电源两端时，则通过每个分支电阻器的电流和它们的电阻值成反比。在同一个并联电路中，电阻值越小，流过电阻的电流越大；相同电阻值的电阻器流过的电流相等。

相关资料

在一个电路中，既有电阻串联又有电阻并联的电路称为电阻串并联电路，也叫混联电路。电阻串并联电路的形式很多，应用广泛。图1-6所示为几种电阻的串并联电路。

要分析这些电路的结构，第一步是简化串联电路、并联电路。首先，计算出并联部分的总电阻值，然后将并联部分的总电阻值加上串联电路的电阻值就得到了这个串并联电路的总电阻值。这样其他参数值也都可以计算出来了。

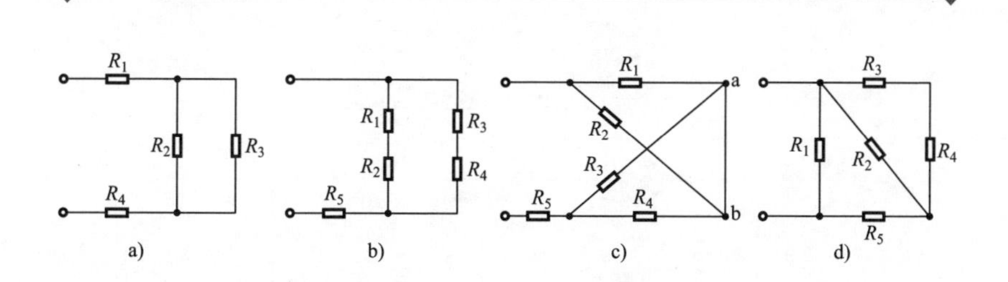

图1-6 电阻串并联电路示例

1.2.3 混联电路

将负载串联后再并联起来被称为串、并联电路，即混联电路，如图1-7所示。电流、电压及电阻之间的关系仍按欧姆定律计算。

1.2.4 RC电路

RC电路是一种由电阻器和电容器按照一定的方式连接并与交流电源组合而成的一种功能单元电路。

根据不同的应用场合和功能，RC 电路通常有两种结构形式：一种是 RC 串联电路，另一种是 RC 并联电路，如图 1-8 所示。

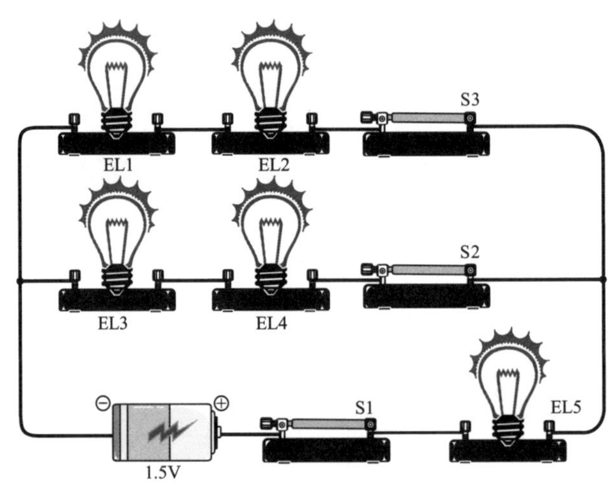

a) 串、并联电路的实物连接

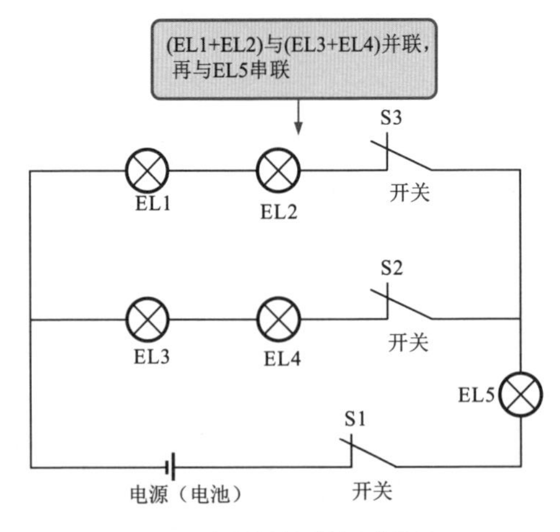

b) 串、并联电路的电路原理

图 1-7 混联电路的实物连接及电路原理图

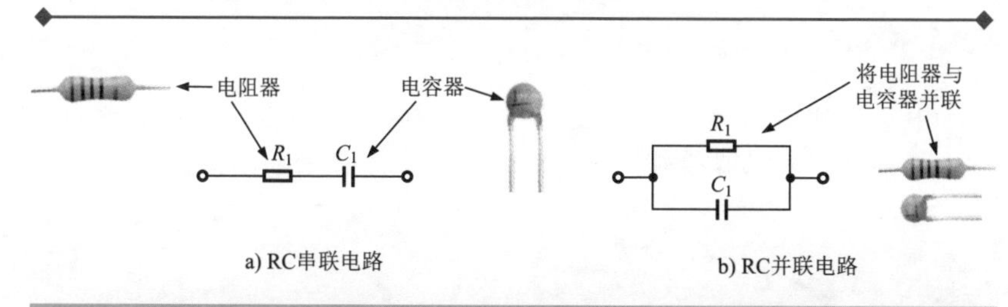

图 1-8 RC 电路的结构形式

1. RC 串联电路

电阻器和电容器串联后的组合称为 RC 串联电路，该电路多与交流电源连接，如图 1-9 所示。

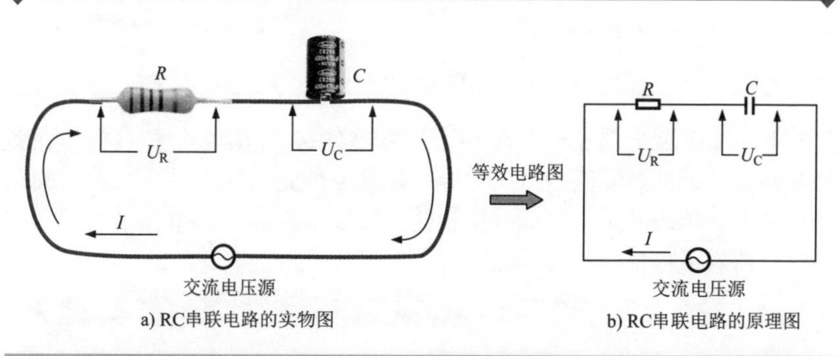

图 1-9 RC 串联电路结构

在 RC 串联电路中的电流引起了电容器和电阻器上的电压降，这些电压降与电路中电流及各自的电阻值或容抗值成比例。电阻器电压 U_R 和电容器电压 U_C 用欧姆定律表示为（X_C 为容抗）：$U_R=IR$，$U_C=IX_C$。

特别提示

在纯电容电路中，电压和电流相互之间的相位差为 90°。在纯电阻电路中，电压和电流的相位相同。在同时包含电阻器和电容器的电路中，外施电压和电流之间的相位差在 0°~90°之间（电流超前）。

当 RC 串联电路连接于一个交流源时，外施电压和电流的相位差在 0°~90°之间。相位差的大小取决于电阻和电容的比例。相位差均用角度表示。

2. RC 并联电路

电阻器和电容器并联于交流电源的组合称为 RC 并联电路。如图 1-10所示，电阻器和纯（理想）电容器并联于交流电压源。

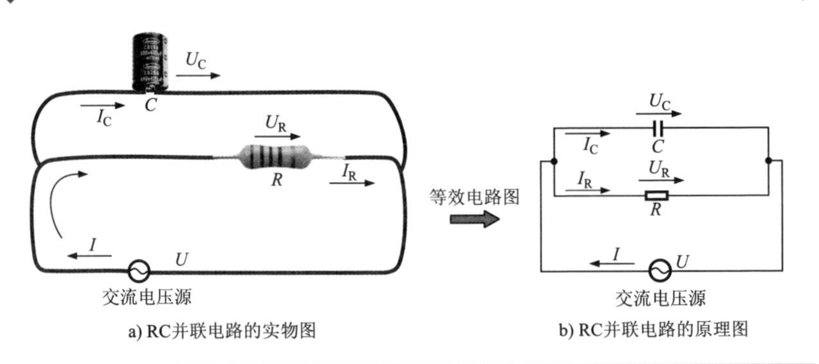

a) RC并联电路的实物图　　b) RC并联电路的原理图

图 1-10　RC 并联电路

与所有并联电路相似，在 RC 并联电路中，外施电压 U 直接加在各个支路上。因此各支路的电压相等，都等于外施电压，并且三者之间的相位相同。因为整个电路的电压相同，当知道任何一个电路电压时，就会知道所有电压值，$U=U_R=U_C$。

要点说明

RC 元件除构成简单的串并联电路外，还有一种常见的电路为 RC 正弦波振荡电路。该电路是利用电阻器和电容器的充放电特性构成的。RC 的值选定后，它们的充放电的时间（周期）就固定为一个常数，也就是说它有一个固定的谐振频率。一般用来产生频率在 200kHz 以下的低频正弦信号。常见的 RC 正弦波振荡电路有桥式、移相式和双 T 式等几种，如图 1-11 所示。由于 RC 桥式正弦波振荡电路具有结构简单、易于调节等优点，所以其应用较为广泛。

1.2.5　LC 电路

LC 电路是一种由电感器和电容器按照一定的方式进行连接的一种功能单元。

由电感器和电容器组成的串联或并联电路中，感抗和容抗相等时，电路成为谐振状态，此时电路称为 LC 谐振电路。LC 谐振电路又可分为 LC 串联谐振电路和 LC 并联谐振电路两种，如图 1-12 所示。

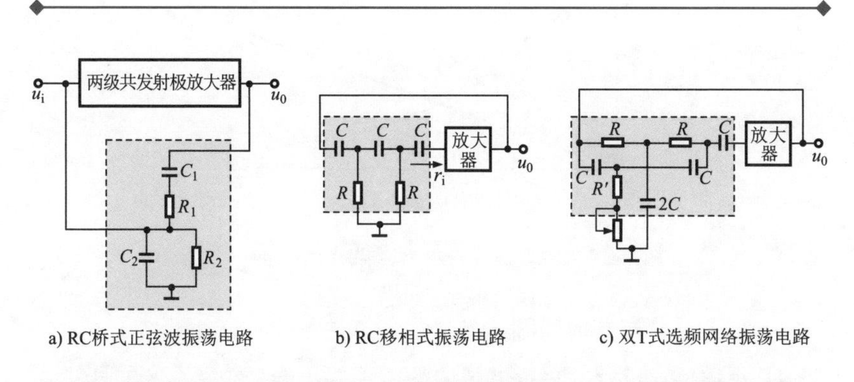

a) RC桥式正弦波振荡电路　b) RC移相式振荡电路　c) 双T式选频网络振荡电路

图 1-11　RC 正弦波振荡电路

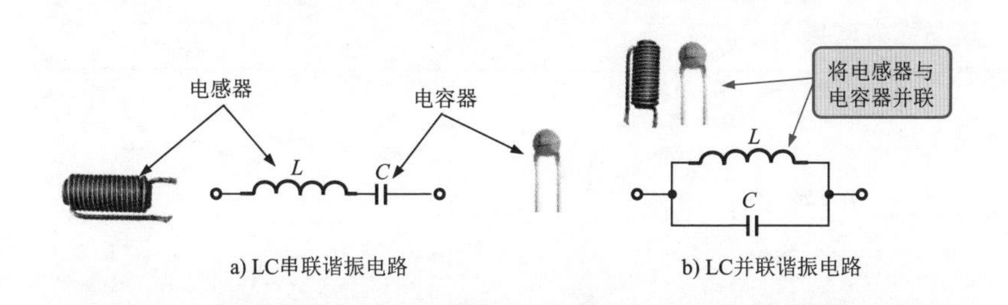

a) LC串联谐振电路　b) LC并联谐振电路

图 1-12　LC 谐振电路的结构形式

知道更多

在 LC 电路中，感抗和容抗相等时对应的频率值称为谐振频率，如图 1-13 所示曲线。在接收广播电视信号或无线通信信号时，使接收电路的频率与所选择的广播电视台或无线电台发射的信号频率相同就叫作调谐。

调谐就是通过调整电容器的容抗将谐振频率调节到预想的频率值，也就是将接收频率调整到与电台发射频率相同，这样就可以欣赏或收听所选频道的节目了。

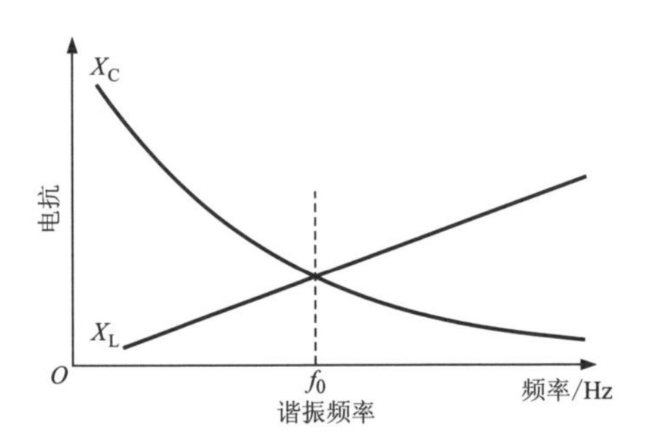

图 1-13　感抗和容抗曲线

1. LC 串联谐振电路

LC 串联谐振电路是指将电感器和电容器串联后形成的，且为谐振状态（关系曲线具有相同的谐振点）的电路，如图 1-14 所示。在串联谐振电路中，当信号接近特定的频率时，电路中的电流达到最大，这个频率称为谐振频率。

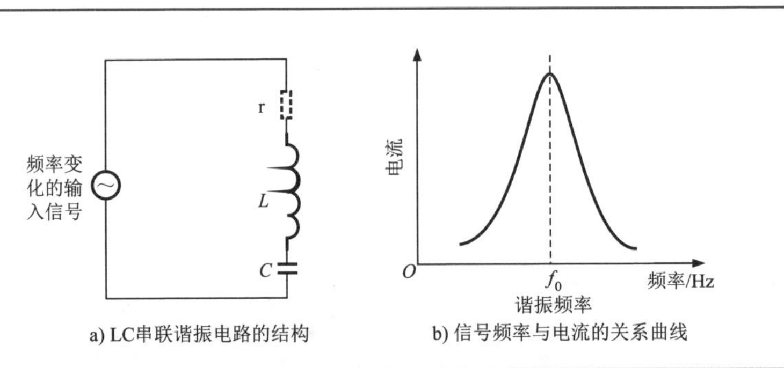

图 1-14　LC 串联谐振电路及电流和信号频率的关系曲线

图 1-15 为不同频率信号通过 LC 串联电路的条件示意图。由图中可知，当输入信号经过 LC 串联电路时，根据电感器和电容器的特性，信号频率越高电感器的阻抗越大，而电容器的阻抗则越小，阻抗大则对信号的衰减大，频率较高的信号通过电感器会衰减很大，而直流信号则无法通过电容器。当输入信号的频率等于 LC 谐振的频率时，LC 串联电路的阻抗最小，信号很容易通过电容器和电感器输出。此时 LC 串联谐振电路起到选频的作用。

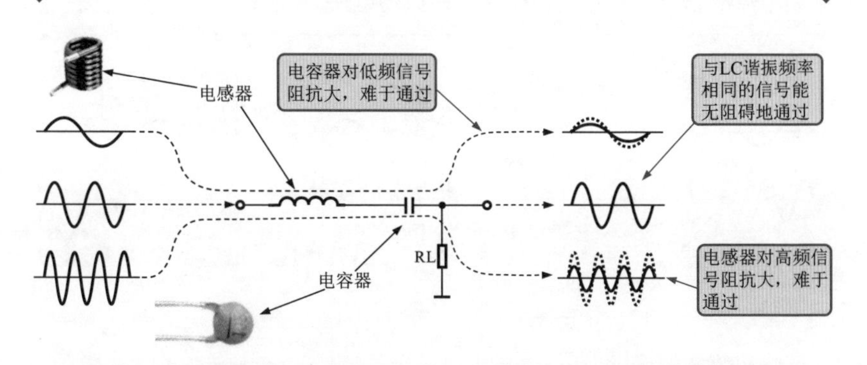

图 1-15　信号通过 LC 串联谐振电路前后的波形

2. LC 并联谐振电路

LC 并联谐振电路是指将电感器和电容器并联后形成的，且为谐振状态（关系曲线具有相同的谐振点）的电路，如图 1-16 所示。在并联谐振电路中，如果线圈中的电流与电容中的电流相等，则电路就达到了并联谐振状态。在该电路中，除了 LC 并联部分以外，其他部分的阻抗变化几乎对能量消耗没有影响。因此，这种电路的稳定性好，比串联谐振电路应用得更多。

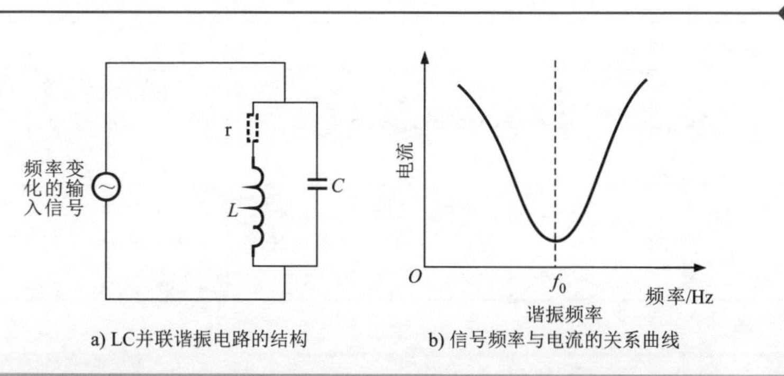

a) LC并联谐振电路的结构　b) 信号频率与电流的关系曲线

图 1-16　LC 并联谐振电路的结构及电流和信号频率的关系曲线

图 1-17 所示为不同频率的信号通过 LC 并联谐振电路时的状态，当输入信号经过 LC 并联谐振电路时，根据电感器和电容器的阻抗特性，较高频率的信号则容易通过电容器到达输出端，较低频率的信号则容易通过电感器到达输出端。由于 LC 回路在谐振频率 f_0 处的阻抗最大，谐

振频率点的信号不能通过 LC 并联的振荡电路。

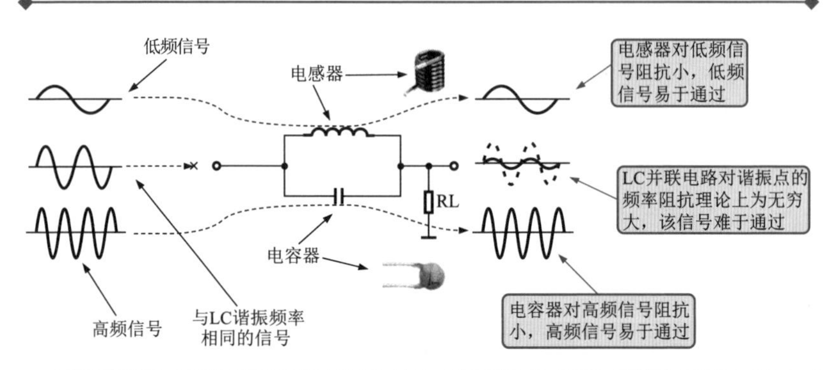

图 1-17 信号通过 LC 并联谐振电路前后的波形

要点说明

表 1-3 给出了串联谐振电路和并联谐振电路的特性。

表 1-3 谐振电路的特性

	串联谐振电路	并联谐振电路
谐振频率/Hz	$f_0=\frac{1}{2\pi\sqrt{LC}}$	$f_0=\frac{1}{2\pi\sqrt{LC}}$
电路中的电流	最大	最小
LC 上的电流	等于电源电流	L 和 C 中的电流反相、等值，大于电源电流，也大于非谐振状态的电流
LC 上的电压	L 和 C 的两端电压反相、等值，一般比电源电压高一些	电源电压

1.2.6 RLC 电路

RLC 电路是指电路中由电阻器、电感器和电容器构成的电路单元。由前文可知，在 LC 电路中，电感器和电容器都有一定的电阻值，如果电阻值相对于电感的感抗或电容的容抗很小时，往往会被忽略，而在某些高频电路中，电感器和电容器的阻值相对较大，就不能忽略，原来的

LC 电路就变成了 RLC 电路，如图 1-18 所示。

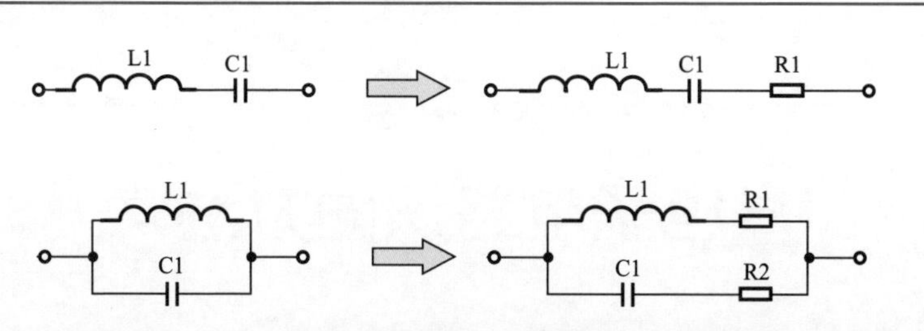

图 1-18　RLC 电路

要点说明

电感器的感抗与传输的信号频率有关，对低频信号电感的感抗较小，而对高频信号的感抗会变得很大。电容器的容抗变化规律与电感相反，频率越高其容抗越小。

在 RLC 谐振电路中，其频率特性除与 LC 的值（感抗值和容抗值）有关外，还与 RLC 元器件自身的电阻值有关，电阻值越小，电路的损耗则越小，频谱曲线的宽度越窄。当需要频率响应有一定的宽度时，就需要其中的电阻值大一些，电阻值成为调整频带宽度的重要因素，如图 1-19 所示。这种情况下就需要考虑 RLC 电路中的电阻值对电路的影响，有时还需要附加电阻器。

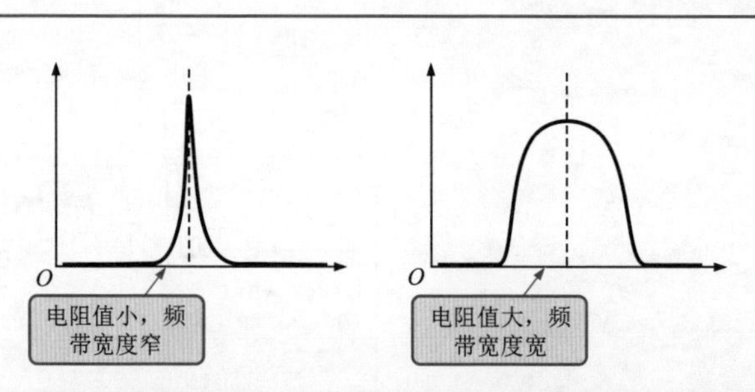

图 1-19　谐振电路中电阻值与频带宽度的关系

第 2 章 电子电路识图方法

2.1 电子电路图的特点

2.1.1 元件分布图

元件分布图是一种直观表示实物电路中元器件实际分布情况的图样资料，如图 2-1 所示。由图可知，元件分布图与实际电路板中的元件分布情况是完全对应的，这类电路图简洁、清晰地表达了电路板中构成的所有元件的位置关系。

a) 实物电路板

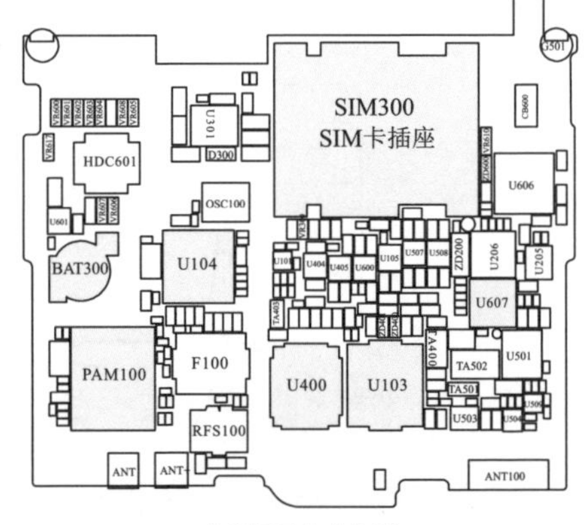

b) 电路板元件分布图

图 2-1 典型电子产品中的元件分布图

元件分布图标明了各个元件在电路板中的实际位置，同时由于分布图中一般标注了各个元件的标号，对照元件分布图和电路原理图，可以很方便地找到各个元件在实物电路板中的具体位置，在维修过程中有着非常重要的作用。

另外，在生产制作过程中，通常会根据电路板实际装载器件的类型进行分类安装，如生产线中，某一道程序只负责集成电路的安装，那么通过元件分布图可以很快地了解电路板应需安装几个集成电路、位置如何等。目前，很多电路板生产线上常将元件分布图制成一个模具，用于检验生产过程中有无元件缺失，如图 2-2 所示。

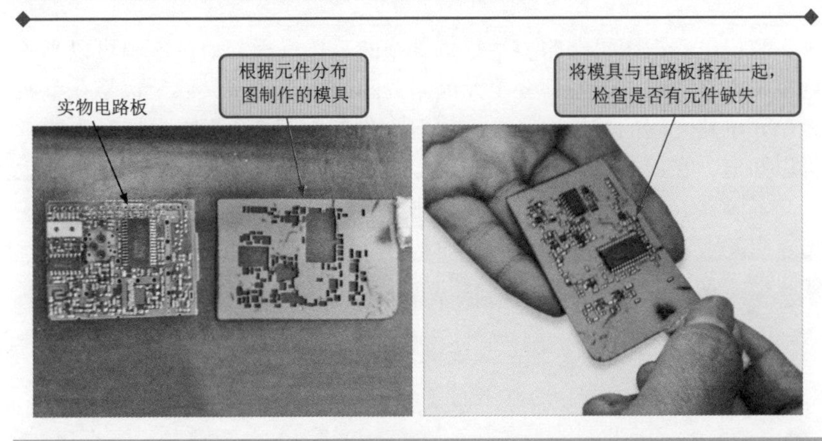

图 2-2　元件分布图在电路板制作生产中的应用

2.1.2　框图

框图是一种用线框、线段和箭头表示电路各组成部分之间的相互关系的电路图，其中每个方框表示一个单元电路或功能元件，线段和箭头则表示单元电路间、各功能部件间的关系和电路中信号走向，有时也称这种电路图为信号流程图。

框图从其结构形式上可分为整机电路框图、功能框图和集成电路内部结构框图等几种。

1. 整机电路框图

整机电路框图是指用方框、文字说明和连接线来表示电子产品的整机电路构成和信号传输关系，图 2-3 所示为一种收音机的整机电路框图。

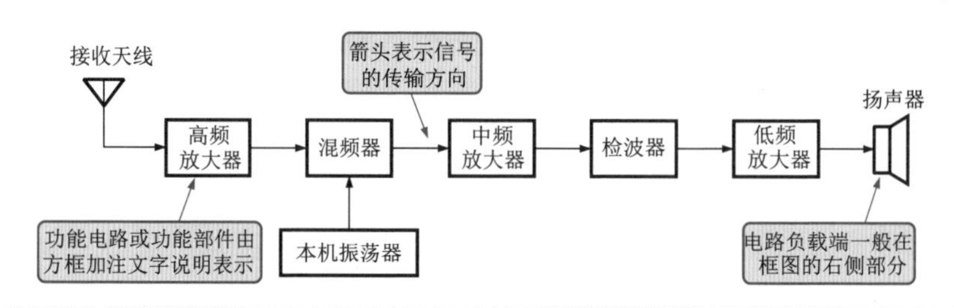

图 2-3 某收音机的整机电路框图

整机电路框图可粗略表达整机电路的工作流程，通过该图可以了解到整机电路的组成和各部分单元电路之间的相互关系，以及信号在整机各单元电路之间的传输途径及顺序等。例如，图 2-3 中，根据箭头指示可以知道，在该收音机电路中，由天线接收的信号需先经过高频放大器、混频器、中频放大器后才送入检波器，最后才经低频放大器后输出，由此可以粗略地了解其大致的信号处理过程。

要点说明

整机电路框图与整机电路原理图相比，其只是简单地将电路按照功能划分为几个单元，将每个单元画成一个方框，在方框中加上简单的文字说明，并用连线（有时用带箭头的连线）进行连接，来说明各个方框之间的关系。因此其体现电路的大致工作原理，可作为识读电路原理图前的索引，先简单了解整机由哪些部分构成，简单厘清各部分电路关系，为分析和识读电路原理图做好准备。

前述的电路原理图中则详细地绘制了电路全部的元器件和它们的连接方式，除了详细地表明电路的工作原理之外，还可以用来作为检修时选购替换元件、研发时设计电路的依据。

2. 功能框图

功能框图是体现电路中某一功能电路部分的框图，它相当于将整机电路框图其中一个方框的内容进行体现的电路，属于整机电路框图下一级的框图，如图 2-4 所示。

功能框图比整机电路框图更加详细，通常一个整机电路框图是由多个功能框图构成的，因此也称其为单元电路框图。

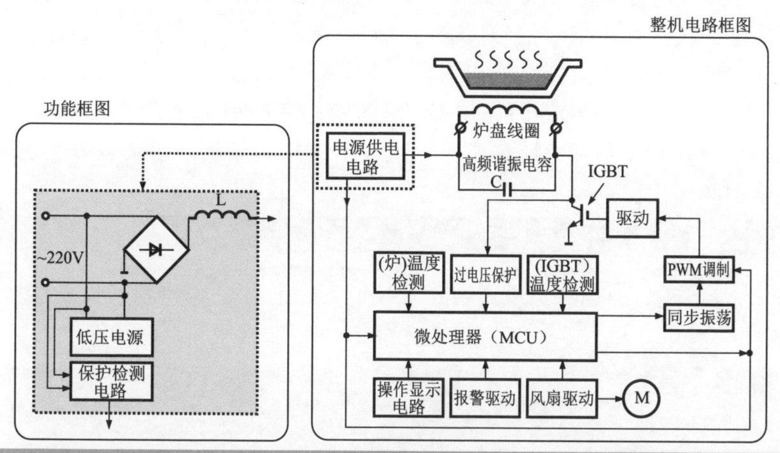

图 2-4　电磁炉的整机电路框图和电源部分的功能框图

3. 集成电路内部结构框图

集成电路的内部十分复杂，是由多种元件构成的，若想了解集成电路的具体工作过程，就需要对其集成电路的内部结构进行了解。这时，通常用框图来表示集成电路内电路的组成情况，这种框图称为内部结构框图，如图 2-5 所示。

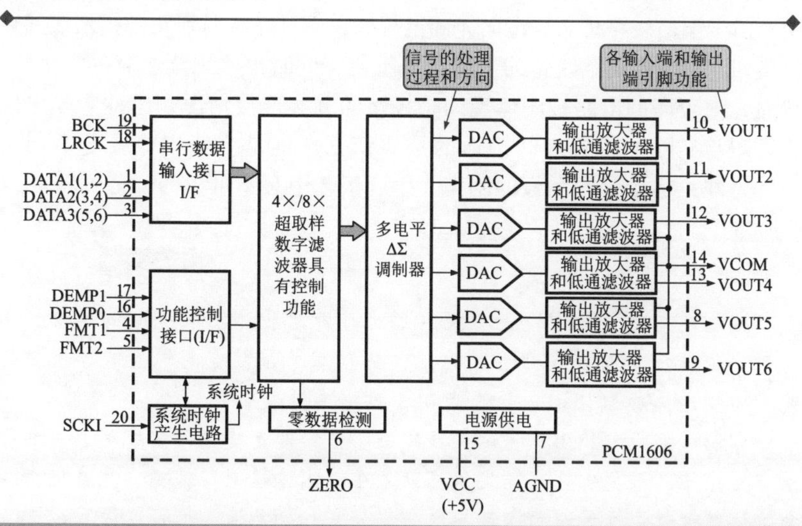

图 2-5　5.1 声道环绕立体声音频 D/A 转换器集成电路（PCM1606）的内部结构框图

由图 2-5 可知，集成电路的各种功能由方框加入文字说明表示，而带箭头的线段表示出了信号传输的方向，由此能够直观地表示出集成电路某引脚是输入引脚还是输出引脚，更有利于识图。

另外，在有些集成电路的内部框图中，有的引脚上箭头是双向的，这种情况在数字集成电路中常见，这表示信号既能从该引脚输入，也能从该引脚输出。

要点说明

框图是一种重要的电路图，对了解系统电路组成和各单元电路之间逻辑关系非常重要。一般框图比较简洁，逻辑性强，便于记忆和理解，可直观地看出电路的组成和信号的传输途径，以及信号在传输过程中受到的处理过程等。因此通过了解框图的上述概念、特点和功能等对分析电路和检修电子产品等有重要意义。

2.1.3 印制电路板图

印制电路板图是一种电路板上的印制线路，是制作印制电路板的图样，一般图中只包含印制线路和接点焊盘，如图 2-6 所示。

印制电路板图表示各元器件之间连接关系时不用线条而用铜箔线路，因此看起来印制电路板图更像是“线”与“点”的集合。在印制电路板中，由于铜箔线路排布、走向无固定规律，而且经常遇到几条铜箔线路并行排列，给观察铜箔线路的走向造成不便，同时也给识读造成一定困扰。然而，由于印制电路板图体现的是线路的真实连接情况，因此它是电路原理图与实际电路板之间沟通的重要依据，也是维修中重要的资料之一。另外，它也是印制板的制作、生产工艺中必不可少的工艺资料。

相关资料

印制电路板（PCB）上导线的形状与走向虽然没有统一的标准，但是也不是任何走向方式都可以的，也要考虑是否影响电气性能和机械性能。印制电路板（PCB）导线走向参考标准见表 2-1。

印制电路板（PCB）上的导线以短为佳，能走捷径不要绕远；走线平滑自然为佳，避免急拐弯和尖角，以免在制作过程中腐蚀掉内角或使外尖角的铜箔翘起；尽量避免印制导线布线分支；公共地线尽可能的宽。

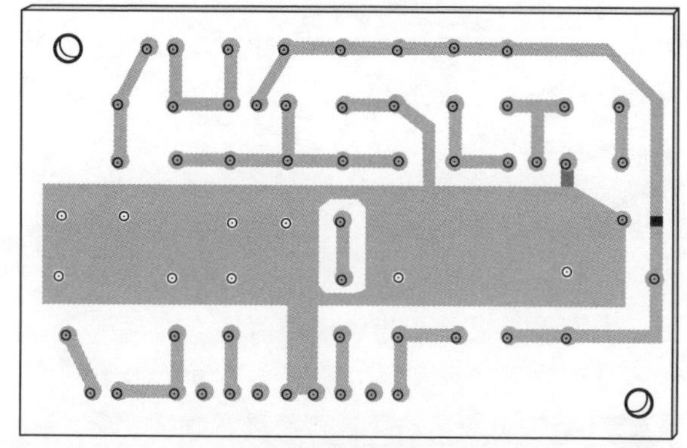

a) 典型印制电路板图(分立元件)

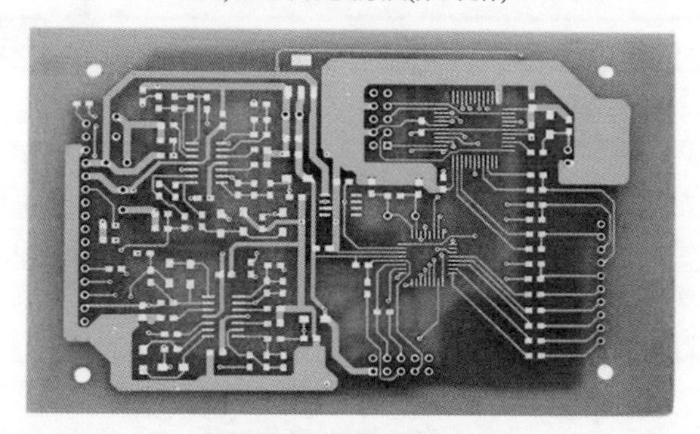

b) 典型印制电路板图（贴片元件）

图 2-6　典型电子产品的印制电路板图（小功率发射机）

表 2-1　导线走向参考标准

推荐 导线形状					
不推荐 导线形状					

要点说明

印制电路板是在一块绝缘板上先覆上一层金属箔，然后根据印制电路板图将电路板上不需要的金属箔腐蚀掉，则剩余金属箔的部分即为电子元器件之间的“连接线”，接下来，再根据元器件分布图将元器件对应的安装位置焊接在印制电路板的对应孔上。由于元器件安装图是电子产品生产制造的“蓝本”，因此需要考虑成本和实用性，如元器件分布和连接是否合理，元器件的体积、散热、抗干扰等诸多因素，而且随着制作技术的发展，元器件安装除了单面板安装，还有双面板安装，所以元器件安装图与电路原理图很难做到完全一致。

2.1.4 电路原理图

电路原理图是我们最常见到的一种电子电路图（我们俗称的“电路图”主要就是指电路原理图），它是由代表不同电子元器件的电路符号和连接线构成的电子电路，如图 2-7 所示。由于这种电路图直接体现了电子电路的结构、信号流程和工作原理，因此一般作为电子产品电路设计的参考资料，同时也作为分析、检测和维修等工作的资料。

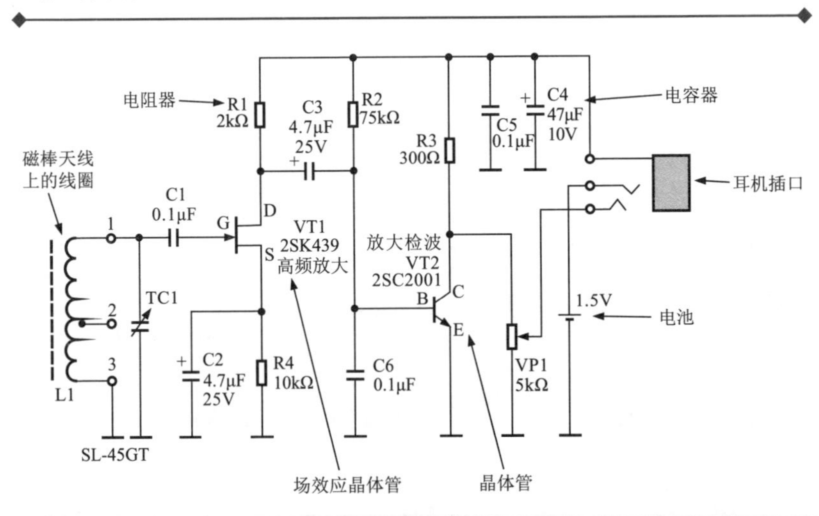

图 2-7　小型收音机电路原理图

电路原理图根据其具体构成又可分为整机电路原理图和单元电路原理图。

1. 整机电路原理图

整机电路原理图是指通过一张电路图便可将整个电路产品的结构和原理进行体现的原理图。根据不同电子产品的大小、功能等不同，其整机电路原理图也有简单和复杂之分，有些小型电子产品整机电路原理图仅由几个元件构成，如图 2-7 所示；有些功能复杂的产品如空调器、电视机、计算机等，其整机电路原理图要复杂得多，如图 2-8 所示。

整机电路原理图包括了整个电子产品所涉及的所有电路，因此可以根据该电路从宏观上了解整个电子产品的信号流程和工作原理，为学习、分析、检测和检修产品提供重要的理论依据。该类电路图具有以下特点和功能：

1）电路图中包含元器件最多，是比较复杂的一张电路图。

2）表明了整个产品的结构、各单元电路的分割范围和相互关系。

3）电路中详细标出了各元器件的型号、代号、额定电压、功率等重要参数，为检修和更换元器件提供重要的参考数据。

4）复杂的整机电路原理图一般通过各种接插件建立各单元电路之间的连接关系，识别这些接插件的连接关系更容易厘清电子产品各电路板与电路板模块之间的信号传输关系。

5）对于同类电子产品的整机电路原理图具有一定的相似之处，因此可通过举一反三的方法练习识图；而对不同种类型的产品，其整机电路原理图相差很大，但若能够掌握识读的方法，也能够做到“依此类推”。

在许多整机电路原理图中还给出了关键测试点的直流工作电压，例如集成电路各引脚上的直流电压标注等，如图 2-9 所示，这些参数在检修电路时可作为故障判别的依据。

2. 单元电路原理图

单元电路原理图是电子产品中完成某一个电路功能的最小电路单元。它可以是一个控制电路，也可以是某一级的放大电路等，它也是构成整机电路原理图的基本单元，如图 2-10 所示。

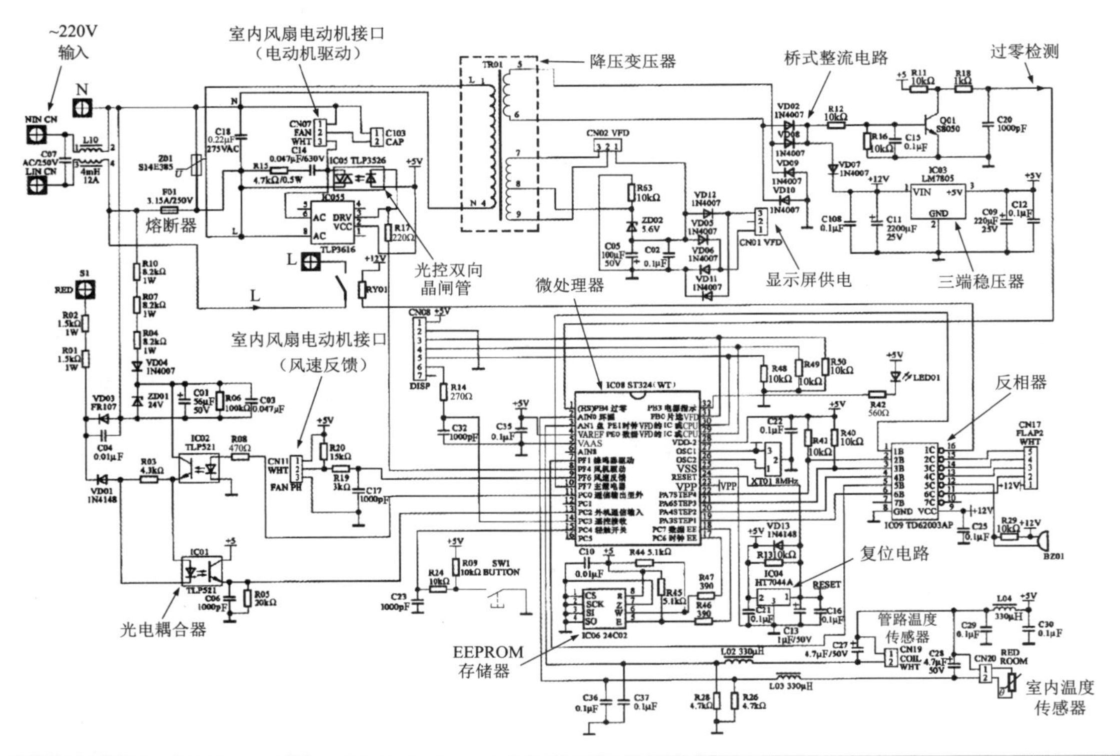

图 2-8 空调器室内机的电路原理图

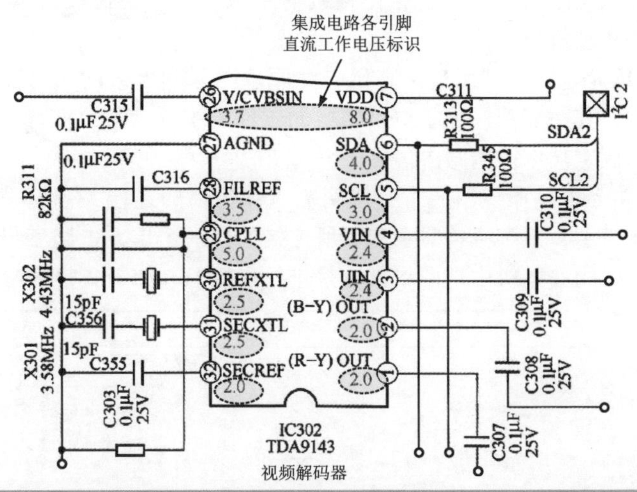

图 2-9　电路原理图中集成电路引脚直流工作电压的标注

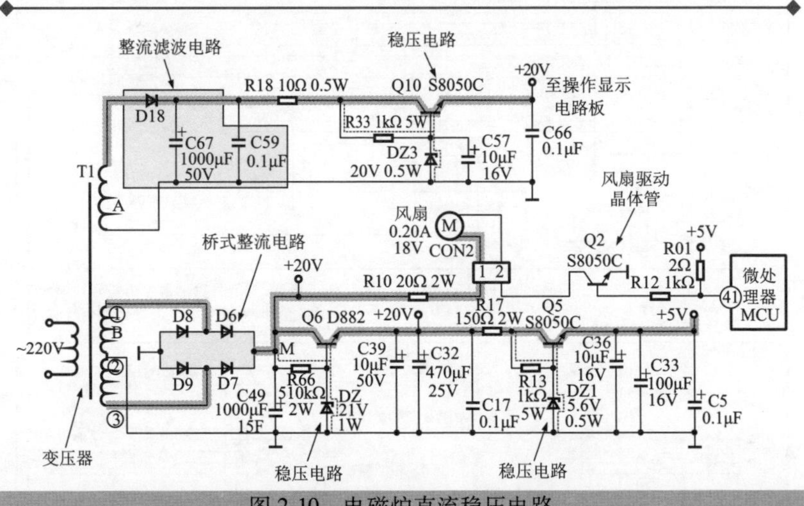

图 2-10　电磁炉直流稳压电路

图 2-10 为整个电磁炉电路原理图中的一个功能单元，它实现了将 220V 市电转化为多路直流电的过程。对于该单元电路，各元器件之间的连接处用一个小圆点表示。

单元电路原理图具有以下特点及功能：

1）单元电路原理图中一般只画出了电路中各种元器件的电路符号

和连接线以及附加说明等，相比整机电路原理图来说比较简单、清楚，便于识读和理解。

2）单元电路原理图是由整机电路原理图分割出来的相对独立的整体，因此，其一般都标出了电路中各元器件的主要参数，如标称值、额定电压、额定功率或型号等。

3）单元电路原理图通常会说明输入和输出的连接关系，一般会用字母符号表示，该字母符号会与其所连接的另一个单元电路字母符号完全一致，表明在整机中这两个部分是进行连接的，如图 2-11 所示。

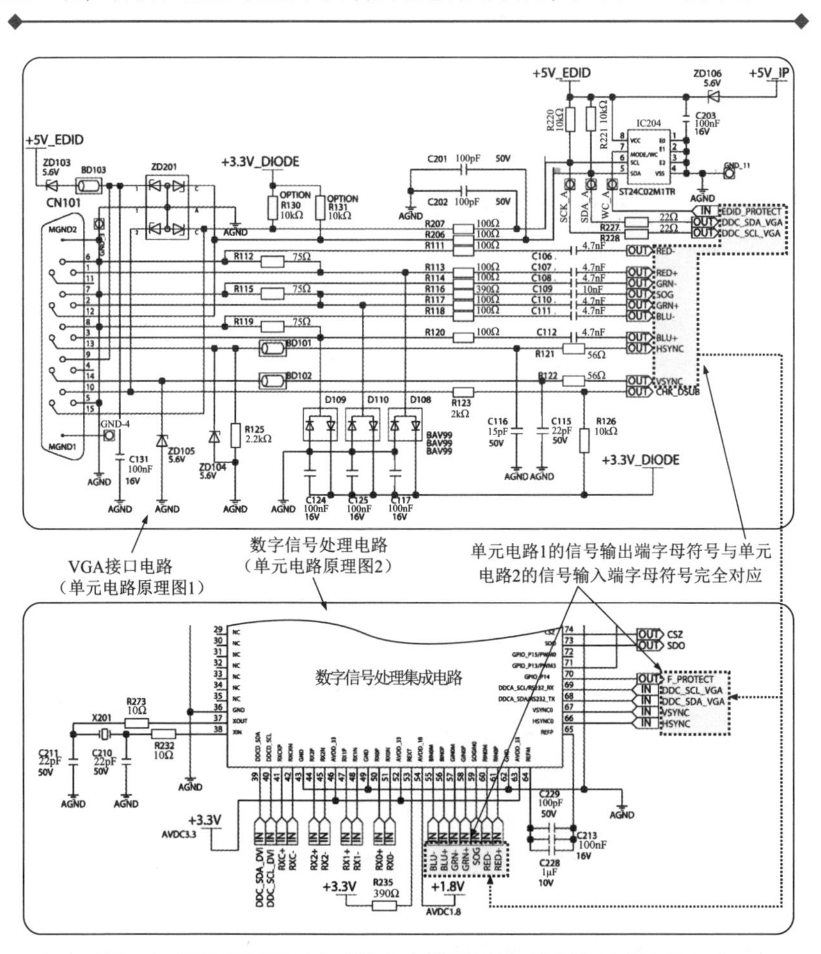

图 2-11　单元电路原理图中输入/输出端字母符号特点（液晶显示器电路）

4）很多时候一个单元电路主要由一个集成电路和其外围的元器件构成，也称该类单元电路图为集成电路应用原理图，如图 2-12 所示。在电路原理图中通常用方形线框标示集成电路，并标注了集成电路各引脚外电路结构、元器件参数等，从而表示了某一集成电路的连接关系。如有必要可通过集成电路手册了解集成电路内部电路结构和引脚功能。

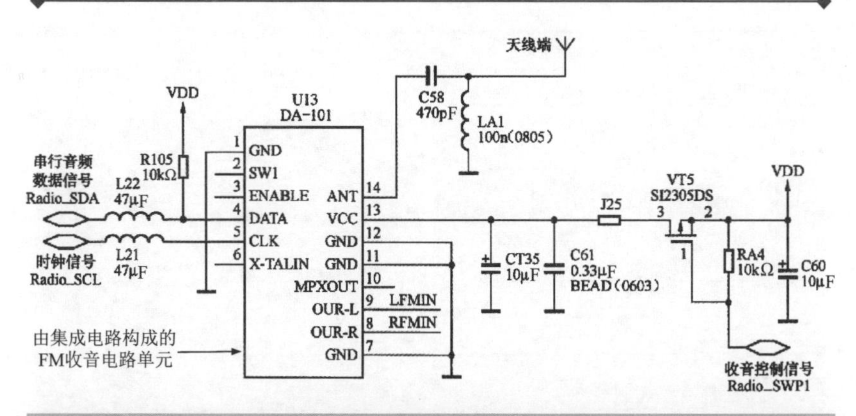

图 2-12 集成电路应用原理图

要点说明

单元电路原理图相对简单一些，且电路中各元器件之间采用最短的线进行连接，而实际的整机电路原理图中，由于电路中各单元电路之间的相互影响，有时候一个元器件可能会画得离其所属单元电路很远，由此电路中连线很长且弯弯曲曲，对识图和理解电路造成困扰。但整机电路原理图的整体性和宏观性又是单元电路所不及的，因此掌握其各自的特点和功能对进一步学习识图很有帮助。

2.2 电子电路图的识读

2.2.1 电路图的识读技巧

掌握电路图识读技巧应从三个方面入手，即从元器件入手学识图、从单元电路入手学识图、从整机电路入手学识图。

1. 从元器件入手学识图

如图2-13所示，在电子产品的电路板上有不同外形、不同种类的电子元器件，电子元器件所对应的文字标识、电路符号及相关参数都标注在了元器件的旁边。

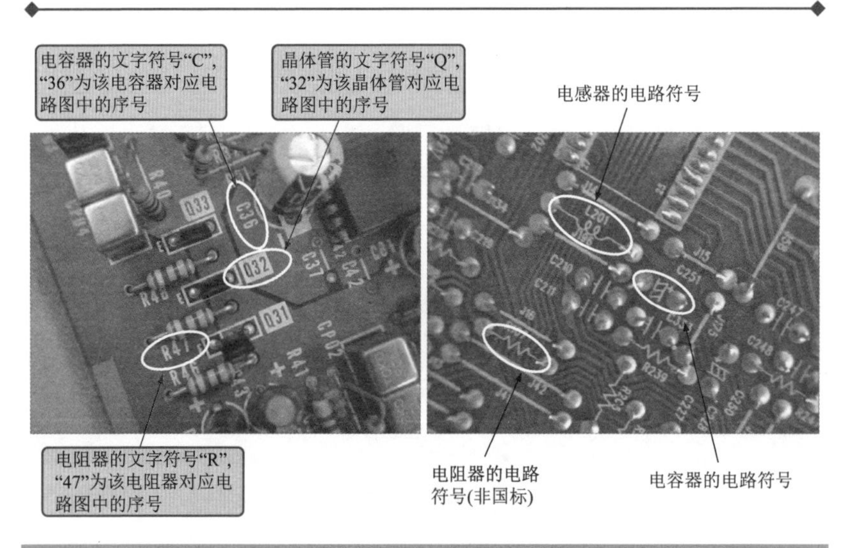

图2-13 电路板上的电子元器件的标识和电路符号

电子元器件是构成电子产品的基础，换句话说，任何电子产品都是由不同的电子元器件按照电路规则组合而成的。因此，了解电子元器件的基本知识，掌握不同元器件在电路图中的表示符号以及各元器件的基本功能特点是学习电路识图的第一步。

2. 从单元电路入手学识图

单元电路就是由常用元器件、简单电路及基本放大电路构成的可以实现一些基本功能的电路，它是整机电路中的单元模块。例如，串并联电路、RC电路、LC电路、放大器、振荡器等。

如果说电路符号在整机电路中相当于一篇“文章”中的“文字”，那么单元电路就是“文章”中的一个段落。简单电路和基本放大电路则是构成段落的词组或短句。因此从单元电路入手，了解简单电路、基本放大电路的结构、功能、使用原则及应用注意事项，对于电路识图非常有帮助。

3. 从整机电路入手学识图

电子产品的整机电路是由许多单元电路构成的。在了解单元电路的结构和工作原理的同时，弄清电子产品所实现的功能以及各单元电路间的关联，对于熟悉电子产品的结构和工作原理非常重要。例如，在影音产品中，包含有音频、视频、供电及各种控制等多种信号。如果不注意各单元电路之间的关联，单从某一个单元电路入手很难弄清整个产品的结构特点和信号流向。因此，从整机电路入手，找出关联，厘清顺序是最终读懂电路图的关键。

要点说明

学习电路识图，不仅要掌握一些规律、技巧和方法，还要具备一些扎实的理论基础知识才能够快速的学会、看懂电子产品的电路图。

(1) 熟练掌握电子产品中常用电子元器件的基本知识

学习电路识图，需熟练掌握电子产品中常用的电子元器件的基本知识，如电阻器、电容器、电感器、二极管、晶体管、晶闸管、场效应晶体管、变压器、集成电路等，并充分了解它们的种类、特征以及在电路中的符号、在电路中的作用和功能等，根据这些元器件在电路中的作用，弄懂哪些参数会对电路性能和功能产生什么样的影响，具备这些基本知识，是学习电路识图的必要条件。

(2) 熟练掌握基础电路的信号处理过程和工作原理

由几个电子元器件构成的基本电路是所有电路图中的最小单元，例如整流电路、滤波电路、稳压电路、放大电路、振荡电路等。掌握这些基本电路的信号处理过程和原理，是对识读电路图的锻炼，也能够在学习过程中培养基本的识图思路，只有具备了识读基本电路的能力，才有可能进一步看懂、读通较复杂的电路。

(3) 理解电路图中相关的图形和符号

熟悉和理解电路识图中常用的一些基本图形和符号，如电子元器件的连接点、接地、短路、开路、信号通道、控制器件等，通过基本概念的理解，可了解电路各部分之间如何关联、如何形成回路等。

2.2.2 框图的识读要领

了解一个整机电路的结构和工作原理，首先要了解它的整体构成，再分别了解各个单元电路的结构，最后将各单元电路相互连接起来，并弄清楚各部分的信号变换过程。通过框图可以了解整机的电路结构、信号流程和工作原理。框图的识读可以按照如下三个步骤进行。

（1）分析信号传输过程

了解整机电路图中的信号传输过程中，主要是看框图中箭头的指向。箭头所在的通路表示了信号的传输通路，箭头的方向指出了信号的传输方向。

例如，图 2-14 所示为电视机调谐器及中频电路信号传输的识读过程。射频电视信号由天线接收后，在调谐器中经高放、混频后变成中频信号，然后由 IF 端输出，该中频信号经预中放放大，然后再经声表面波滤波器送入中频电路中进行视频检波和伴音解调处理，最后分别输出第二伴音中频和视频信号。根据这些功能框和指示箭头即可以看出控制信号的传输过程及控制对象。

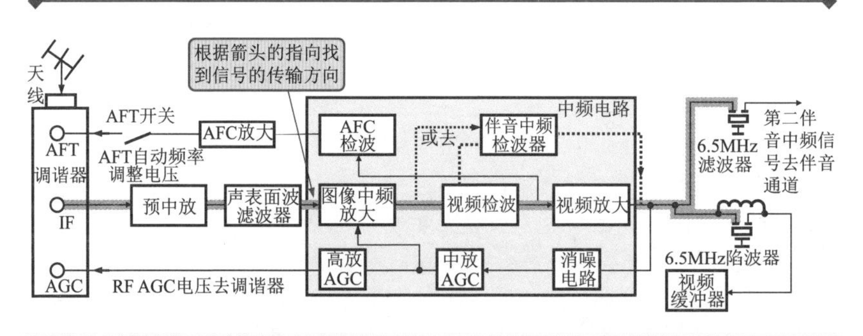

图 2-14 电视机调谐器及中频电路信号传输的识读过程

（2）熟悉整机电路系统的组成

由于具体的电路比较复杂，所以会用到框图来完成。在框图中可以直观看出各部分电路之间的相互关系，即相互之间是如何连接的。特别是控制电路系统中，可以看出控制信号的传输过程、控制信号的来源及所控制的对象。

（3）对集成电路的引脚功能进行了解

在分析集成电路的过程中，可以借助集成电路内部电路框图了解引脚的具体功能，特别是可以明确了解哪些是输入引脚、输出引脚和电源引脚，而这三种引脚对识图非常重要。当引脚引线的箭头指向集成电路外部时，这是输出引脚，箭头指向内部时都是输入引脚。

例如，图 2-15 所示为典型音频功率放大电路，其中 IC TA8200AH 为音频信号功率放大的集成电路，在该电路中 TA8200AH 的⑨脚为电源引脚；左、右声道分别从④脚和②脚进入 TA8200AH 中，则④脚和②脚为输入引脚；经 TA8200AH 处理后由⑦脚和⑫脚输出，则⑦脚和⑫脚为输出引脚；①、③、⑤和⑩脚为接地引脚，⑥、⑧、⑪脚为空引脚。

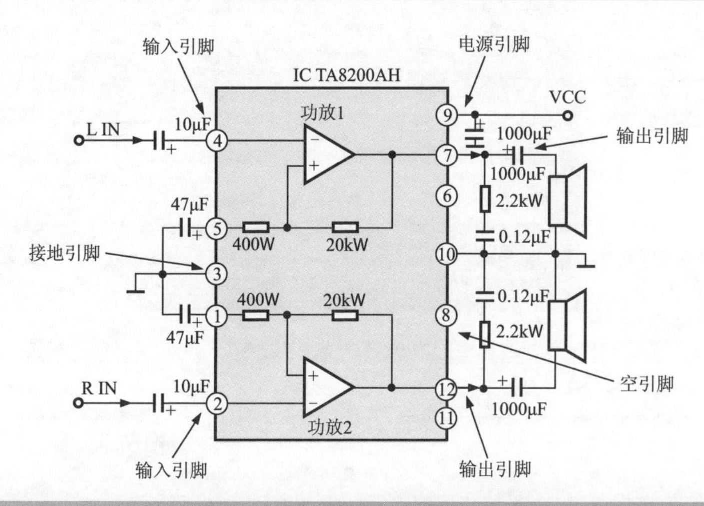

图 2-15 典型音频功率放大电路

要点说明

在分析一个具体电路的工作原理之前，或者在分析集成电路的应用电路之前，先分析该电路的内部功能框图是必要的，它有助于理解具体电路的工作原理。在几种框图中，整机框图是最重要的框图，对其表达的电路关系、信号传输应熟记心中，这对分析具体电路，寻找故障检测点，推断故障部位十分重要。

2.2.3 印制电路板图的识读要领

由于印制电路板图整体看上去比较“杂乱无章”，因此在识读印制电路板图时可以分为以下两个步骤来提高识图速度。

（1）找到印制电路板中的接地点

在印制电路板中找接地点时，可以明显看到大面积铜箔线路都是地线，一块电路板上的地线是处处相连的。另外，有些元器件的金属外壳是接地的，在找接地点时，上述任何一点都可以作为接地点，在电路及信号检测时都以接地点为基准，如图 2-16 所示。

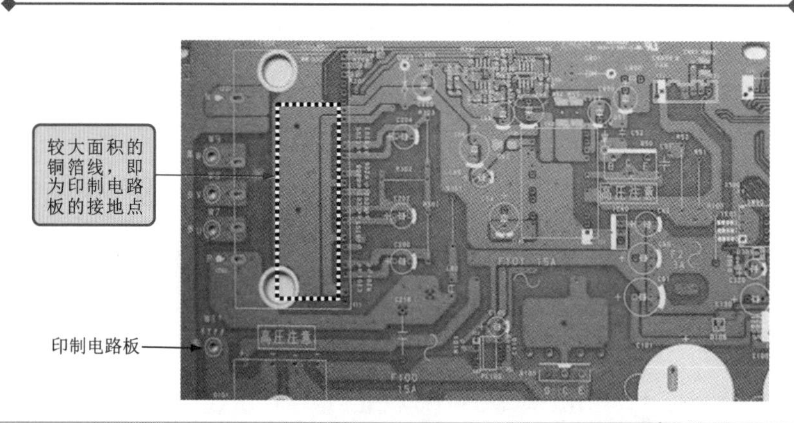

图 2-16　根据印制电路板找到接地点

相关资料

在有些机器中，各块电路板之间的地线也是相连接的，如果地线开路，检测数据就会出现错误，但是当每块电路板之间的连接插件没有接通时，各块电路板之间的地线也是不相通的，这些细节需要区分开来。

（2）找到印制电路板的线路走向

电路板上的元器件与铜箔线路的连接情况、铜箔线路的走向，也是在识图时的必要步骤。图 2-17 所示为在印制电路板中铜箔线与元器件连接情况。

要点说明

若在观察印制电路板中的连接走向不明显时可以用灯照着有铜箔线路的一面，这样可以清晰、方便地观察到铜箔线路与各元器件的连接情况。

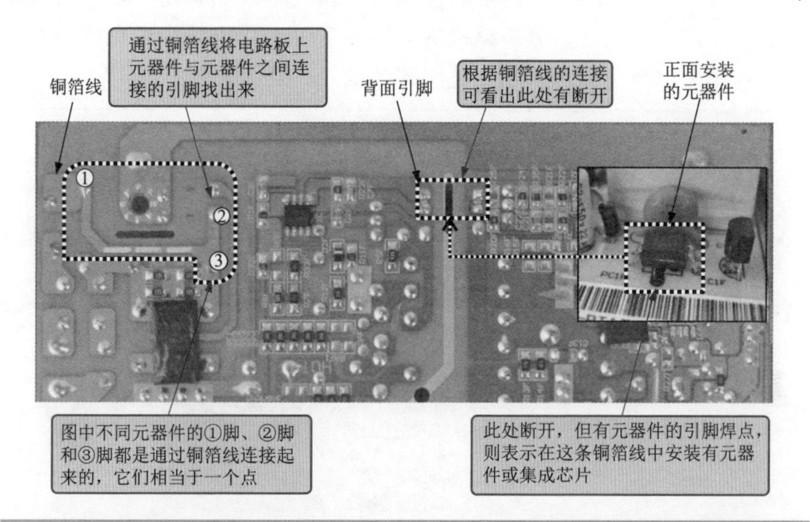

图 2-17 印制电路板中铜箔线与元器件的连接

2.2.4 整机电路原理图的识读要领

了解一个整机电路原理，首先要了解它的整机结构，再分别了解各个单元电路的结构，最后再将各单元电路相互连接起来，并识读整机各部分的信号变换过程，就完成了识图的过程。

整机电路原理图的识读可以按照如下 4 个步骤进行。下面以超外差调幅（AM）收音机为例介绍整机电路原理图识图的 4 个步骤。

（1）了解电子产品功能

一个电子产品的电路图，是为了完成和实现这个产品的整体功能而设计的，首先搞清楚产品电路的整体功能和主要技术指标，便可以在宏观上对该电路图有一个基本的认识。

例如，收音机是接收和播放广播节目的装置，它将天线接收的高频载波进行选频（调谐）放大和混频，与本振信号相差形成固定中频的载波信号，再经中放和检波，将调制在载波上的音频信号取出，再经低频功放，去驱动扬声器，如图 2-18 所示。

（2）找到整个电路图总输入端和总输出端

整机电路原理图一般是按照信号处理的流程为顺序进行绘制的，按照一般人读书习惯，通常将输入端画在左侧，信号处理为中间主要部分，输出端则位于整张图的最右侧部分。比较复杂的电路，输入与输出的部位无定则，因此，分析整机电路原理图可先找出整个电路图的总输入端和总输出端，即可判断出电路图的信号处理流程和方向。

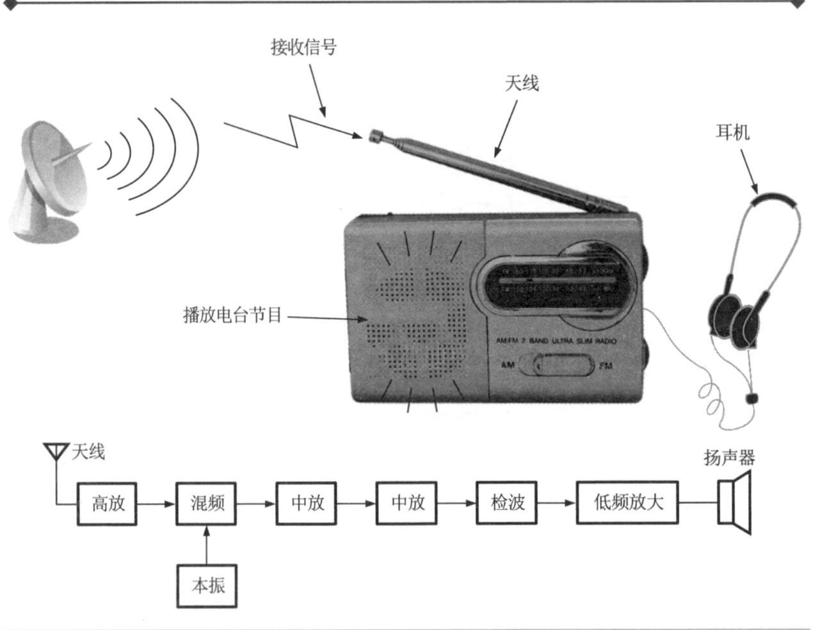

图 2-18 收音机整机电路的功用

（3）以主要元器件为核心将整机电路原理图“化整为零”

在掌握整个电路原理图的大致流程基础上，根据电路中的核心元件将整机划分成一个一个的功能单元，然后将这些功能单元对应学过的基础电路，再进行分析。

例如，图 2-19 所示为典型收音机的整机电路原理图，根据其电路功能找到其天线端为信号接收端，即输入端，其最后输出声音，则右侧音频信号为输出端，然后根据电路中的几个核心元件，将其划分为 5 个功能模块。

（4）最后各个功能单元的分析结果综合“聚零为整”

每个功能单元的结果综合在一起即为整个产品，即最后“聚零为整”，完成整机电路原理图的识读。

上述整机电路原理图示出了组成收音机的各个部分，下面就可以对上述划分的几个功能模块进行逐一识读和理解，了解其电路构成、工作原理以及各主要元器件的功能。然后“聚零为整”，完成整个收音机电路的识读。

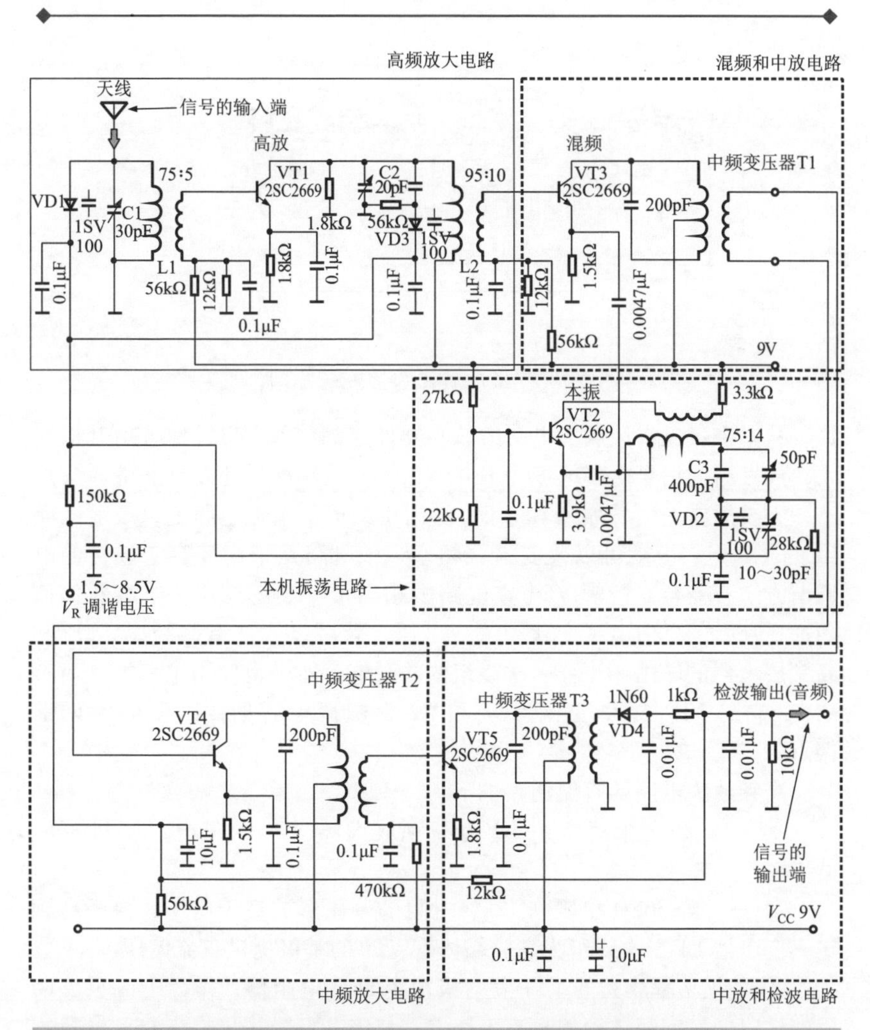

图 2-19　超外差调幅（AM）收音机整机电路原理图及划分

1）AM 收音机的高频放大电路。

图 2-20 所示为 AM 收音机的高频放大电路，其功能是放大天线接收的微弱信号，此外还具有选频功能。

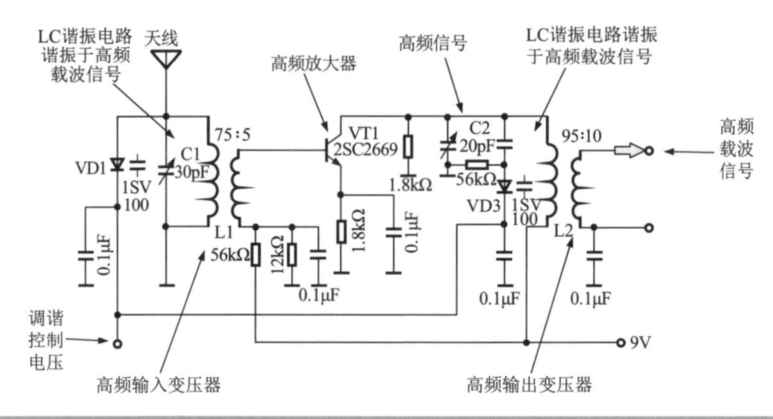

图 2-20 AM 收音机的高频放大电路

从图中可见，该放大电路的核心器件是晶体管 VT1，信号由基极输入，放大后的信号由集电极输出并经谐振变压器耦合到混频电路。

天线感应的信号加到 L1、C1 和 VD1 组成的谐振电路上，改变线圈 L1 的并联电容，就可以改变谐振频率。该电路是采用变容二极管的电调谐方式，变容二极管 VD1 在电路中相当于一个电容器，电容器的值随加在其上的反向电压变化。改变电压，就可以改变谐振频率。此外，高频放大器的输出变压器一次绕组的并联电容器中也使用了变容二极管 VD3，它与 VD1 同步变化，C1 和 C2 是微调电容器，以便能微调谐振点。

高频放大电路的直流通路如下：

① +9V 经变压器绕组 L2 为高频放大器 VT1 的集电极提供直流偏压。

② +9V 经 56kΩ 电阻与 12kΩ 电阻的分压形成直流电压，再经高频输入变压器 L1 二次绕组为高放晶体管 VT1 的基极提供直流偏压。

③ 高频功率放大器 VT1 发射极接 1. 8kΩ 电阻器，作为电流负反馈元件，以便稳定晶体管的直流工作点，与该电阻器并联的 0. 1μF 电容器为去耦电容器，消除放大器的交流负反馈用以提高交流信号的增益。

2）AM 收音机的本机振荡器。

图 2-21 所示为 AM 收音机的本机振荡电路，该电路采用变压器耦合方式，形成正反馈电路，其振荡频率是由 LC 谐振电路决定，在 LC 谐振回路中也采用了变容二极管（VD2），调谐控制电压加到变容二极管的

负端，使变容二极管的结电容与高放电路中的谐振频率同步变化。改变调谐控制电压，VD2 的结电容会随之变化，本振产生的信号频率也会变化。当变频输入信号的谐振频率增加时，本振的输出频率也同步增加，使高频载波与本振的频率始终相差 465kHz。中频信号的频率为 465kHz。

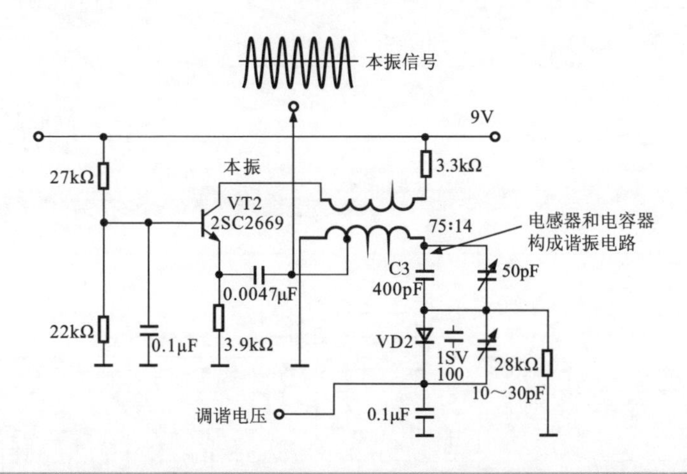

图 2-21　AM 收音机的本机振荡电路

3）AM 收音机的混频电路。

图 2-22 所示为 AM 收音机的混频电路，该电路的核心器件是晶体管 VT3。高频信号经变压器 L2 耦合后加到 VT3 的基极，本机振荡信号经耦合电容器（0.0047μF）加到晶体管 VT3 的发射极。混频后的信号由 VT3 的集电极输出，集电极负载电路中设有谐振变压器，即中频变压器。中频变压器 T1 的一次绕组与电容器（200pF）构成并联谐振回路，从混频电路输出的信号中选出中频（465kHz）信号，再送往下一级中频放大器 VT4。

4）AM 收音机的中频放大电路。

图 2-23 所示为 AM 收音机的中频放大电路，中频放大器的输入电路和输出电路都采用变压器耦合方法。放大器的主体是晶体管 VT4，放大器的中心频率被调整到 465kHz，这样可以有效地排除其他信号的干扰和噪声。

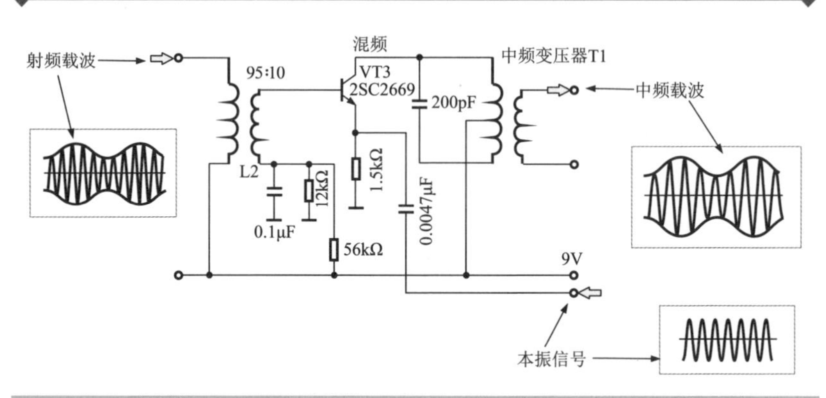

图 2-22 AM 收音机的混频电路

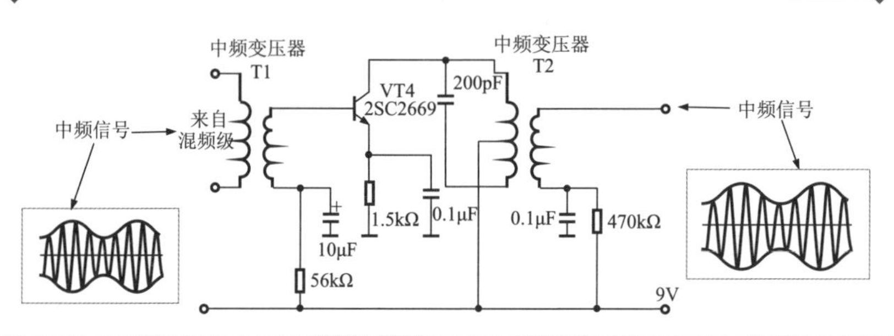

图 2-23 AM 收音机的中频放大电路

5）AM 收音机的检波电路。

图 2-24 所示为 AM 收音机的检波电路，从图可见检波电路与中频放大电路制作在一起，VT5 是中频放大电路的晶体管，该晶体管放大后的中频信号由中频变压器 T3 选频后，再由变压器的二次侧将中频载波送到检波电路。检波电路的主要器件是二极管 VD4，将中频载波信号的负极性部分检出，再经 RC 低通滤波器将中频载波信号滤除掉，取出低频音频信号输出。

要点说明

分析整机电路原理图，简单地说，即为了解功用、找到两头、化整为零、聚零为整的思路和方法。用整机原理指导具体电路分析、用具体电路分析诠释整机工作原理。

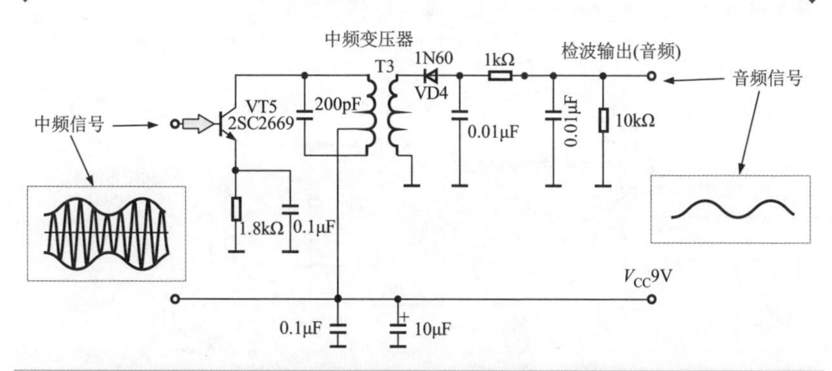

图 2-24　AM 收音机的检波电路

2.2.5　单元电路原理图的识读要领

一个电子产品是由很多的单元电路组成的，例如一部收音机是由高频放大电路、本机振荡器、混频电路、中频放大电路、检波电路等部分构成的；一部录音机则是由话筒（标准术语为送话器）信号放大器、录音均衡放大器、偏磁/消磁振荡器、放音均衡放大器、音频功率放大器等部分构成的。要熟悉这些产品的结构和工作原理，就应首先学会识读组成整机的各个单元电路。

单元电路原理图的识读可以按照如下三个步骤进行。下面以中频放大器单元电路为例介绍单元电路原理图识图的三个步骤。

（1）识读直流供电过程

电子产品工作一般都离不开电源供电，因此对电路进行识读时，可首先分析直流电压供给电路，此时可将电路图中的所有电容器看成开路（电容器具有隔直特性），将所有电感器看成短路（电感器具有通直的特性）。

例如，图 2-25 所示为中频放大器单元电路直流供电的识读过程。将电容器视为开路，电感器视为短路。直流+9V 电压经电感器后为晶体管 VT1 集电极供电使其工作在放大状态。

（2）识读交流信号传输过程

识读交流信号传输过程就是分析信号在该单元电路中如何从输入端传输到输出端，并通过了解信号在这一传输过程中受到的处理（如放大、衰减、变换等），来了解单元电路的信号流程。

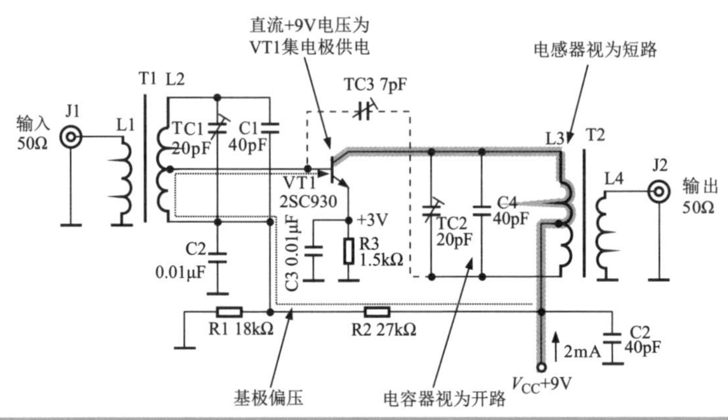

图 2-25　中频放大器单元电路直流供电的识读过程

例如，图 2-26 所示为中频放大器单元电路主信号传输的识读过程。由电路接收的信号经由 T1、TC1 和 C1 等元器件谐振（选频）后送入晶体管 VT1 的基极，由集电极输出经 TC2、C4、T2 谐振（选频）后输出送往后级电路中。

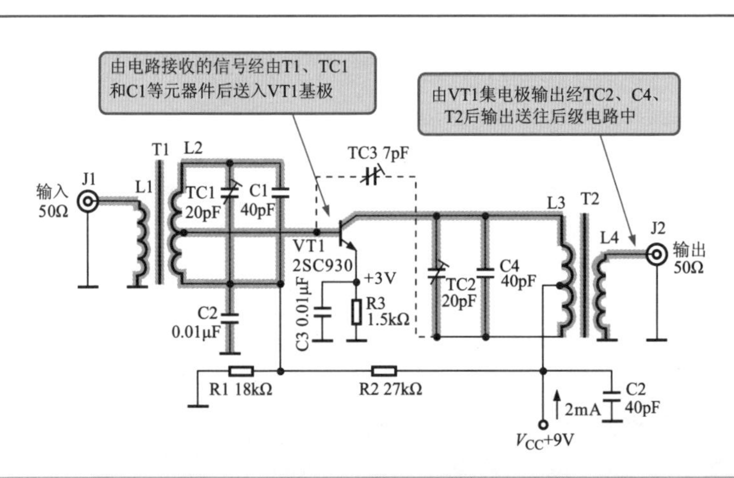

图 2-26　中频放大器单元电路主信号传输的识读过程

（3）通过了解核心元器件在电路中的功能，完成电路识读

对电路中元器件作用的分析非常关键，能不能看懂电路的工作原理其实就是能不能搞懂电路中各元器件的作用。

例如，图 2-27 所示为中频放大器单元电路主要元器件功能的识读过程。该电路主要是由电阻器、电容器、变压器、晶体管构成的基本电路。识图时，首先注意到该电路中的晶体管 VT1，它是放大电路的核心器件，那么此时可以初步判断该电路具有信号的放大作用，进而可判断信号的输入和输出引脚。

电感器 L2 与电容器 TC1 构成 LC 谐振电路对输入端信号进行谐振选频，由基极送入晶体管 VT1 中，晶体管 VT1 具有放大作用，将信号进行放大后由集电极输出，送入后级的选频电路中，最后输出送往后级电路中。

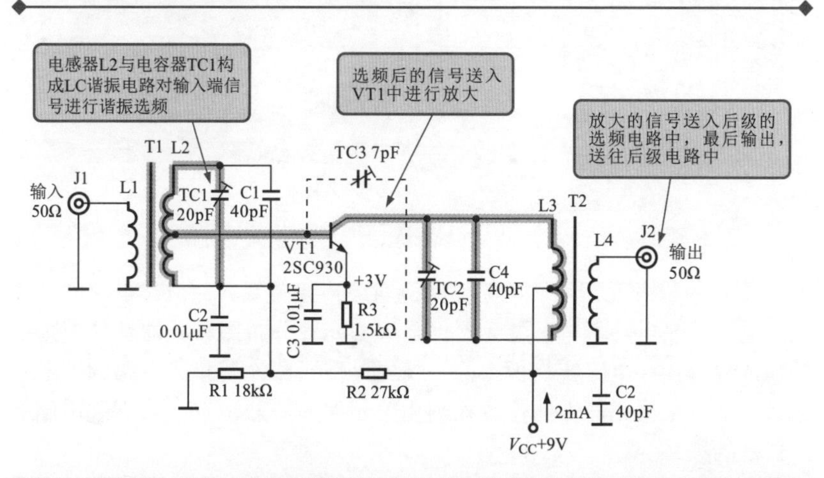

图 2-27　中频放大器单元电路主要元器件功能的识读过程

2.2.6　元件分布图的识读要领

元件分布图中都标明了各元器件在电路板中的安装位置，在进行产品的调试或检测时，这样的分布图非常重要。在识读时首先要了解元器件的外形特征，再分别建立各主要元器件之间的连接关系，了解元器件的功能和相关信号的检测部位。

元件分布图的识读可以按照两个步骤进行。下面以红外线发射器中元件分布图为例介绍元件分布图识图的两个步骤。

（1）找到典型元器件及集成电路

在元件分布图中各元器件的位置和标识都和实物相对应，由于该电路图简洁、清晰地表达了电路板中构成的所有元件的位置关系，所以可以很方便地找到相关的元器件及集成电路。

例如，图 2-28 所示为红外线发射器中元件分布图的识读过程。首先将元件分布图和实物板中的位置相对应，然后便可以很快找到元件集成电路及典型器件的名称标识。

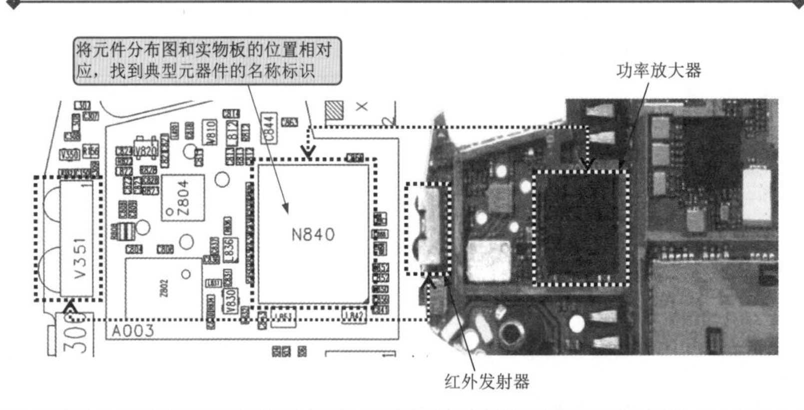

图 2-28　红外线发射器中元件分布图的识读过程

（2）找出各元器件、电路之间的对应连接关系，完成对电路的理解

电子产品电路板中，各元器件是根据元件分布图将元器件按对应的安装位置焊接在电路实物板中的，找到典型元器件及集成电路的安装位置后，接着根据元器件的位置找到相关元件的安装位置，建立起电路和元器件的关系。

例如，图 2-29 所示为在红外线发射器元件分布图中找出各元器件、电路之间的对应连接关系的识读过程。

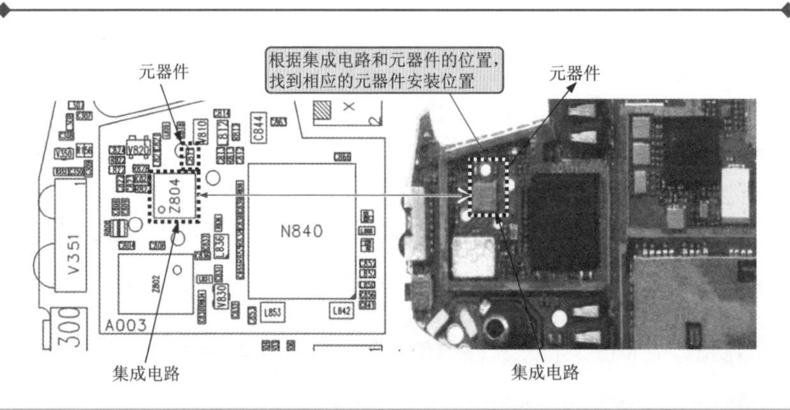

图 2-29　在红外线发射器元件分布图中找出各元器件、电路之间的对应连接关系的识读过程

第3章

电子元器件的图形符号与电路识读

3.1 电阻器的图形符号与电路识读

3.1.1 电阻器的图形符号

电阻器简称“电阻”，它是利用物体对所通过的电流产生阻碍作用，制成的电子元件，是电子产品中最基本、最常用的电子元件之一。在实际电子产品的电路板中基本都应用有电阻器，它起着举足轻重的作用。

电阻器在电子电路中有特殊的电路标识，电阻器种类不同，电路标识也有所区别，在对电子电路识读时，通常会先从电路标识入手，了解电阻器的特点及图形符号。图3-1所示为典型电阻器的结构、电路符号和标记。

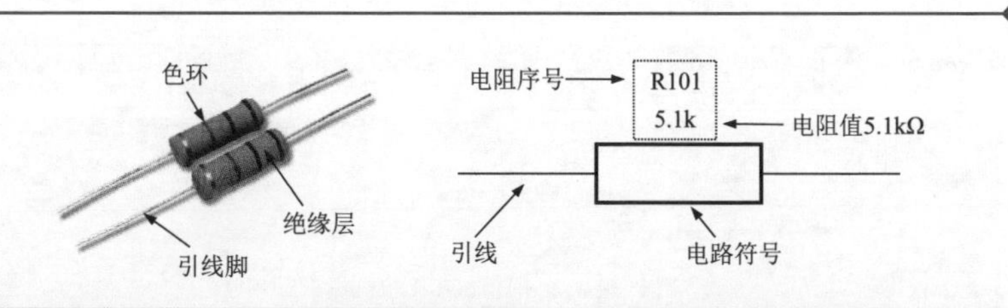

图3-1 典型电阻器的结构、电路符号和标记

电路符号表明了电阻器的类型；引线由电路符号两端伸出，与电路图中的电路线连通，构成电子线路；标识信息通常提供了电阻器的类别、在该电路图中的序号以及电阻值等参数信息。

相关资料

电阻器主要的功能是通过分压电路提供其他元器件所需要的电压，而通过限流电路提供所需的电流，常见电阻器的电路符号、文字符号以及外形如图3-2所示。从图中可以看到，电阻器的种类很多，根据其功能和应用领域的不同，主要可分为普通电阻器和可变电阻器两大类。

色环电阻器就是指阻值固定的电阻器，在电路中一般起限流和分压的作用

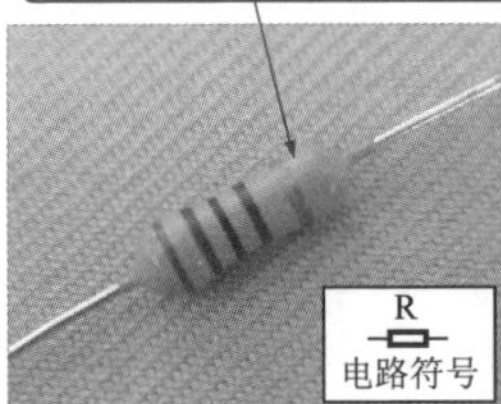

色环电阻器

熔断电阻器是一种具有过电流保护（熔断丝）功能的电阻器

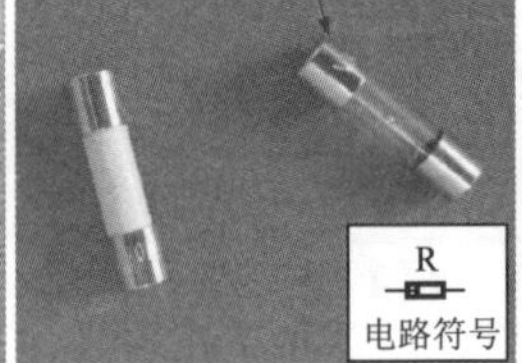

熔断电阻器（保险丝电阻器）

贴片式电阻器具有体积小、批量贴装方便等特点

贴片式电阻器

a) 普通电阻器

可调电阻器的阻值可以在人为作用下在一定范围内进行变化调整

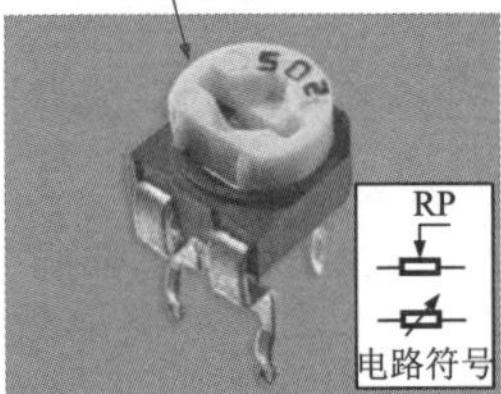

可调电阻器（电位器）

热敏电阻器的阻值随温度变化可用作温度检测元件

热敏电阻器

光敏电阻器的阻值随光照的强弱变化，常用于光检测元件

光敏电阻器

湿敏电阻器的阻值随周围环境湿度的变化，常用作湿度检测元件

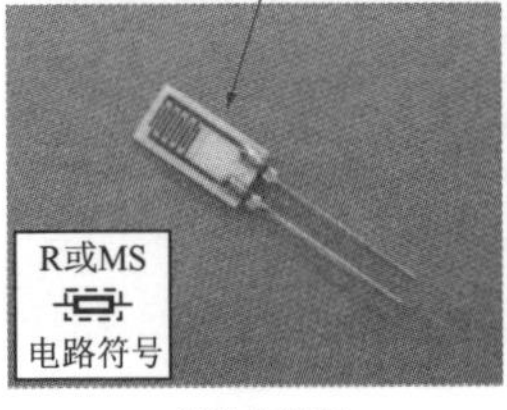

湿敏电阻器

气敏电阻器会发生氧化反应或还原反应而使电阻值改变

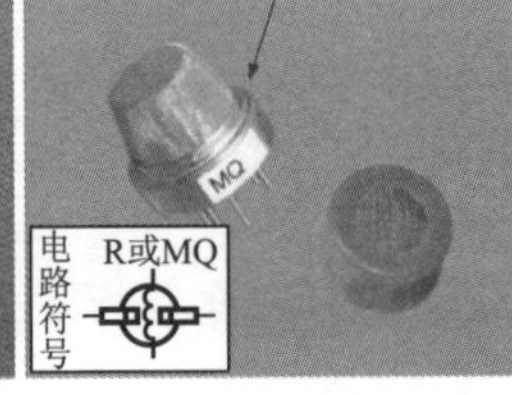

气敏电阻器

压敏电阻器具有过电压保护和抑制浪涌电流的功能

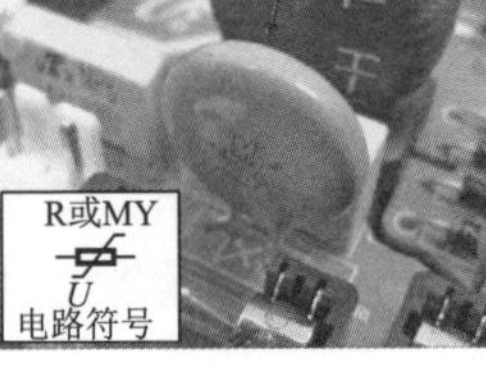

压敏电阻器

b) 可变电阻器

图3-2 常见电阻器的电路符号、文字符号以及外形

3.1.2　电阻器的电路识读

电阻器利用其自身对电流的阻碍作用，在电路中的主要功能是阻碍电流通过。具体来说，根据所构成电路的不同形式，主要有限流、分压等功能。

（1）电阻器的限流功能

电阻器阻碍电流的流动是它最基本的功能。根据欧姆定律，当电阻两端的电压固定时，电阻值越大，流过它的电流越小，因而电阻器常用作限流器件。图 3-3 所示为电阻器实现限流功能的示意图。

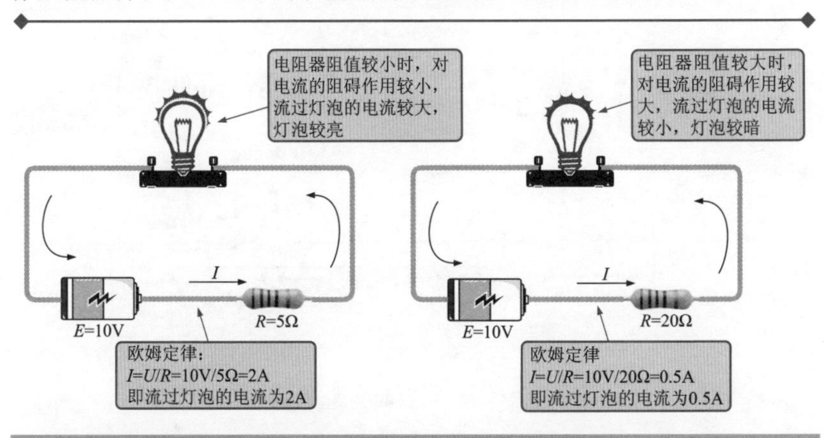

图 3-3　电阻器实现限流功能的示意图

（2）电阻器的分压功能

电流流过电阻器会在电阻器上产生电压降，将电阻器串联起来接在电路中就可以组成分压电路，为电子产品中其他电子元器件提供所需要的电压。图 3-4 所示为电阻器实现分压功能的示意图。

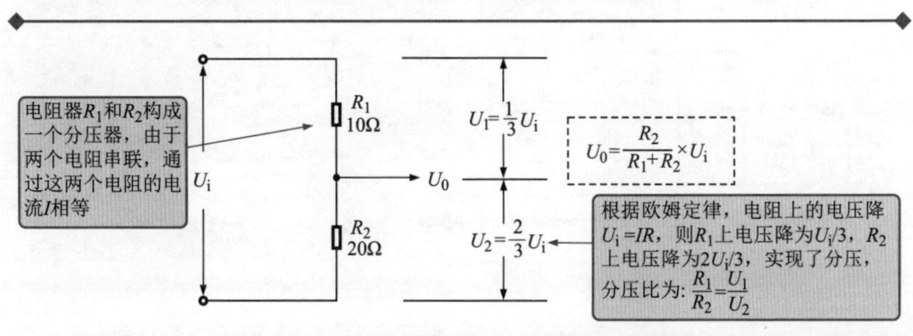

图 3-4　电阻器实现分压功能的示意图

相关资料

在电子产品中，常将两个电阻串联起来组成分压电路，为晶体管的基极提供基极偏压，使该电路构成一个典型的交流信号放大器。如图3-5所示，其中两个电阻器串联分压，为晶体管VT提供2.8V的静态电压。

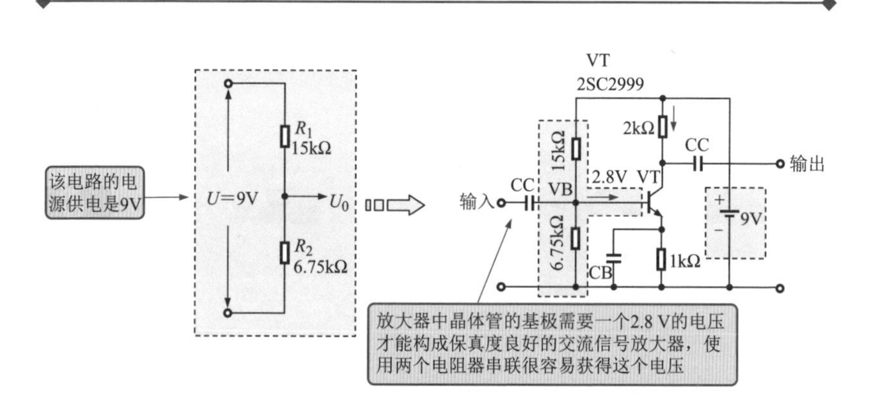

图3-5 电阻器的分压实例

图3-6为典型电子产品中电阻器的识读方法。

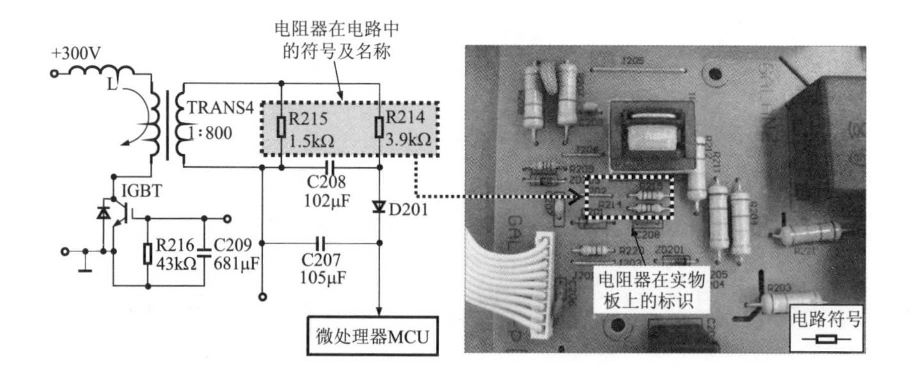

图3-6 典型电子产品中电阻器的识读方法

3.2 电容器的图形符号与电路识读

3.2.1 电容器的图形符号

电容器电路图形符号为“$\mp$”，在电路中的文字符号用字母“C”表示。它与电阻器一样，几乎每种电子产品中都应用有电容器，是十分常见的电子元器件之一。

电容器在电子电路中有特殊的电路标识，电容器种类不同，电路标识也有所区别，在对电子电路识读时，通常会先从电路标识入手，了解电容器的特点及图像符号。图3-7所示为典型电容器的结构、电路符号和标识。

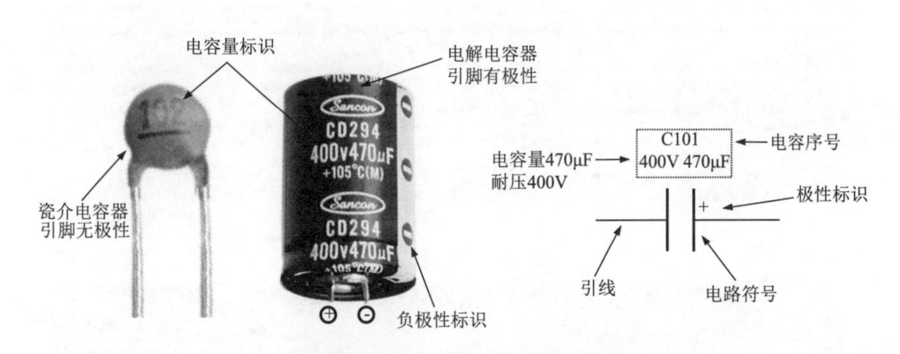

图3-7　典型电容器的结构、电路符号和标识

电路符号表明了电容器的类型；引线由电路符号两端伸出，与电路图中的电路线连通，构成电子电路；极性标识表明该电容器的极性，标识信息通常提供了电容器的标识、在该电路图中的序号以及电容量等参数信息。

相关资料

电容器是一种可以储存电荷的元器件，两个极片可以积存电荷。任何一种电子产品中都少不了电容。电容器具有通交流隔直流的作用。还

常作为平滑滤波元件和谐振元件。常见电容器的图形符号、文字符号及外形如图 3-8 所示。

a) 无极性电容器

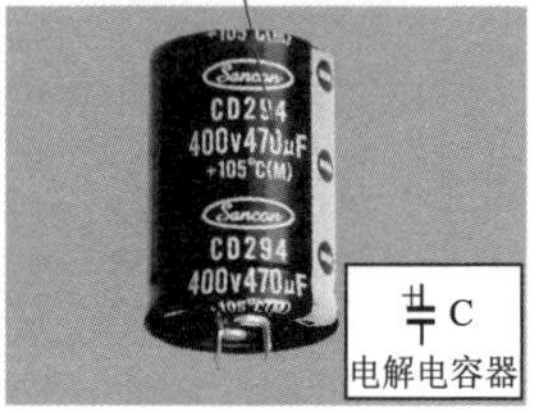

b) 有极性电容器

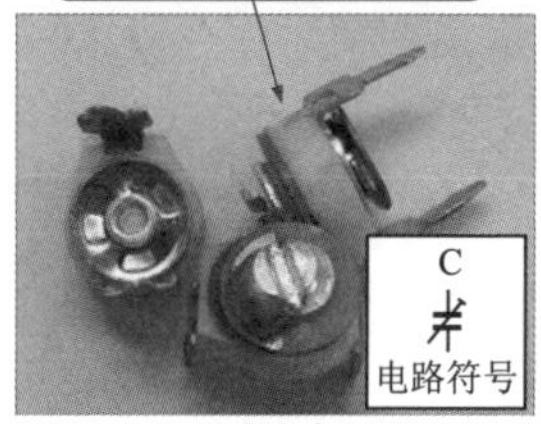

微调电容器

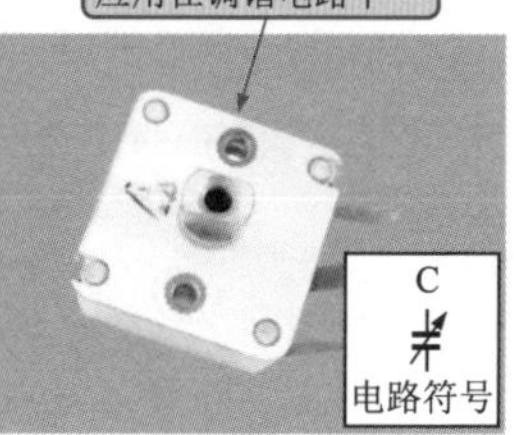

单联可调电容器

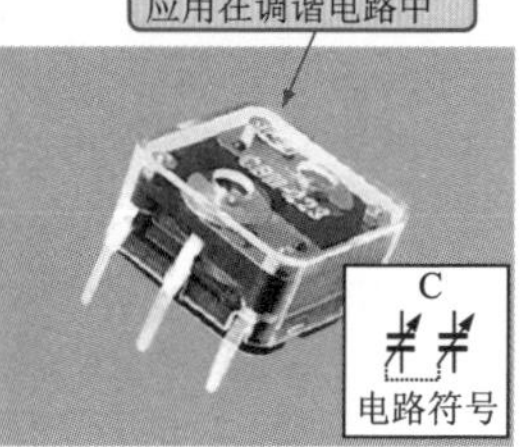

双联可调电容器

c) 可变电容器

图 3-8 常见电容器的图形符号、文字符号及外形

3.2.2 电容器的电路识读

电容器是一种可贮存电能的元件（储存电荷），它的结构非常简单，它是由两个互相靠近的导体，中间夹一层不导电的绝缘介质构成的。

在现实中，将两块金属板相对平行地放置，而不相接触就构成一个最简单的电容器。电容器具有隔直流通交流的特点。因为构成电容器的两块不相接触的平行金属板是绝缘的，直流电流不能通过电容，而交流电流则可以通过电容器。图 3-9 所示为电容器的充放电原理示意图。

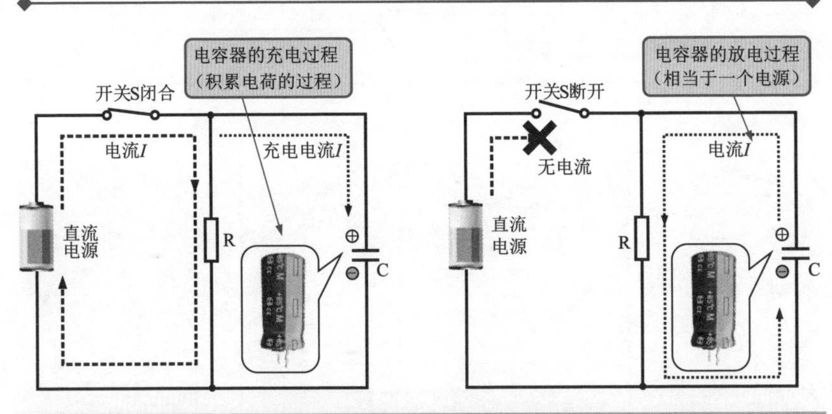

图 3-9 电容器的充放电原理示意图

充电过程：把金属板的两端分别与电源的正、负极相连，那么接正极的金属板上的电子就会被电源的正极吸引过去；而接负极的金属板，就会从电源负极得到电子。这种现象就叫作电容器的“充电”。充电时，电路中有电流流动，电容器有电荷后就产生电压，当电容器所充的电压与电源的电压相等时，充电就停止。电路中就不再有电流流动，相当于开路。

放电过程：将电路中的电源断开（开关 S 断开），则在电源断开的一瞬间，电容器会通过电阻 R 放电，电路中便有电流产生，电流的方向与充电时的电流方向相反。随着电流的流动，两极之间的电压也逐渐降低。直到两极上的正、负电荷完全消失。

要点说明

如果电容器的两块金属板接上交流电，因为交流电的大小和方向不断地变化，电容器两端也必然交替地进行充电和放电，因此电路中就不停地有电流流动，交流电可以通过电容器；由于构成电容器的两块不相接触的平行金属板之间的介质是绝缘的，直流电流不能通过电容器。

图 3-10 所示为电容器的阻抗随信号频率变化的基本工作特性示意图。

电容器对信号的阻碍作用被称为“容抗”，电容器的容抗与所通过的信号频率有关，信号频率越高，容抗越小，因此高频信号易于通过电容器，信号频率越低，电容器的容抗越高，对于直流信号电容器的容抗为无穷大，不能通过电容器。

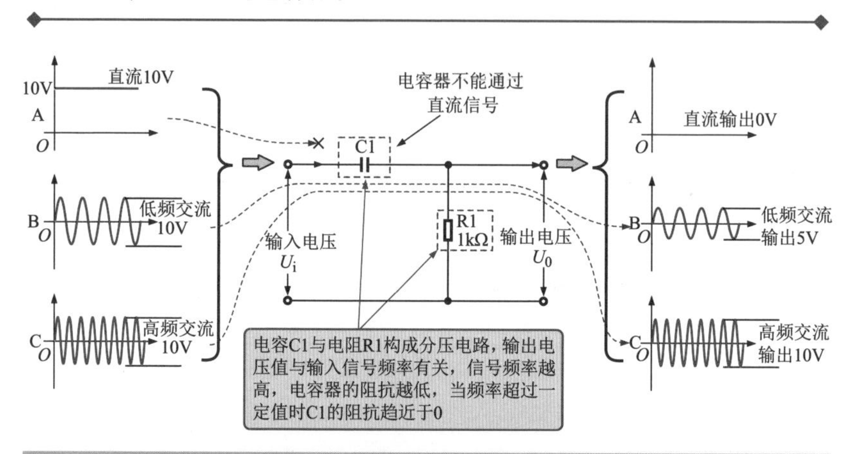

图 3-10 电容器的基本工作特性示意图

由此可知电容器的两个重要特性：

1）阻止直流电流通过，允许交流电流通过。

2）在充电或放电过程中，电容器两极板上的电荷有积累过程，或者说极板上的电压有建立过程，因此电容器上的电压不能突变。

根据电容器电压不能突变的特性（充放电原理），电容器在电路中可以起到滤波或耦合的作用。

图 3-11 所示为典型电子产品中电容器的识读方法。

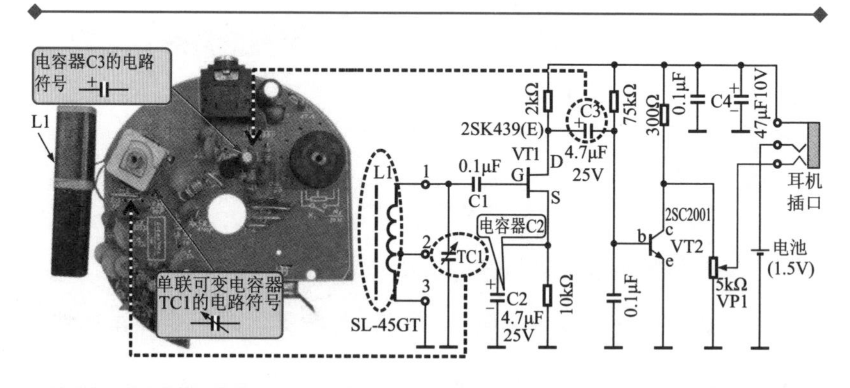

图 3-11 典型电子产品中电容器的识读方法

3.3 电感器的图形符号与电路识读

3.3.1 电感器的图形符号

电感器在电子电路中有特殊的电路标识，电感器种类不同，电路标识也有所区别，在对电子电路识读时，通常会先从电路标识入手，了解电感器的特点及图形符号。图 3-12 所示为典型电感器的外形、图形符号和标识。

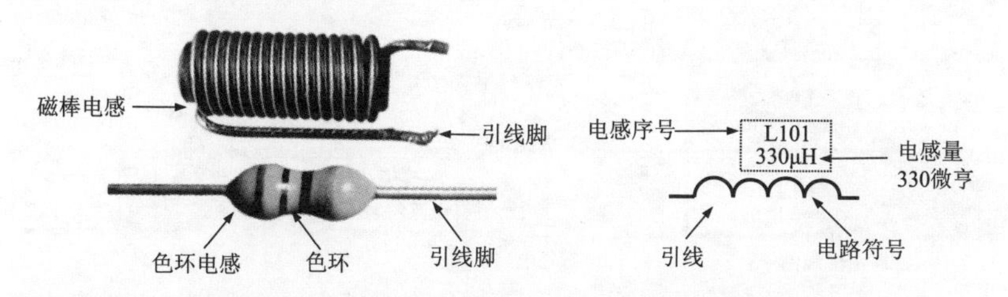

图 3-12 典型电感器的外形、图形符号和标识

电路图形符号表明了电感器的类型；引线由电路符号两端伸出，与电路图中的电路线连通，构成电子电路；标识信息通常提供了电感器的类别、在该电路图中的序号以及电阻值等参数信息。

电感器一般是由导线绕成线圈而形成的。在电路中，当电流流过导体时，会产生磁场，电磁场的大小与电流的大小成正比。当导线绕制成线圈状时，在线圈的两端就会形成较强的磁场。由于电磁感应的作用，它对交流有较大的阻碍作用。

相关资料

电感元件在电子产品中常作为滤波线圈、谐振线圈、电磁感应线圈、变压器线圈或高频信号的负载。此外，电感元件还可被制作成变压器用于传递交流信号或制作成电磁元件。图 3-13 所示为常见电感器实物外形、图形符号及功能。

扫一扫看视频

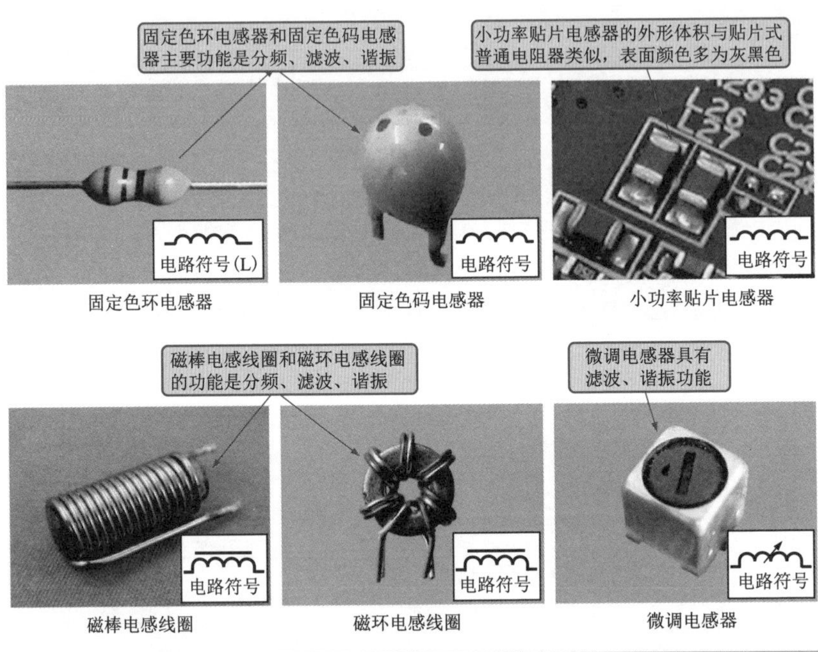

图 3-13 常见电感器实物外形、图形符号及功能

3.3.2 电感器的电路识读

电感器就是将导线绕制线圈状制成的，当电流流过时，在线圈（电感）的两端就会产生较强的磁场。由于电磁感应的作用，它会对电流的变化起阻碍作用。因此，电感对直流呈现很小的电阻（近似于短路），而对交流呈现阻抗较高，其阻抗的大小与所通过的交流信号的频率有关。同一电感元件，通过的交流电流的频率越高，则呈现的阻抗越大。

图 3-14 所示为电感器的基本工作特性示意图。

电感器的两个重要特性：

1）电感器对直流呈现很小的电阻（近似于短路），对交流呈现的阻抗与信号频率成正比，交流信号频率越高，电感器呈现的阻抗越大；电感器的电感量越大，对交流信号的阻抗越大。

2）电感器具有阻止其中电流变化的特性，所以流过电感器的电流不会发生突变。

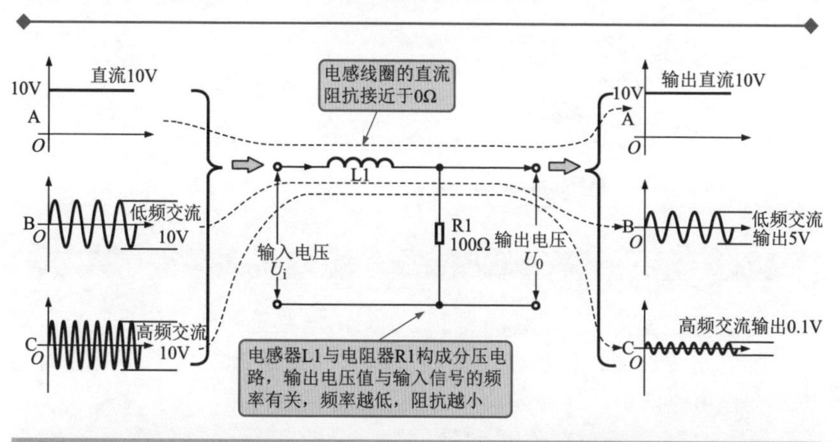

图 3-14　电感器的基本工作特性示意图

根据电感器的特性，在电子产品中常被作为滤波线圈、谐振线圈等。

图 3-15 所示为典型电子产品中电感器的识读方法。

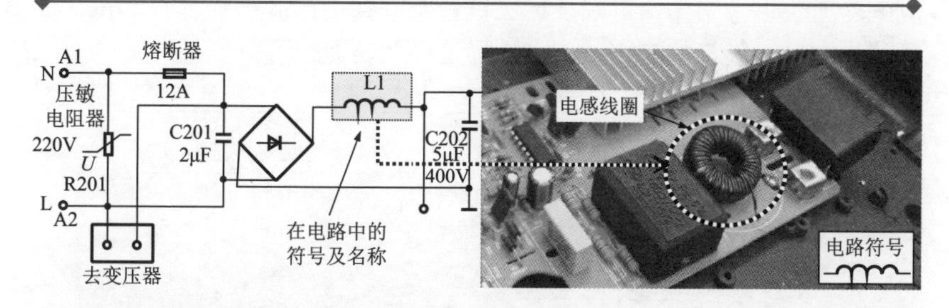

图 3-15　典型电子产品中电感器的识读方法

3.4 二极管的图形符号与电路识读

3.4.1　二极管的图形符号

二极管在电子电路中有特殊的电路标识，二极管种类不同，电路标识也有所区别，在对电子电路识读时，通常会先从电路标识入手，了解二极管的特点及电路功能。图 3-16 所示为典型二极管的外形及图形符号。

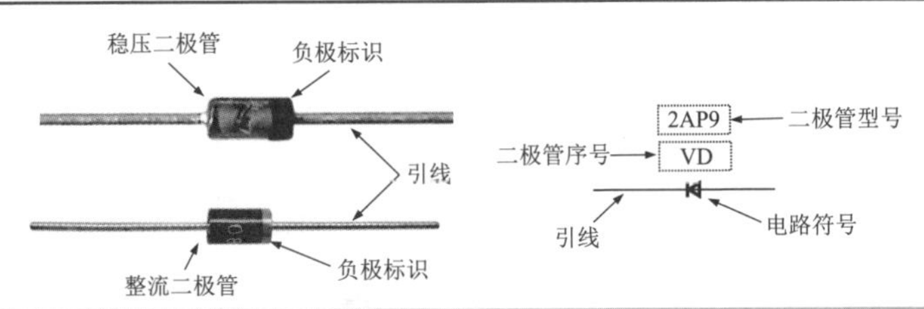

图 3-16 典型二极管的外形及图形符号

电路符号表明了二极管的类型；引线由电路符号两端伸出，与电路图中的电路线连通，构成电子电路；标识信息通常提供了二极管的类别、在该电路图中的序号以及二极管型号等参数信息。

二极管具有单向导电性，通过二极管的电流只能沿一个方向流动。二极管只有在所加正向电压并达到一定值的时候才会导通。为了防止使用时极性接错，管壳上标明有"—▶|—"符号或色点、色环等标记，符号箭头指示方向为正向，色点或色环表示该端为负极。若二极管接错，轻则会造成电路无法正常工作，重则烧坏二极管及电路中的其他元器件。图 3-17 所示为常见二极管的实物外形、图形符号及功能。

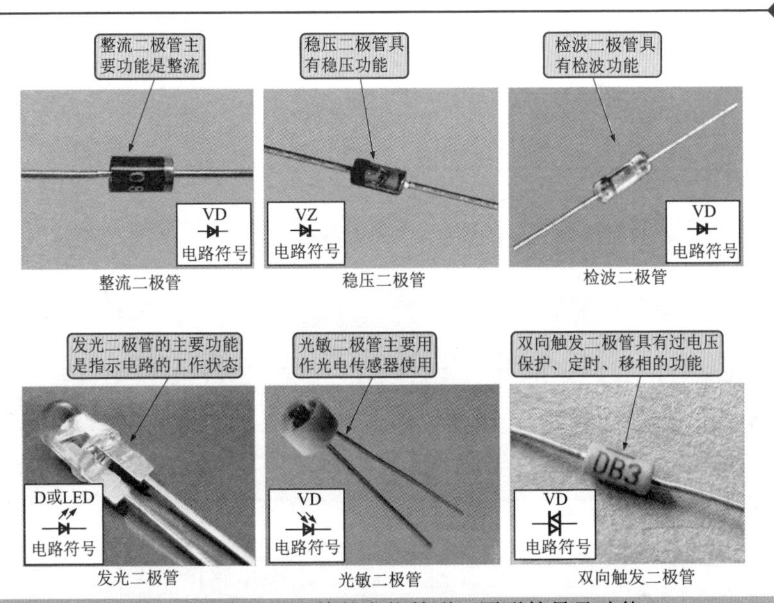

图 3-17 常见二极管的实物外形、图形符号及功能

3.4.2 二极管的电路识读

图 3-18 所示为典型电子产品中二极管的识读方法。

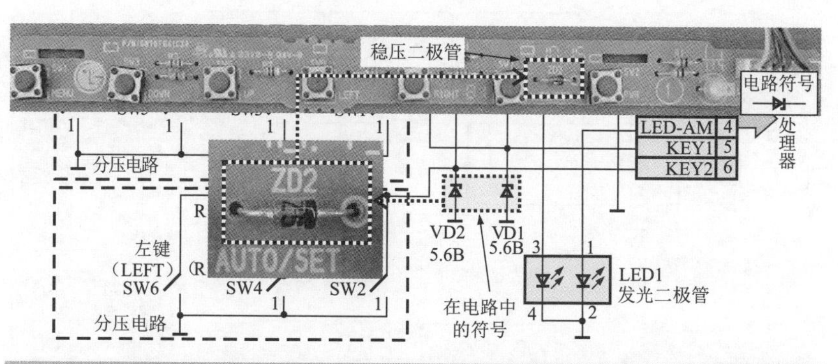

图 3-18 典型电子产品中二极管的识读方法

二极管种类多样，不同类型的二极管的图形符号和文字标识有所不同，且在电路中的功能也各不相同。

1. 整流二极管的电路识读

二极管具有单向导电特性。因此可以利用二极管组成整流电路，将原本交变的交流电压信号整流成同相脉动的直流电压信号，变换后的波形小于变换前的波形。图 3-19 所示为整流二极管构成的整流电路。

1）半波整流电路中的二极管。由于二极管具有单向导电特性，在交流输入电压处于正半周时，二极管导通；在交流电压负半周时，二极管截止，因而交流电经二极管 VD 整流后就变为脉动直流电压（缺少半个周期）。然后再经 RC 滤波即可得到比较稳定的直流电压。

2）全波整流电路中的二极管。在该电路中，变压器二次绕组分别连接了两个整流二极管。变压器二次绕组以中间抽头为基准组成上下两个半波整流电路。依据二极管的功能特性。VD1 对交流电正半周电压进行整流；二极管 VD2 对负半周的电压进行整流，这样最后得到两个半波整流合成的电流，称为全波整流。

2. 稳压二极管的电路识读

稳压二极管是利用二极管反向击穿特性而制造的稳压器件，当给二极管外加的反向电压达一定值时，二极管反向击穿，电流激增。但此时二极管并没有损坏，而且两极之间保持恒定的电压，不同的稳压二极管具有不同的稳压值。图 3-20 所示为稳压二极管构成的稳压电路。

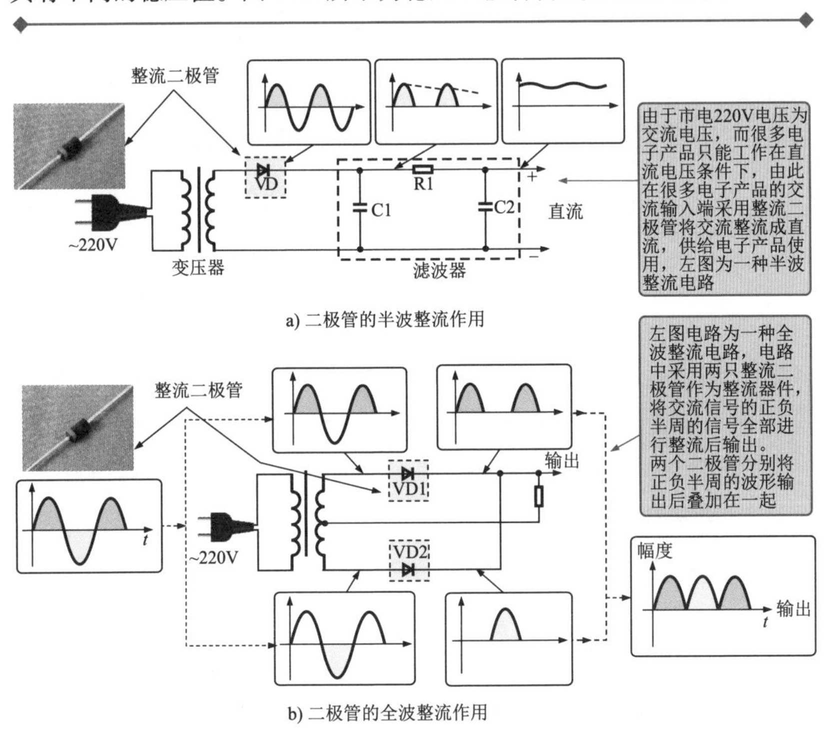

图 3-19 整流二极管构成的整流电路

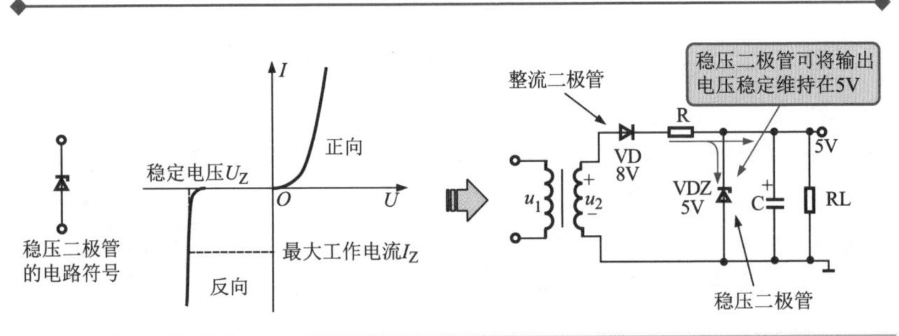

图 3-20 稳压二极管构成的稳压电路

稳压二极管 VDZ 负极接外加电压的高端，正极接外加电压的低端。

当稳压二极管 VDZ 反向电压接近稳压二极管 VDZ 的击穿电压值（5V）时，电流急剧增大，稳压二极管 VDZ 呈击穿状态，该状态下稳压二极管两端的电压保持不变（5V），从而实现稳定直流电压的功能。

3. 检波二极管的电路识读

检波二极管的检波功能是指能够将调制在高频信号上的低频包络信号检出来的功能。图 3-21 所示为检波二极管构成的检波电路。

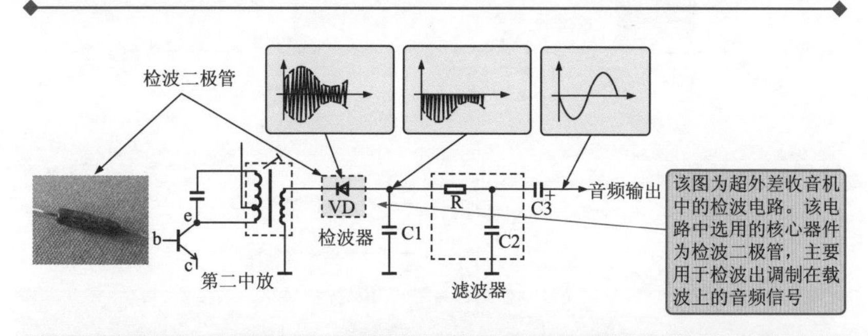

图 3-21 检波二极管构成的检波电路

在该电路中，VD 为检波二极管。第二中放输出的调幅波加到检波二极管 VD 负极，由于检波二极管具有单向导电特性，其负半周调幅波通过检波二极管，正半周被截止，通过检波二极管 VD 后输出的调幅波只有负半周。负半周的调幅波再由 RC 滤波器滤除其中的高频成分，输出其中的低频成分，输出的就是调制在载波上的包络信号，即音频信号，这个过程称为检波。

3.5 晶体管的图形符号与电路识读

3.5.1 晶体管的图形符号

晶体管在电子电路中有特殊的电路标识，晶体管种类不同，电路标识也有所区别，在对电子电路识读时，通常会先从电路标识入手，了解晶体管的种类和功能特点。常见的晶体管主要可以分为 NPN 型和 PNP 型两大类。图 3-22 所示为典型晶体管的结构和图形符号。

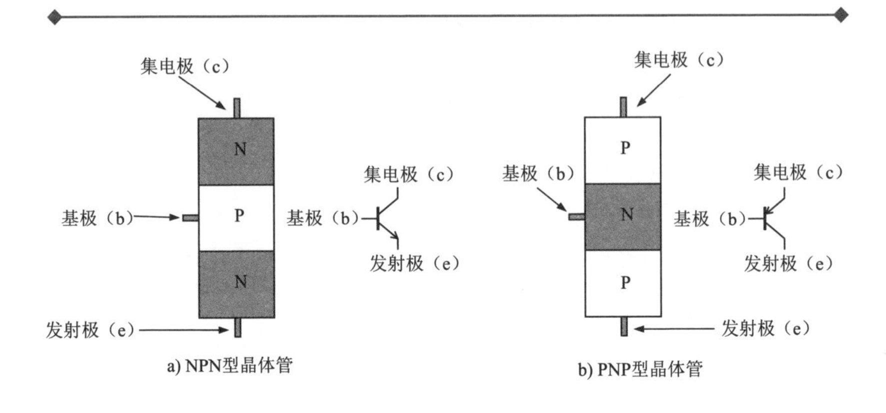

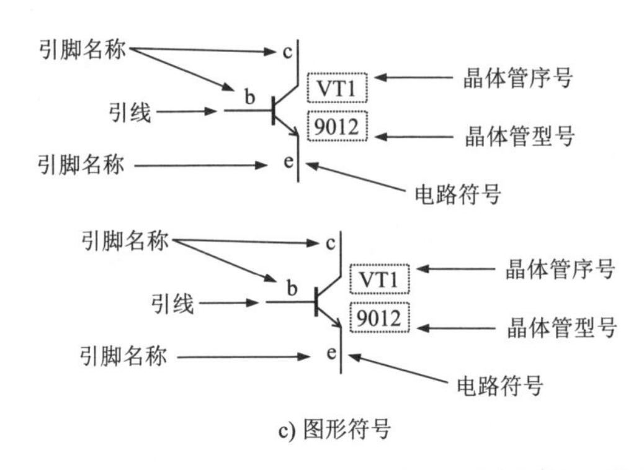

图 3-22 典型晶体管的结构和图形符号

电路符号表明了晶体管的类型；引线由电路符号两端伸出，与电路图中的电路线连通，构成电子电路；标识信息通常提供了晶体管的类别、在该电路图中的序号以及晶体管型号等参数信息。

相关资料

晶体管有三个引脚，分别为基极（b）、集电极（c）和发射极（e）；

其中，基极（b）电流的大小控制着集电极（c）和发射极（e）之间电流的大小。

晶体管应用广泛、种类繁多：

根据功率的不同，主要可以分为小功率、中功率和大功率晶体管。

根据工作频率的不同，主要可以分为低频晶体管和高频晶体管。

根据封装形式的不同，主要可分为贴片封装型晶体管、金属封装型晶体管和塑料封装型晶体管。

图 3-23 所示为常见晶体管的实物外形、图形符号及功能。

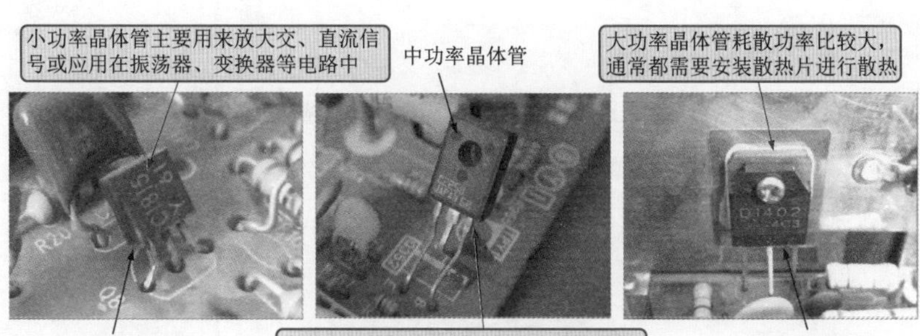

图 3-23　常见晶体管的实物外形、图形符号及功能

3.5.2　晶体管的电路识读

图 3-24 为典型电子产品中晶体管的识读方法。

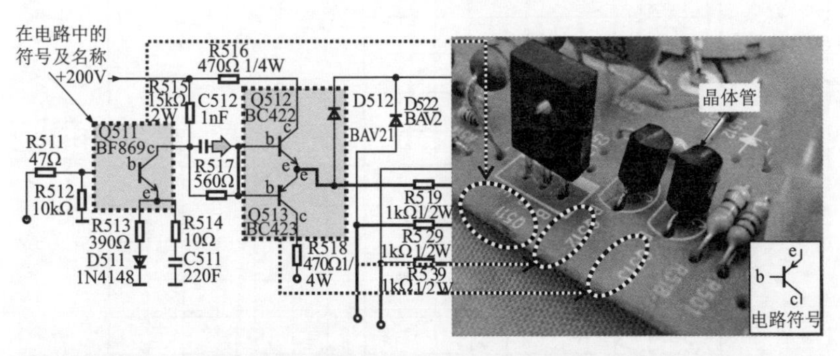

图 3-24　典型电子产品中晶体管的识读方法

晶体管具有半导体工作特性，一般可用特性曲线来反映晶体管各极的电压与电流之间的关系。晶体管特性曲线分为输入特性曲线和输出特性曲线，如图 3-25 所示。

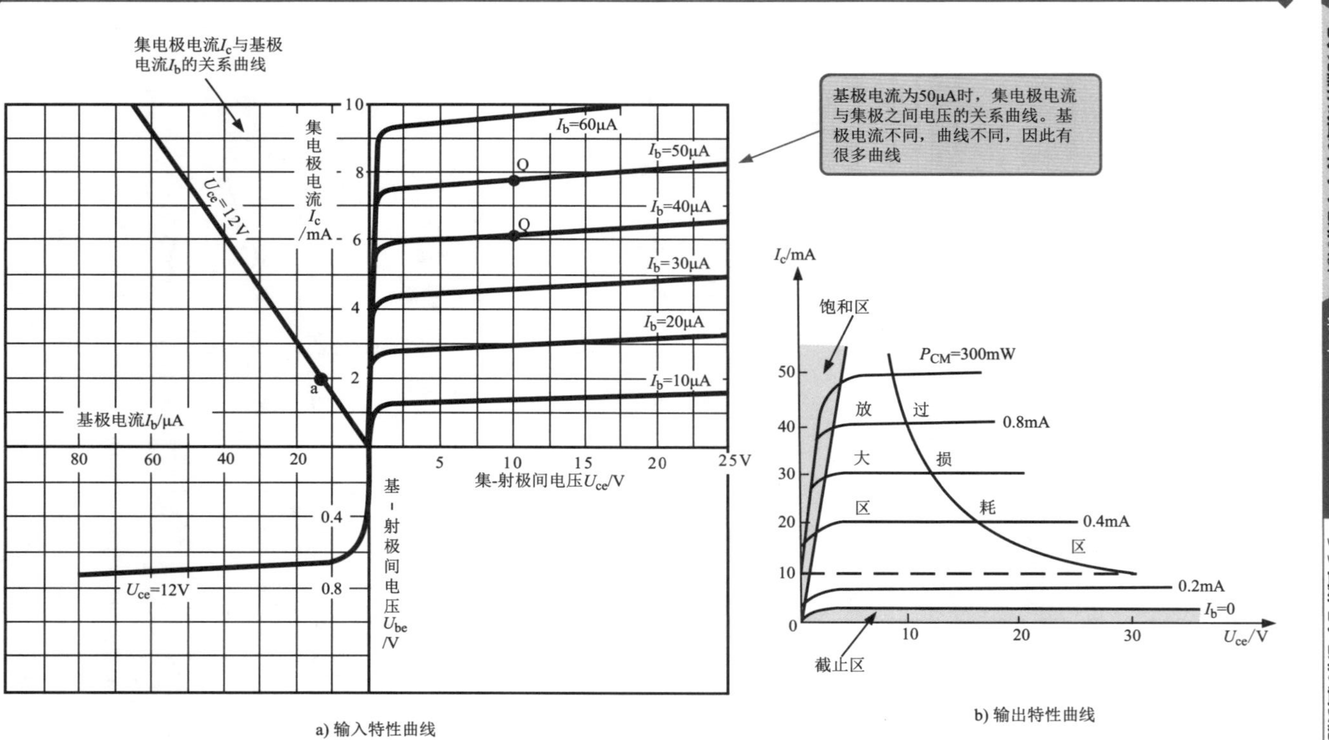

图 3-25 晶体管的特性曲线

3.6 场效应晶体管的图形符号与电路识读

3.6.1 场效应晶体管的图形符号

场效应晶体管（Field-Effect Transistor，FET），通常简称为场效应管，是一种利用电场效应来控制其电流大小的半导体器件，也是一种具有PN结结构的半导体器件。与普通晶体管的不同之处在于它是电压控制器件。

场效应晶体管在电子电路中有特殊的电路标识，场效应晶体管种类不同，电路标识也有所区别，在对电子电路识读时，通常会先从电路标识入手，了解场效应晶体管的特点及图形符号。图3-26所示为典型场效应晶体管的实物外形和电路符号。

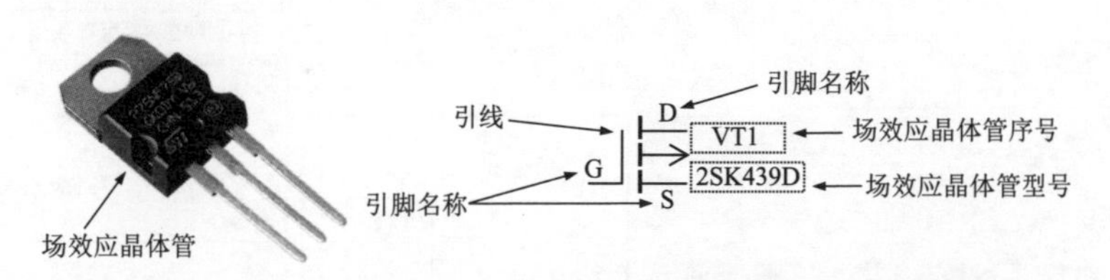

图3-26　典型场效应晶体管的实物外形和电路符号

电路符号表明了场效应晶体管的类型；引线由电路符号两端伸出，与电路图中的电路线连通，构成电子电路；标识信息通常提供了场效应晶体管的类别、在该电路图中的序号以及场效应晶体管型号等参数信息。

相关资料

场效应晶体管是一种典型的电压控制型半导体器件，它有三只引脚，分别为漏极（D）、源极（S）、栅极（G），分别对应晶体管的集电极（c）、发射极（e）、基极（b）。由于场效应晶体管的源极S和漏极D在结构上是对称的，因此在实际使用过程中有一些可以互换。根据结构的不同，场效应晶体管可分为两大类：结型场效应晶体管（JFET）

和绝缘栅型场效应晶体管（MOSFET）。图 3-27 所示为场效应晶体管的外形结构及其图形符号、功能。

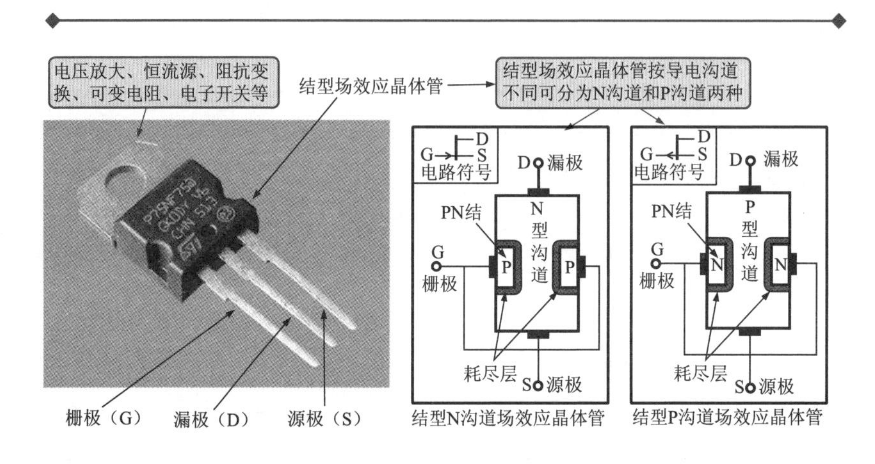

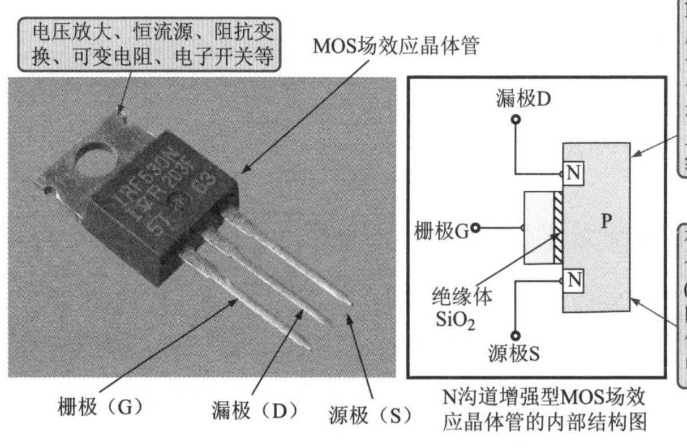

N沟道增强型MOS场效应晶体管是以P型硅片作为衬底，在衬底上制作两个含有杂质的N型材料，在其上面一层覆盖很薄的二氧化硅(SiO_2)绝缘层

在两个N型材料上引出两个铝电极，分别称为漏极(D)和源极(S)，在两极中间的二氧化硅绝缘层上制作一层铝质导电层，该导电层为栅极(G)

MOS场效应晶体管按其工作方式的不同分为耗尽型和增强型，同时又都有N沟道及P沟道

G D S	G D S	G D S	G D S	G2 G1 D S	G2 G1 D S
N沟道增强型场效应晶体管	P沟道增强型场效应晶体管	N沟道耗尽型场效应晶体管	P沟道耗尽型场效应晶体管	耗尽型双栅N沟道场效应晶体管	耗尽型双栅P沟道场效应晶体管

图 3-27　场效应晶体管的外形结构及其图形符号、功能

3.6.2 场效应晶体管的电路识读

图 3-28 为典型电子产品中场效应晶体管的识读方法。

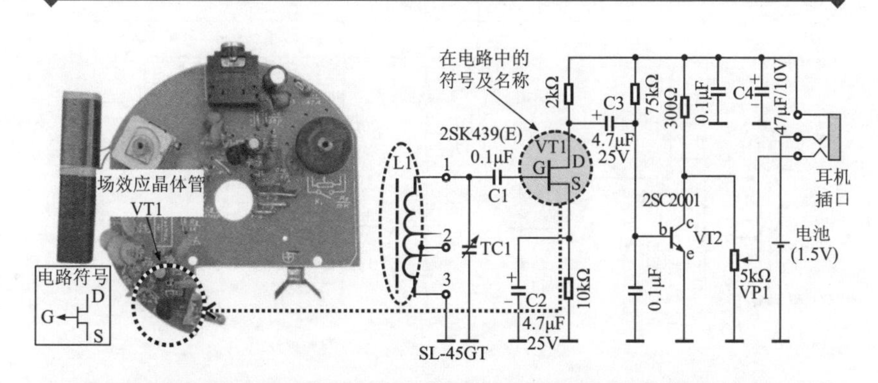

图 3-28 典型电子产品中场效应晶体管的识读方法

场效应晶体管的功能与晶体管相似，可用来制作信号放大器、振荡器和调制器等。由场效应晶体管组成的放大器基本结构有 3 种，即共源极（S）放大器、共栅极（G）放大器和共漏极（D）放大器，如图 3-29 所示。

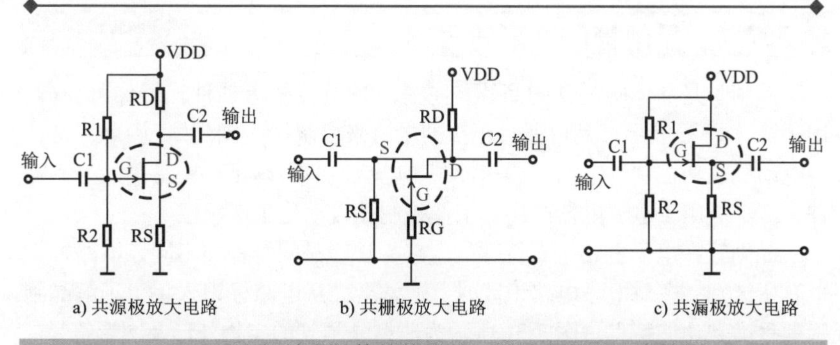

图 3-29 由场效应晶体管构成的 3 种放大器的基本结构

场效应晶体管是一种电压控制器件，栅极（G）不需要控制电流，只要有一个控制电压就可以控制漏极（D）和源极（S）之间的电流。

场效应晶体管具有输入阻抗高和噪声低的特点，因此，由场效应晶体管构成的放大电路常应用于小信号高频放大器中，例如收音机的高频放大器、电视机的高频放大器等。图 3-30 所示是一种简单的收音机电路，该电路中的场效应晶体管用来对天线接收的信号进行高频放大。

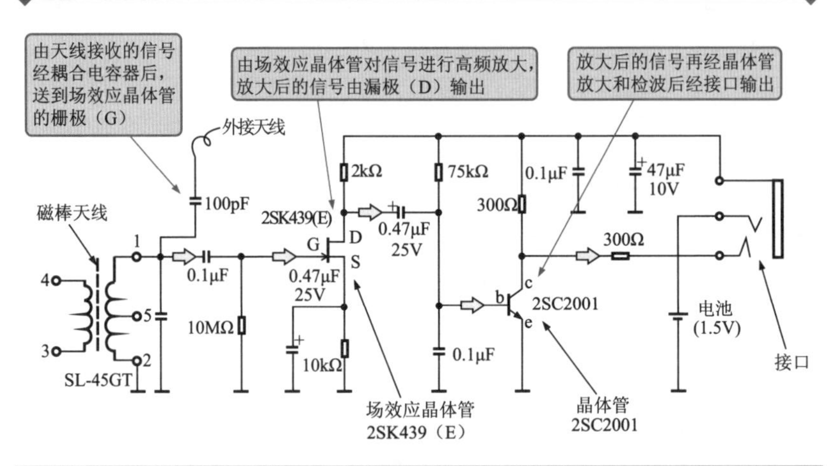

图 3-30 场效应晶体管在收音机电路中的放大功能

3.7 晶闸管的图形符号与电路识读

3.7.1 晶闸管的图形符号

晶闸管是晶体闸流管的简称，它是一种可控整流器件，俗称可控硅，用字符“VS”表示。其可通过很小的电流来控制“大闸门”，因此，常作为电动机驱动控制、电动机调速控制、电流通断、调压、控温等的控制器件，广泛应用于电子电器产品、工业控制及自动化生产领域。

晶闸管在电子电路中有特殊的电路标识，晶闸管种类不同，电路标识也有所区别，在对电子电路识读时，通常会先从电路标识入手，了解晶闸管的种类和功能特点。图 3-31 所示为典型晶闸管的实物外形及图形符号。

相关资料

晶闸管在一定的电压条件下，门极（G）只要有一触发脉冲就可导通，触发脉冲消失，晶闸管仍然能维持导通状态，可以微小的功率控制较大的功率，因此常用于电动机驱动控制电路，以及在电源中作过载保护器件等。图 3-32 所示为几种典型晶闸管的外形结构及其图形符号、功能。

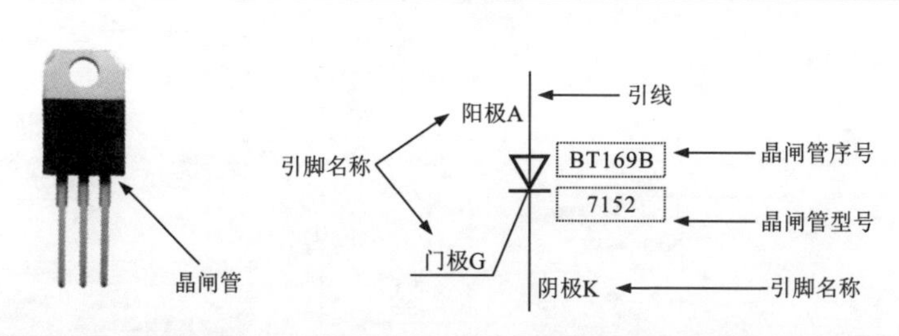

图 3-31 典型晶闸管的实物外形及图形符号

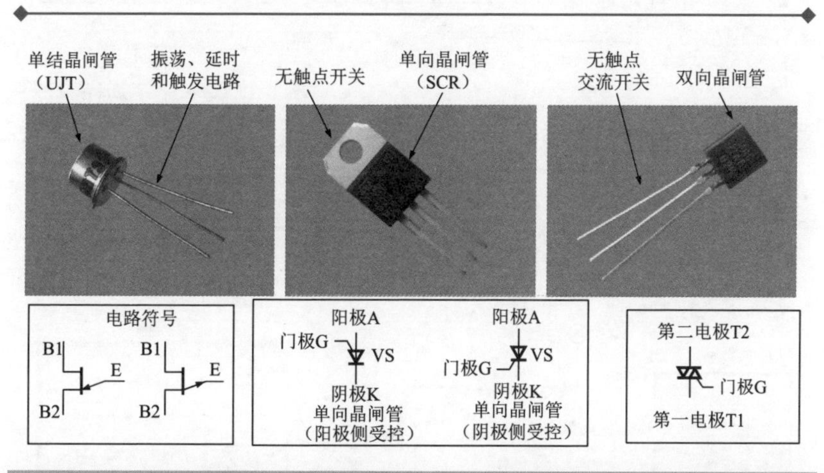

图 3-32 典型晶闸管的外形结构及其图形符号、功能示例

3.7.2 晶闸管的电路识读

晶闸管主要特点是通过小电流实现高电压、高电流的开关控制，在实际应用中主要作为可控整流器件和可控电子开关使用。

图 3-33 所示为晶闸管构成的典型调速电路。晶闸管可与触发电路构成调速电路，使供给电动机的电流具有可调性。

在很多电子或电器产品电路中，晶闸管在大多情况下起到可控电子开关的作用，即在电路中由其自身的导通和截止来控制电路接通、断开。

图 3-34 所示为晶闸管在洗衣机排水系统中的典型应用。在该电路中由晶闸管控制洗衣机排水电磁阀能否接通 220V 电源，进而进行排水控制。

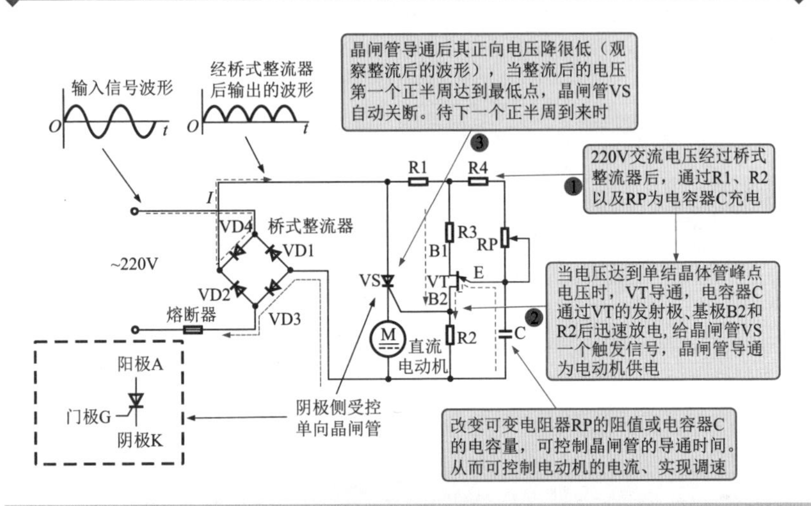

图 3-33　晶闸管构成的典型调速电路

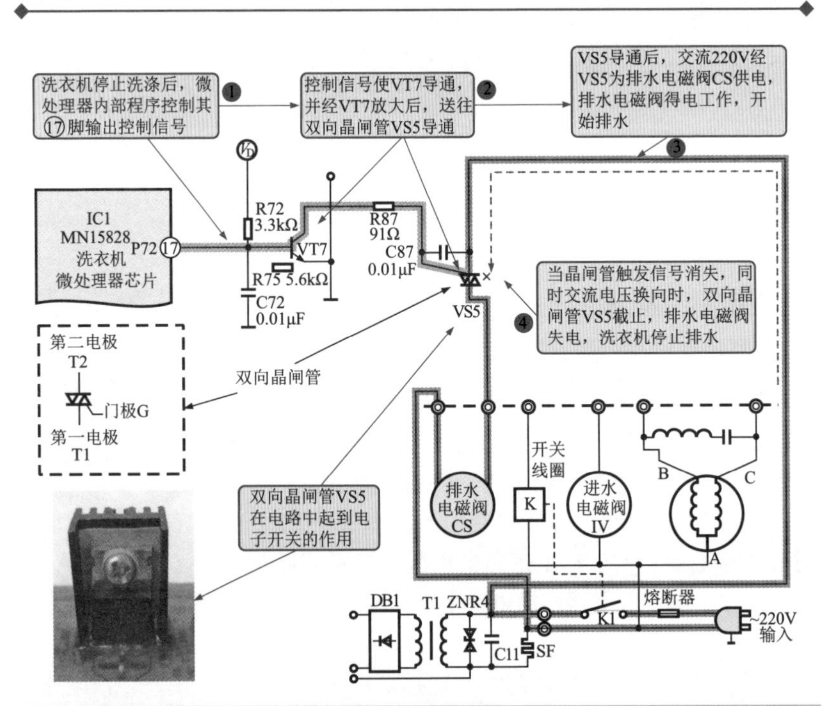

图 3-34　晶闸管在洗衣机排水系统中的典型应用

第4章 基本放大电路识图

4.1 共射极放大电路的识图

4.1.1 共射极放大电路的特点

共射极放大电路是指将晶体管的发射极（e）作为输入信号和输出信号的公共接地端的电路。

图4-1为典型晶体管（NPN型）构成的共射极放大电路。其中晶体管的发射极（e）接地，基极（b）输入信号，集电极（c）输出与输入信号反相的放大信号。

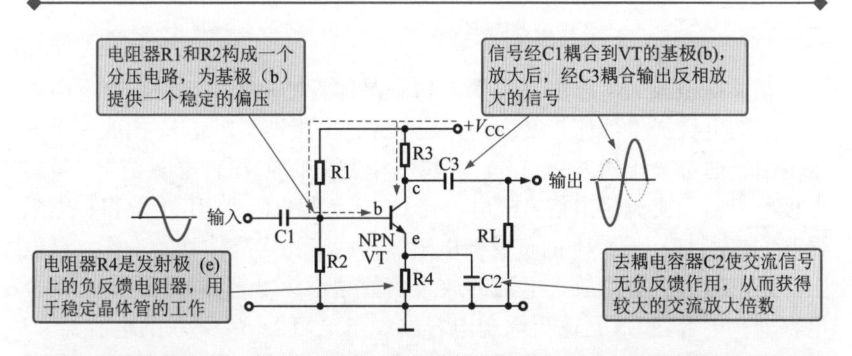

图4-1　典型晶体管（NPN型）构成的共射极放大电路

在典型共射极（e）放大电路中，晶体管VT是这一电路的核心部件，主要起到对信号放大的作用；电路中偏置电阻器R1和R2通过电源给VT基极（b）供电；电阻器R3是通过电源给VT集电极（c）供电；

两个电容器 C1、C3 都是起到通交流隔直流的作用；电阻器 RL 则是承载输出信号的负载电阻器。

输入信号加到晶体管基极（b）和发射极（e）之间，而输出信号取自晶体管的集电极（c）和发射极（e）之间，由此可见发射极（e）为输入信号和输出信号的公共端，因而称共射极（e）晶体管放大电路。

相关资料

图 4-2 所示为采用 PNP 型晶体管构成的共射极（e）放大电路。

NPN 型与 PNP 型晶体管放大器的最大不同之处在于供电电源：采用 NPN 型晶体管的放大电路，供电电源是正电源送入晶体管的集电极（c）；采用 PNP 型晶体管的放大电路，供电电源是负电源送入晶体管的集电极（c）。

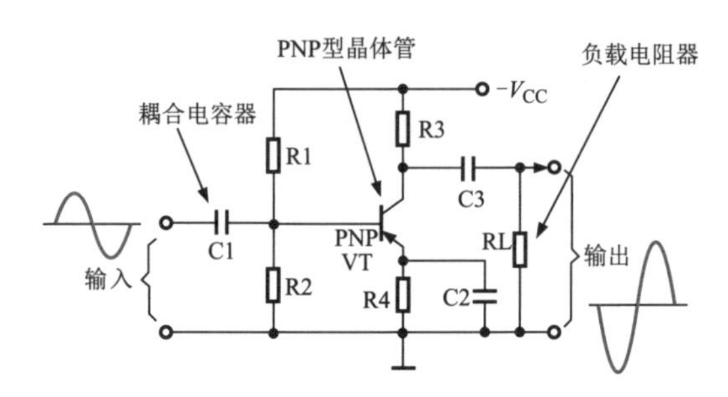

图 4-2 采用 PNP 型晶体管构成的共射极（e）放大电路

在共射极放大电路中（见图 4-1），晶体管的每个电极处都有电阻器为相应的电极提供偏压。其中$+V_{CC}$是电源；电阻器 R1 和 R2 构成一个分压电路，通过分压给基极（b）提供一个稳定的偏压；电阻器 R3 是集电极电阻器，交流输出信号经电容器 C3 从负载电阻器 RL 上取得；电阻器 R4 是发射极（e）上的负反馈电阻器，用于稳定晶体管的工作，该电阻器阻值越大，整个放大电路的放大倍数越小；电容器 C1 是输入耦合电容器；电容器 C3 是输出耦合电容器；与电阻器 R4 并联的电容器 C2 是去耦合电容器，相当于将发射极（e）交流短路，使交流信号无负反馈作用，从而获得较大的交流放大倍数。

共射极放大电路在工作时，既有直流分量又有交流分量，为了便于分析，一般将直流分量和交流分量分开识读，因此将放大电路划分为直流通路和交流通路。所谓直流通路，是放大电路未加输入信号时，放大

电路在直流电源 V_{CC}的作用下，直流分量流过的路径。

（1）直流通路

由于电容器对于直流电压可视为开路，因此当集电极电压源确定为直流电压时，可将放大电路中的电容器省去，如图 4-3 所示。

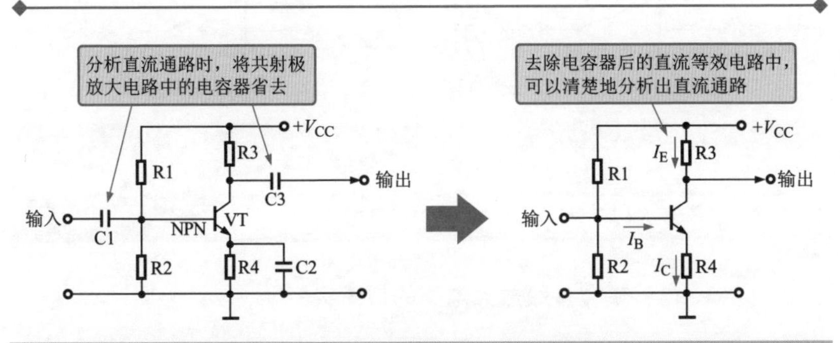

图 4-3　晶体管共射极放大电路直流通路

（2）交流通路

在交流电路分析中，由于直流供电电压源的内阻很小，对于交流信号来说相当于短路。对于交流信号来说电源供电端和电源接地端可视为同一点（电源端与地端短路），如图 4-4 所示。

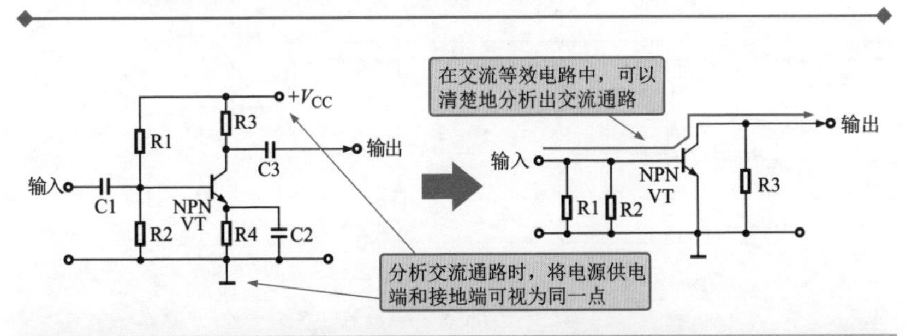

图 4-4　晶体管共射极放大电路交流通路

要点说明

通过设置偏压电阻器，可改变放大电路中的偏压值，使晶体管工作在放大区进行线性放大。线性放大就是成正比的放大，信号不失真的放大。如果偏压失常，晶体管就不能进行线性放大或不能工作，如图 4-5 所示。

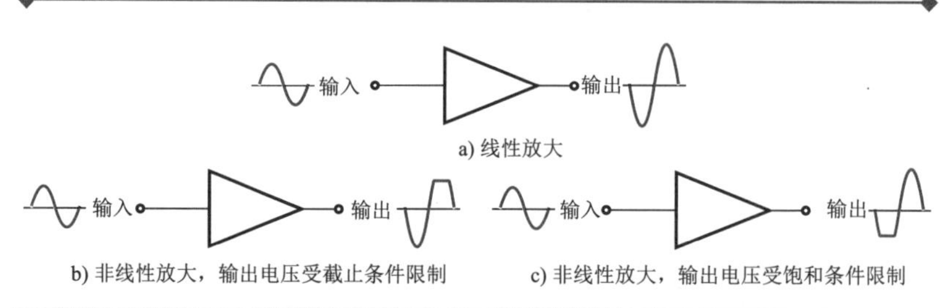

图 4-5　晶体管线性和非线性工作情况

4.1.2　共射极放大电路的识图实例

1. 电容耦合多级放大电路的识图实例

图 4-6 所示为电容耦合多级放大电路，多级放大电路就是将两个以及两个以上的晶体管经过连接而成的放大电路，电容耦合是多级放大电路的一种形式。从图中可以看出，该电路主要由两个晶体管以及一些相关的元件，如电阻器、电容器等构成。

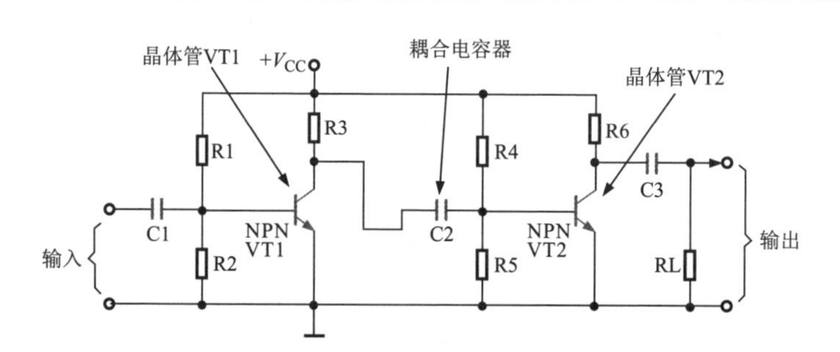

图 4-6　电容耦合多级放大电路

图 4-7 所示为电容耦合多级放大电路的识读分析过程。两个共射极（e）晶体管以及耦合电容器连接而成的电容耦合二级放大器，可以获得较高的放大倍数。前级共射极（e）晶体管 VT1 的输出通过电容器 C2 耦合到后级共射极（e）晶体管的输入端。电容器的耦合作用是通交流隔直流，使用电容器耦合，就可以防止某级放大器的直流偏压影响下一级的直流偏压，但是交流信号却能够直接地通过耦合电容器，送入下一级放大器。

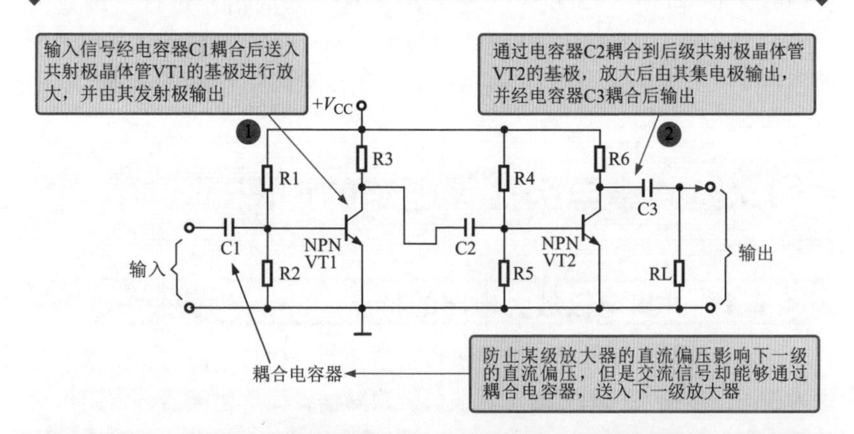

图 4-7　电容耦合多级放大电路的识读分析过程

2. 宽频带放大电路的识图实例

图 4-8 所示为 1～250MHz 宽频带放大电路。该电路是一种多级放大电路，其结构形式属于共射极放大电路。该电路主要是由晶体管 VT1、VT2、VT3 以及相应的分压电阻器、耦合电容器等组成的。

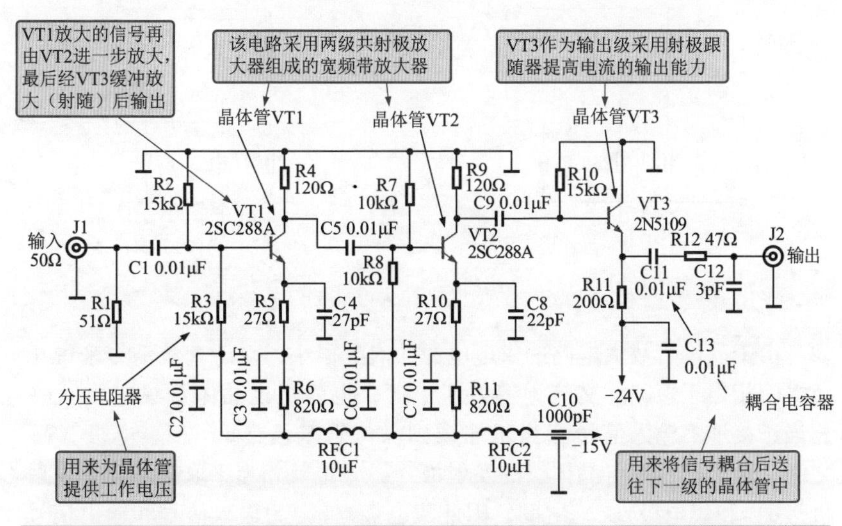

图 4-8　1～250MHz 宽频带放大电路

其中晶体管 VT1、VT2 和 VT3 主要用来对输入的信号进行三级放大（VT1、VT2 为共射极放大，VT3 为射极跟随器），分压电阻器主要用来为晶体管提供工作电压，耦合电容器用于将信号耦合到下一级的晶体管中。

4.2 共集电极放大电路的识图

4.2.1 共集电极放大电路的特点

共集电极放大电路是从发射极输出信号的，信号波形与相位基本与输入相同，因而又称射极输出器或射极跟随器，简称射随器，常用作缓冲放大器。

图 4-9 所示为共集电极放大电路的结构。两个偏置电阻器 Rb1 和 Rb2 是通过电源给晶体管基极（b）供电；Re 是晶体管发射极（e）的负载电阻器；两个电容器都是起到通交流隔直流作用的耦合电容器；电阻器 RL 则是负载电阻器。

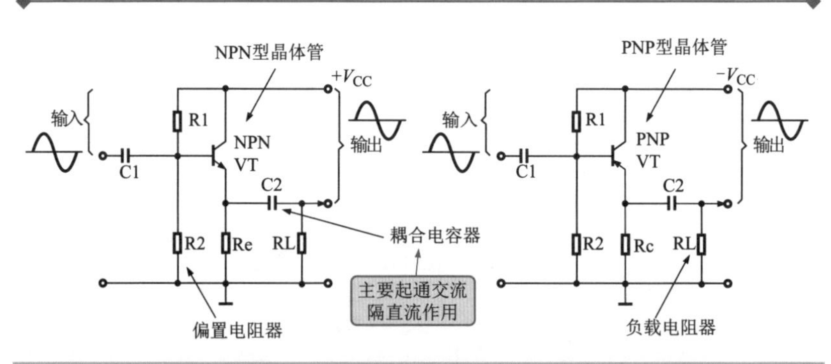

图 4-9　共集电极放大电路的结构

由于晶体管放大电路的供电电源的内阻很小，对于交流信号来说正负极间相当于短路。交流地等效于电源，也就是说晶体管集电极（c）相当于接地。输入信号相当于加载到晶体管基极（b）和集电极（c）之间，输出信号取自晶体管的发射极（e），也就相当于取自晶体管发射极（e）和集电极（c）之间，因此集电极（c）为输入信号和输出信号的公共端。

要点说明

共射极放大电路与共发射极放大电路一样，NPN 型与 PNP 型晶体管放大器的最大不同之处也是供电电源的极性不同。

以 NPN 型晶体管构成的共集电极放大电路为例，在识图分析时，可将电路分为直流和交流两条通路，如图 4-10 所示。该电路的直流通路是由电源经电阻器为晶体管提供直流偏压的电路，晶体管工作在放大状态还是开关状态，主要由它的偏压确定，这种电路也是为晶体管提供电源的电路。

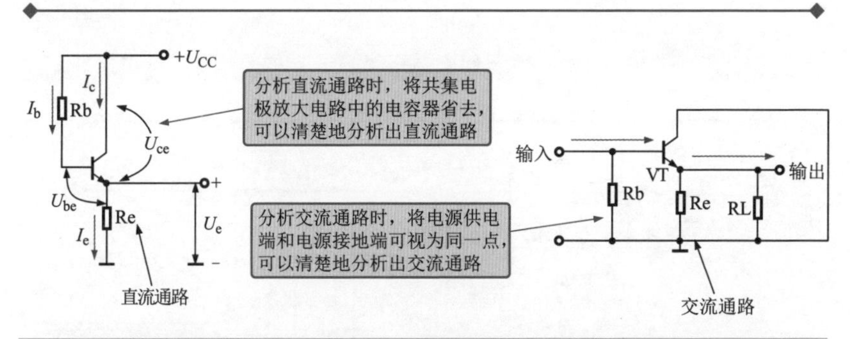

图 4-10　共集电极放大电路的直流通路和交流通路

交流通路是对交流信号起作用的电路，电容对交流信号可视为短路，电源的内阻对交流信号也视为短路。

4.2.2　共集电极放大电路的识图实例

图 4-11 所示为高输入阻抗缓冲放大电路，该电路是一种典型的共集电极放大电路。从图中可知，该电路主要是由场效应晶体管 VT1、晶体管 VT2 等组成的。其中 VT1 用来进行输入信号的一级放大，晶体管 VT2 与周围的阻容元件组成共集电极放大电路，用来对信号进行二级放大。

找到了该电路中的主要元器件后，如图 4-12 所示，对高输入阻抗缓冲放大电路进行识读。通过对电路的分析，可以识读出，当信号送入后经电容器 C1 耦合送到场效应晶体管 VT1 的栅极（G），由场效应晶体管 VT1 放大后由其源极（S）输出，送往共集电极晶体管 VT2 的基极进行放大，再由 VT2 的发射极输出。

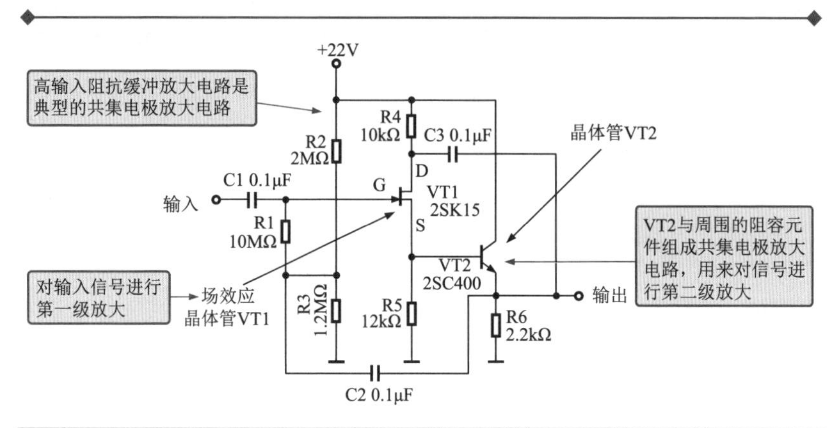

图 4-11 高输入阻抗缓冲放大电路

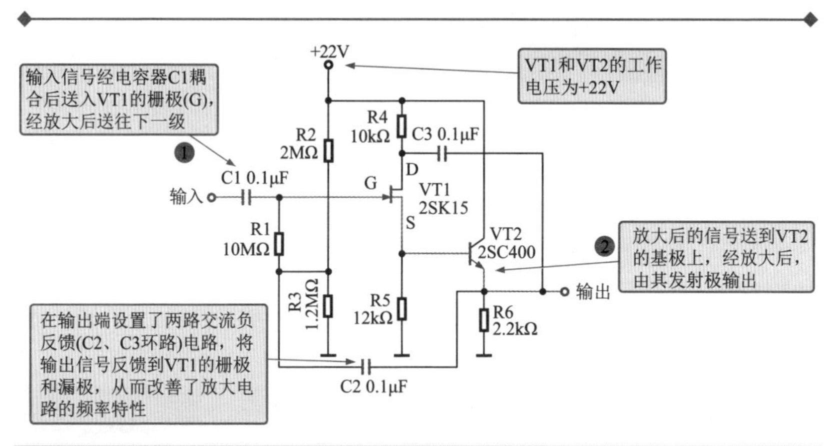

图 4-12 高输入阻抗缓冲放大电路的识读分析过程

4.3 共基极放大电路的识图

4.3.1 共基极放大电路的特点

共基极放大电路的功能与共射极放大电路基本相同，其结构特点是将输入信号加载到晶体管发射极（e）和基极（b）之间，而输出信号取自晶体管的集电极（c）和基极（b）之间，由此可见基极（b）为输入信号和输出信号的公共端，因而该电路称为共基极（b）放大电路。

图4-13所示为共基极放大电路的基本结构。从图中可以看出，该电路主要是由晶体管VT、电阻器Rb1、Rb2、Rc、RL和耦合电容器C1、C2组成的。

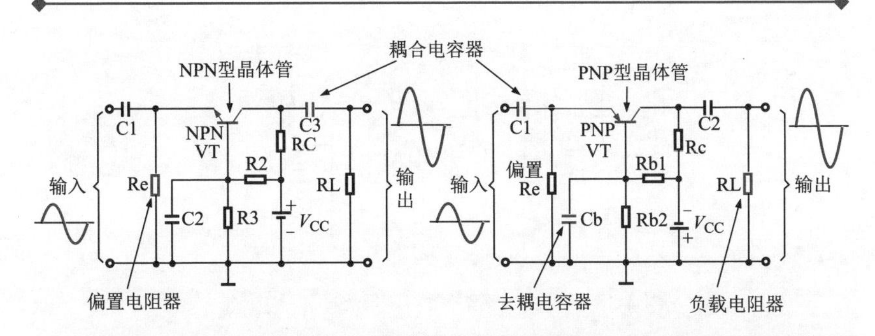

图4-13 共基极放大电路的结构

电路中的四个电阻器都是为了建立静态工作点而设置的，其中RC还兼具集电极（c）的负载电阻器功能；电阻器RL是负载端的电阻器；两个电容器C1和C3都是起到通交流隔直流作用的耦合电容器；去耦电容器C2是为了使基极（b）的交流直接接地，起到去耦合的作用，即起消除交流负反馈的作用。

在共基极放大电路中，信号由发射极（e）输入，由晶体管放大后由集电极（c）输出，输出信号与输入信号同相。它的最大特点是频带宽，常用作晶体管宽频带电压放大器使用。

以NPN型晶体管构成的共基极放大电路为例，直流电源通过负载电阻器RC为集电极提供偏置电压。同时，偏置电阻器R2和R3构成分压电路为晶体管基极提供偏置电压。信号从输入端输入电路后，经C1耦合电容器输入到晶体管的发射极，由晶体管放大后，经耦合电容器C2输出同相放大的信号，其原理与共发射极放大电路类似，负载电阻器RC两端电压随输入信号变化而变化，而输出端信号取自集电极和基极之间，对于交流信号直流电源相当于开路，因此输出信号相当于取自负载电阻器RC两端，因而输出信号和输入信号相位相同。

4.3.2 共基极放大电路的识图实例

图4-14所示为调频（FM）收音机高频放大电路，该电路是典型共

基极放大电路，其高频特性比较好，而且在高频范围工作比较稳定。

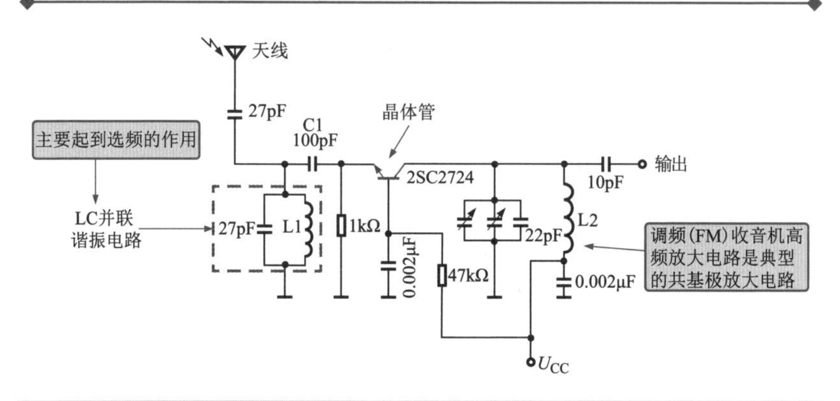

图 4-14 调频（FM）收音机高频放大电路

从图中可知，该电路主要是由晶体管 2SC2724 以及输入端的 LC 并联谐振电路等组成的。晶体管 2SC2724 为核心元件，主要用来对信号进行放大。

找到该电路的核心和关键元器件后，对调频（FM）收音机高频放大电路进行识读，如图 4-15 所示。天线接收天空中的信号后，经 LC 并联谐振电路调谐后输出所需的高频信号，经耦合电容器 C1 后送入晶体管的发射极，由晶体管进行放大后，由其集电极输出。

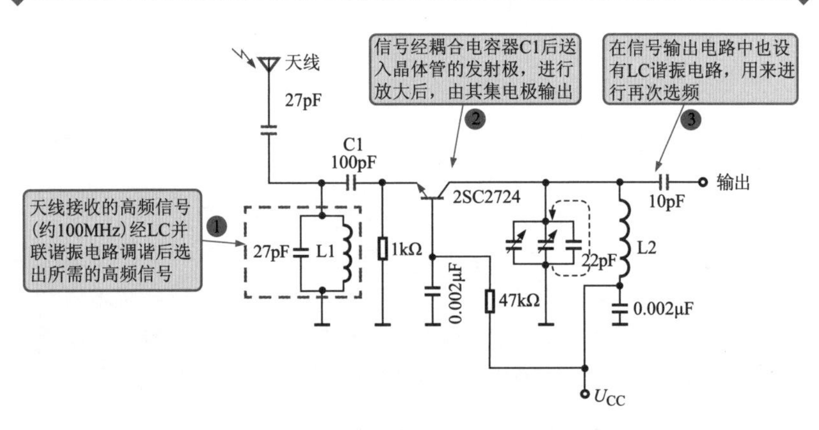

图 4-15 调频（FM）收音机高频放大电路的识读分析过程

第5章 脉冲电路识图

5.1 脉冲电路的特点

5.1.1 脉冲电路的功能

脉冲电路是一种为电子产品相关电路提供特殊信号的功能单元电路。它最基本的功能是产生脉冲信号，并对产生的脉冲信号进行必要的转换处理，使其满足电路需要。

一般来说，脉冲信号是指一种持续时间极短的电压或电流波形。从广义上讲，凡不具有持续正弦形状的波形，几乎都可以称为脉冲信号。它可以是周期性的，也可以是非周期性的。图5-1所示为几种常见的脉冲信号波形。

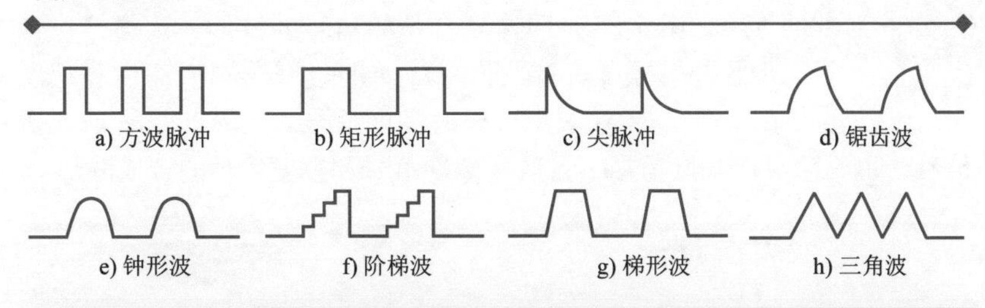

图5-1 常见的脉冲信号波形

脉冲信号在数字信号处理、控制电路中应用的非常广泛。例如，节日里驱动彩灯和霓虹灯的信号，在电子设备中，驱动继电器、蜂鸣器、进步电动机的信号都采用脉冲信号，电子表中的计时信号也是脉冲信号。

图 5-2 所示为典型影碟机 AV 解码集成电路处理信号的波形实例，其中包含各种脉冲信号。

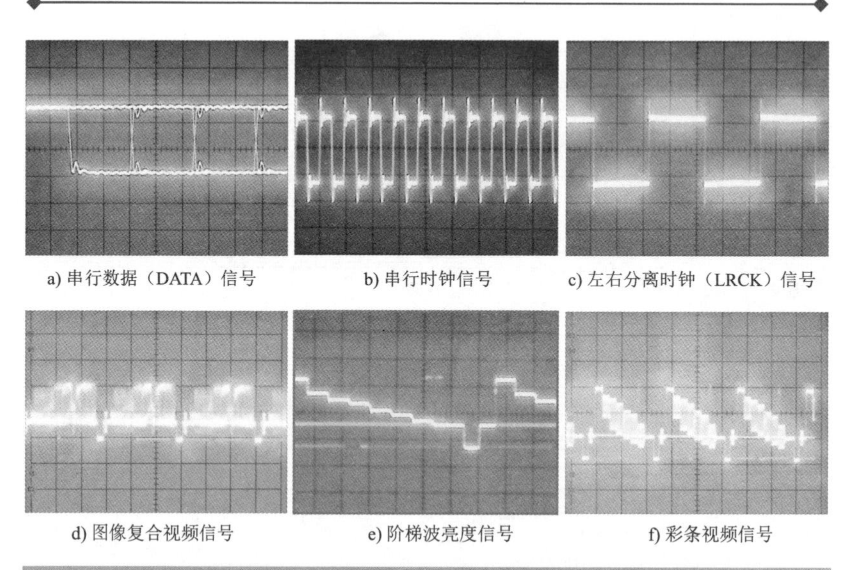

a) 串行数据（DATA）信号　b) 串行时钟信号　c) 左右分离时钟（LRCK）信号

d) 图像复合视频信号　e) 阶梯波亮度信号　f) 彩条视频信号

图 5-2　典型影碟机 AV 解码集成电路处理信号的波形实例

图 5-2a 是串行数据信号的波形，数据信号的内容是不断变化的，图中的波形捕捉的是信号一瞬间的状态。图 5-2b 是串行时钟信号的波形。图 5-2c 是左右分离时钟信号波形，是一种比较标准的方波。图 5-2d 是图像复合视频信号的波形，该信号包含行同步脉冲信号（负极性脉冲），色同步信号以及亮度和色度合成的信号。图 5-2e 是阶梯波亮度信号。图 5-2f 是彩条视频信号，也是阶梯波亮度信号，行同步脉冲信号和色度信号的合成波形。

扫一扫看视频

如果按脉冲信号的极性来分类，可分为正极性脉冲和负极性脉冲信号。正极性脉冲是相对于零电平（或其他标准电平）来说，幅值为正；而负极性脉冲的幅值为负。其波形如图 5-3 所示。表示数据内容的编码信号也都是由不同规律的脉冲列组成的，此外还有一些正弦和脉冲混合的信号。

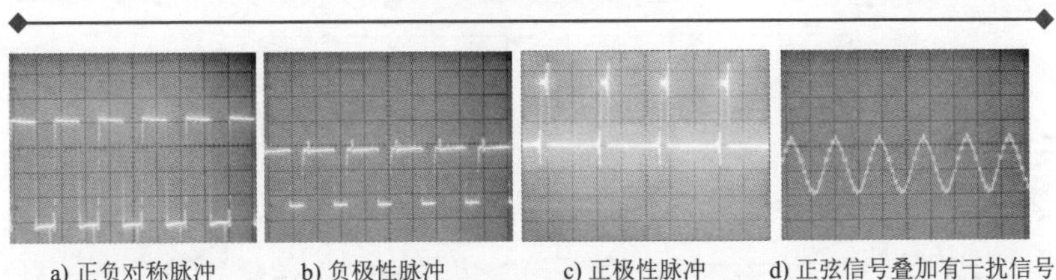

a) 正负对称脉冲　b) 负极性脉冲　c) 正极性脉冲　d) 正弦信号叠加有干扰信号

图 5-3　正负极性脉冲波形

通常情况下，将电子产品中，用于产生脉冲信号、变换和处理脉冲信号的电路，称为脉冲电路。脉冲电路可分为脉冲信号产生电路和脉冲信号转换电路。

5.1.2　脉冲信号产生电路的结构

脉冲信号产生电路是产生脉冲信号的电路，该电路用于为脉冲信号处理和变换电路提供信号源。通常，脉冲信号产生电路不需外加触发信号，在电源接通后，就可自动产生一定频率和幅度的脉冲信号。

图 5-4 所示为一种简单的脉冲信号产生电路的结构和工作过程。它主要是由两只晶体管 VT1、VT2 构成的，VT2 输出的脉冲信号可以驱动发光二极管（LED）闪光。

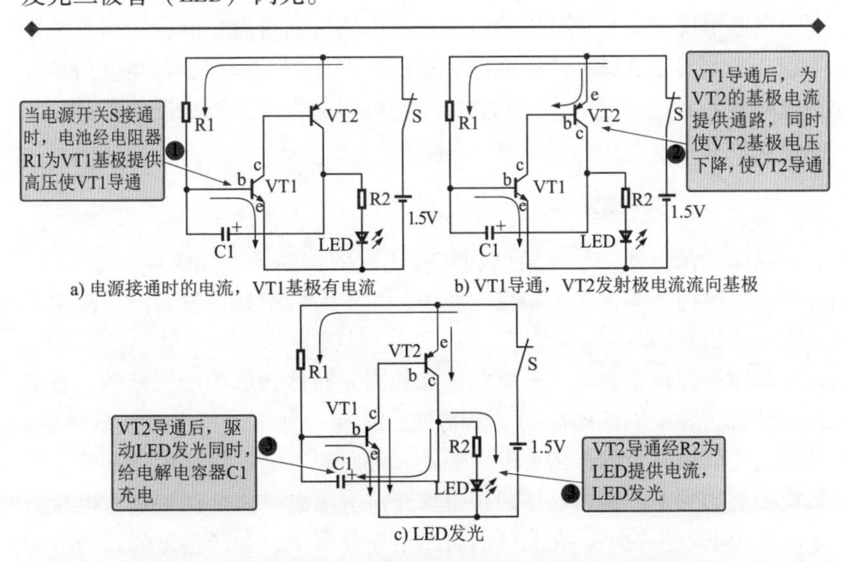

a) 电源接通时的电流，VT1基极有电流　b) VT1导通，VT2发射极电流流向基极

c) LED发光

图 5-4　晶体管脉冲产生电路的结构和工作过程

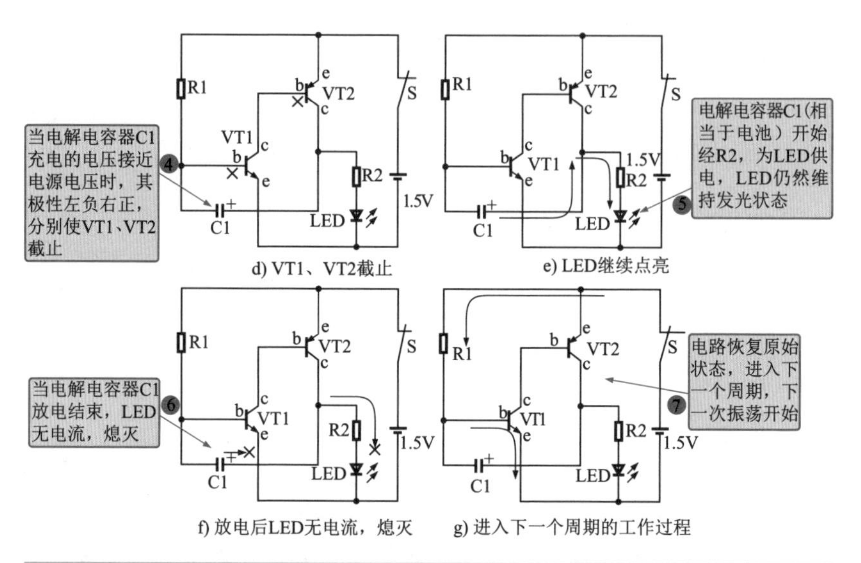

图 5-4　晶体管脉冲产生电路的结构和工作过程（续）

从图中可以看到，在满足供电条件下，两只晶体管配合导通和截止，产生触发 LED 发光的脉冲信号，这就是脉冲信号产生电路的基本工作过程。

通常情况下，常见的脉冲信号产生电路根据所产生的脉冲信号波形类型，主要有方波脉冲产生电路、锯齿波信号产生电路、三角波信号产生电路等，将这些能够产生脉冲信号的电路称为振荡器。振荡器又分为晶体振荡器和多谐振荡器两种。

1. 晶体振荡器

晶体振荡器是一种高精度和高稳定度的振荡器，广泛应用于彩电、计算机、遥控器等设备的振荡电路中，用于为数据处理设备产生时钟信号或基准信号。

晶体振荡器主要是由石英晶体和外围元器件构成的谐振器件。石英是一种自然界中天然形成的结晶物质，具有一种称为压电效应的特性。晶体受到机械应力的作用会发生振动，由此产生电压信号的频率等于此机械振动的频率。当在晶体两端施加交流电压时，它会在该输入电压频率的作用下产生振动。在晶体的自然谐振频率下，会产生最强烈的振动现象。晶体的自然谐振频率由其实体尺寸以及切割方式来决定。

一般来说，使用在电子电路中的晶体振荡器由架在两个电极之间的石英薄芯片以及用来密封晶体的保护外壳所构成，如图 5-5 所示。

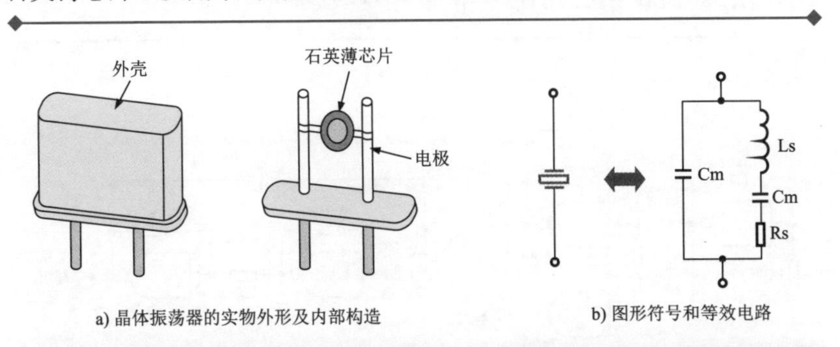

图 5-5　晶体振荡器外形及图形符号

图 5-6 所示的 32kHz 晶体时钟振荡器，是为数字电路提供时间基准信号的电路，它采用 CMOS 集成电路 CD4007 作为振荡信号放大器。

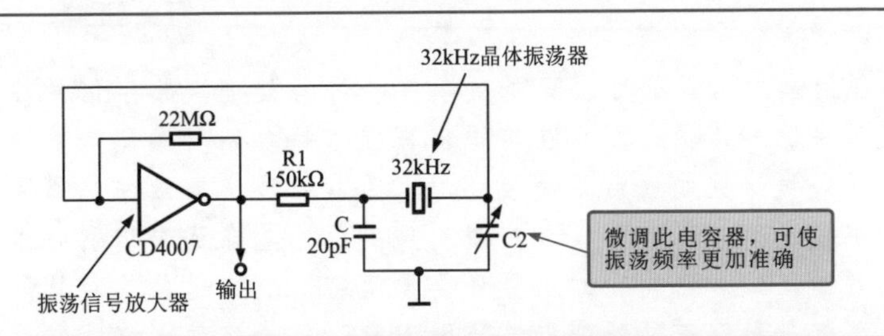

图 5-6　32kHz 晶体时钟振荡器

图 5-7 是由 DTL 集成电路构成的晶体振荡器，其振荡频率为 100kHz 和 1MHz。它是由门电路构成，为 DTL 电路系统提供晶振信号。

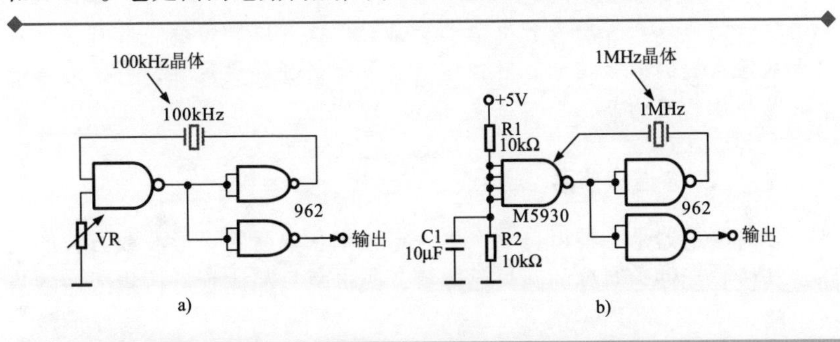

图 5-7　DTL 集成电路构成的晶体振荡器

图 5-8 所示为 TTL 集成电路构成的晶体振荡器，图中分别为 10MHz 和 20MHz 两种振荡频率的振荡电路。

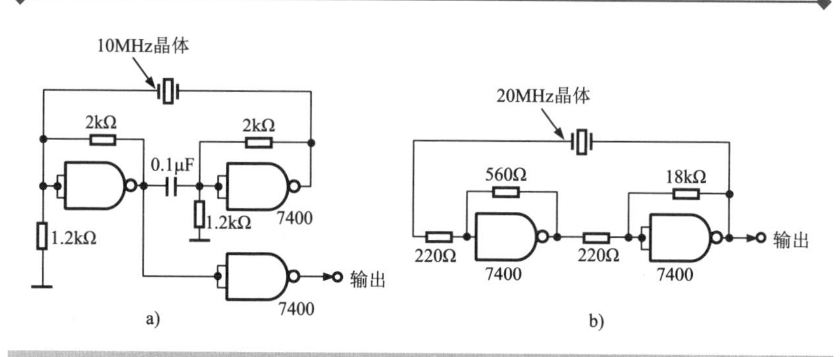

图 5-8　TTL 集成电路构成的晶体振荡器

相关资料

任何模拟信号都可以变成数字信号进行处理。数字信号往往需要进行存储和传输，而且在传输前需要进行加密和编码等处理。数字信号经过这些处理后还需要还原。为此，数字信号往往需要按一定的规则进行编码，有了这些编码规则，才能在还原识别时进行相反的解码。经加密处理的信号还需要解密。完成这些信号处理过程的电路就是数字信号处理电路，因而数字信号处理电路的种类也非常多。

在数字信号处理电路中进行处理的数字信号是很复杂的，相应的处理电路也是很复杂的，为了使这个复杂的处理过程有条不紊，就需要有一个统一的信号来控制各种电路的步调，这就是时钟信号。时钟信号是整个数字系统的同步信号。时钟信号需要有很高的稳定性，为此通常是由石英晶体构成的晶体振荡器来产生时钟信号。

2. 多谐振荡器

多谐振荡器是一种可自动产生一定频率和幅度的矩形波或方波的电路，其核心元件为对称的两只晶体管，或将两只晶体管进行集成后的集成电路。

图 5-9 所示的方波信号产生器也是一种多谐振荡器，它利用双稳态

多谐振荡器产生方波信号，可同时输出两个相位相反的方波信号。电路简单稳定可靠。

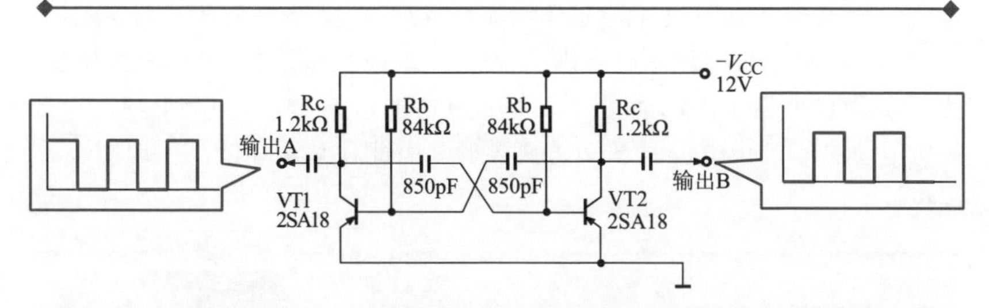

图 5-9 方波信号产生器

图 5-10 为典型的锯齿波振荡器。常用的普克尔锯齿波振荡器如图 5-10c 所示，首先，$-V_{CC}$ 通过 Rc1 加到 VT2 的基极，使 VT2 导通，电容器 C 通过 Rc2 充电。若 Rc2 选得比 R 大，则充电时间比放电时间长。

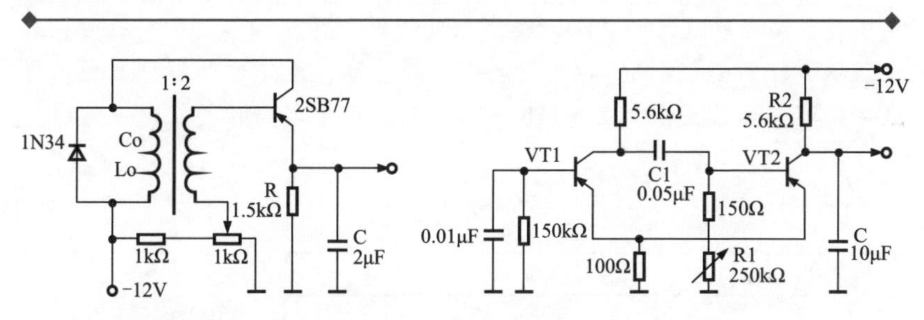

a) 利用间歇振荡器的锯齿波振荡器

b) 利用多谐振荡器的锯齿波振荡器

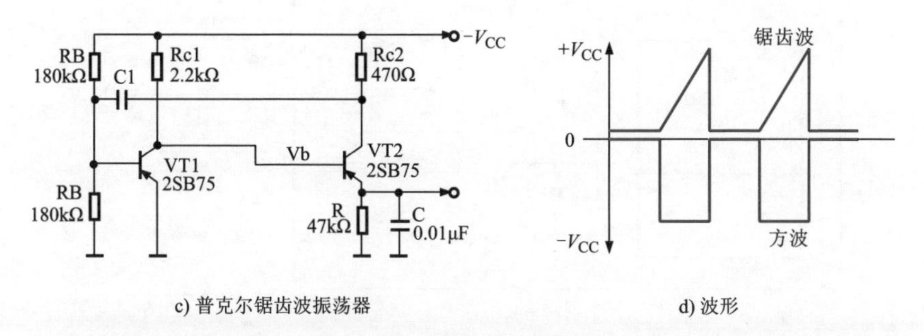

c) 普克尔锯齿波振荡器

d) 波形

图 5-10 锯齿波振荡器

电容器 C 很快的充电到由 Rc2 和 R 对 $-V_{CC}$ 的分压电位，Rc2 的压降通过 C1 使 VT1 的基极电位变正而截止。电容器 C 进行充电时，集电极电流逐渐减小，电源电压通过 RB 加给 VT1 的基极，使 VT1 导通。这样，VT1 的集电极电压下降，因为 VT2 的基极直接连接 VT1 的集电极，使 VT2 截止。由于 VT2 截止，C 上的电荷通过 R 放电，直到 VT2 的发射极电位高于基极电位时 VT2 再次导通。因此在 C 两端便产生周期性的锯齿波。

相关资料

在实际应用中，常见的复位电路也是一种脉冲信号产生电路。图 5-11a 所示是微处理器复位电路的结构。微处理器的电源供电端在开机时会有一个从 0 上升至 5V 的过程，如果在这个过程中启动，有可能出现程序错乱，为此微处理器都设有复位电路，在开机瞬间复位端保持 0V，低电平。当电源供电接近 5V 时（大于 4.6V），复位端的电压变成高电平（接近 5V）。此时微处理器才开始工作。在关机时，当电压值下降到小于 4.6V 时复位电压下降为零，微处理器程序复位，保证微处理器正常工作。图 5-11b 所示为电源供电电压和复位电压的时间关系。

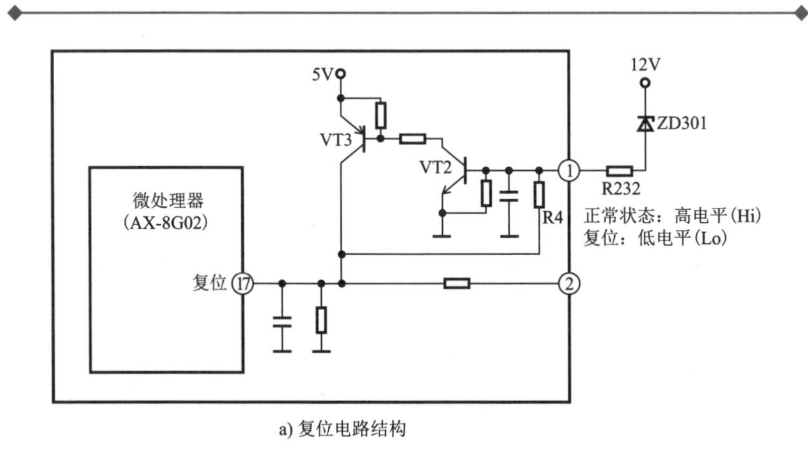

a) 复位电路结构

图 5-11 复位电路的检测部位和数据

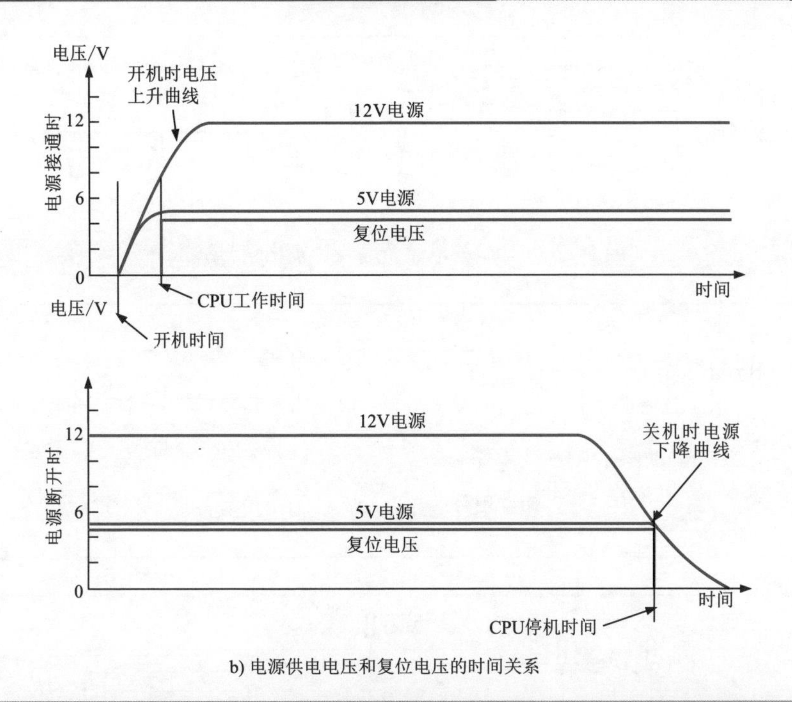

b) 电源供电电压和复位电压的时间关系

图 5-11 复位电路的检测部位和数据（续）

5.1.3 脉冲信号转换电路的结构

脉冲信号转换电路是用于实现脉冲信号传输或改善脉冲信号性能的电路。在实际的电路应用中，脉冲信号常常会根据电路需要进行脉冲形态、脉冲宽度、脉冲延时等一系列转换。

脉冲信号转换电路包括脉冲信号的整形和变换。常见的脉冲信号整形和变换电路主要有 RC 微分电路（将矩形波转换为尖脉冲）、RC 积分电路、单稳态触发电路、双稳态触发电路等。这些电路有一个共同的特点：它们不能产生脉冲信号，只能将输入端的脉冲信号整形或变换为另一种脉冲信号。

图 5-12~图 5-15 所示为几种脉冲信号整形和变换电路，以及其输入和整形后输出的脉冲信号波形。

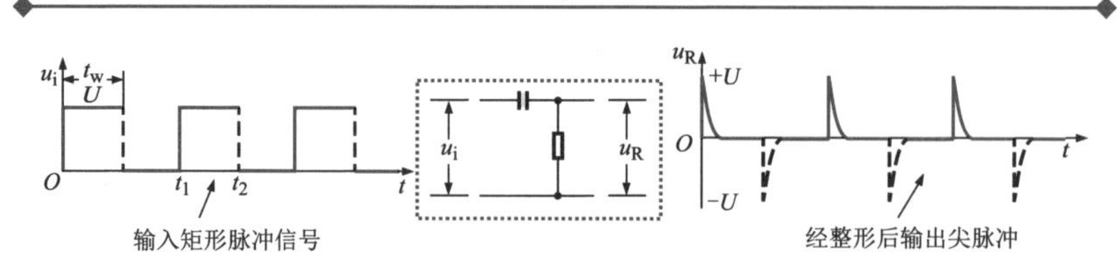

图 5-12 RC 微分电路及输入、输出信号波形

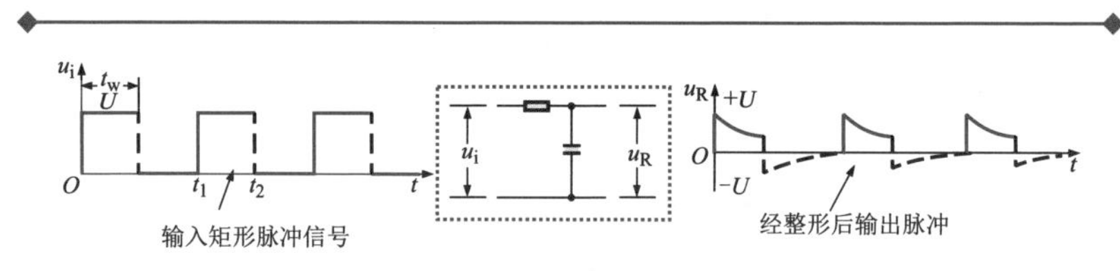

图 5-13 RC 积分电路及输入、输出信号波形

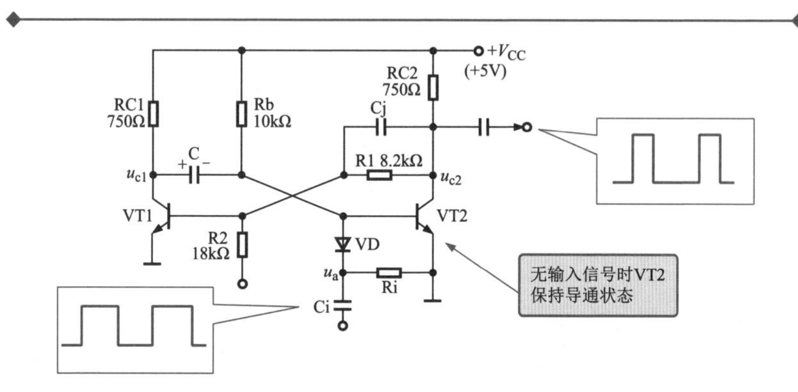

图 5-14 典型单稳态触发电路及输入、输出脉冲信号波形

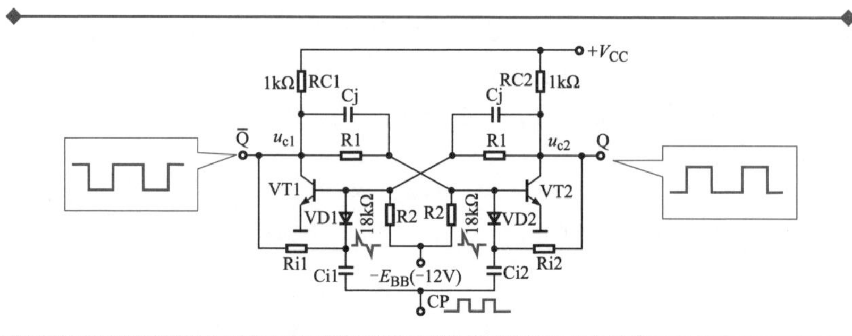

图 5-15 典型双稳态触发电路及输入、输出脉冲信号波形

5.2 脉冲电路识图训练

5.2.1 数码产品时钟振荡器电路的识图

图5-16所示为典型数码产品中的时钟振荡器电路。从图中可以看到，该电路主要由石英晶体振荡器X101和三个反相放大器（7404中的A、B、C）构成。

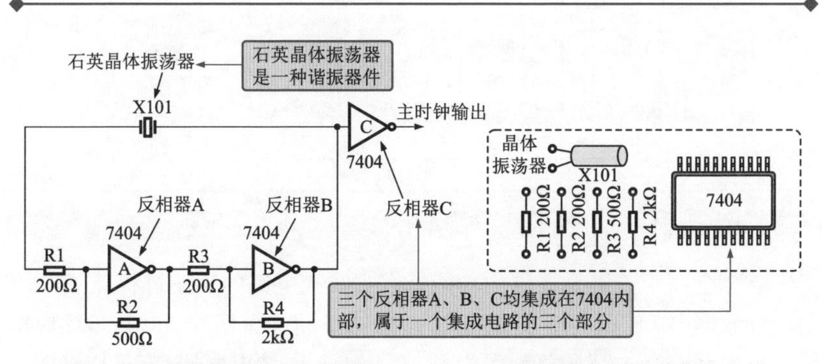

a) 由石英晶体振荡器构成的主时钟电路 b) 晶体振荡电路的元件布局

图5-16 CPU时钟电路的外部电路结构

结合电路中关键元器件的功能特点，对该电路的识图过程如下：

石英晶体振荡器X101接在两级反相器的输出与输入信号端之间，由于其是一种谐振器件，当其两端施加交流电压时，会在该输入电压频率的作用下振动，就形成了具有固定频率的振荡电路，在电路的输出端输出脉冲时钟信号波形。

要点说明

时钟振荡器通常用于数字信号处理电路以及微处理器电路中（微处理器也是一种数字信号处理电路）。数字信号的传送、处理都需要时钟信号，它是系统中的节拍信号，也是时间信号，同时是识别数据信号的同步信号。

5.2.2 1Hz 时钟信号产生电路的识图

图 5-17 所示为一种精密的 1Hz 时钟信号产生电路。从图中可以看到，该电路主要由 14 级二进制计数器 CD4060、触发器 CD4027 及 32.768kHz 石英晶体振荡器等组成。

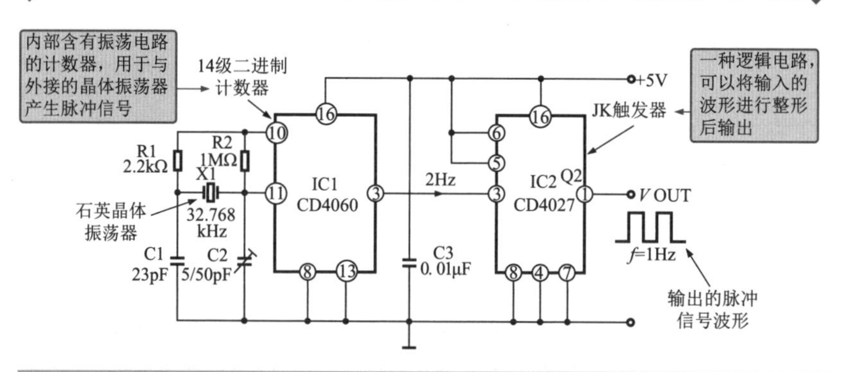

图 5-17 1Hz 时钟信号产生电路

结合电路中关键元器件的功能特点，对该电路的识图过程如下：

计数器 IC1（CD4060）⑩、⑪脚的外接晶体振荡器 X1 与芯片内电路构成振荡电路，其振荡频率为 32.768kHz，微调电容器 C2 可精确调节此频率。

振荡电路产生的振荡信号经计数器 IC1（CD4060）的 2^{14} 次分频后，在其③脚输出 2Hz 的方波信号，该方波信号再经 JK 触发器 IC2（CD4027）进行 1/2 分频后，便可在 IC2 的①脚输出精确的、频率为 1Hz 的时钟信号。

5.2.3 1kHz 方波信号产生电路（CD4060）的识图

图 5-18 所示为一种 1kHz 方波信号产生电路。可以看到，该电路主要是由 CD4060、晶体振荡器 X1、补偿电容器 C1 和 C2 及外围元器件构成的。

结合电路中关键元器件的功能特点，对该电路的识图过程如下：

当直流 12V 电压加到该电路中后，集成电路 CD4060 开始工作，其内部的振荡电路通过⑩脚、⑪脚与外接晶体振荡器 X1 一起产生脉冲信号，该振荡信号经 IC 内部一级放大后，直接由 IC 内部的固定分频器

（1/4096）分频，然后从 IC 的①脚输出，因此从①脚得到的输出频率为 4.096MHz/4096 = 1kHz。从⑨脚输出的信号，则输出频率为 4.096MHz。

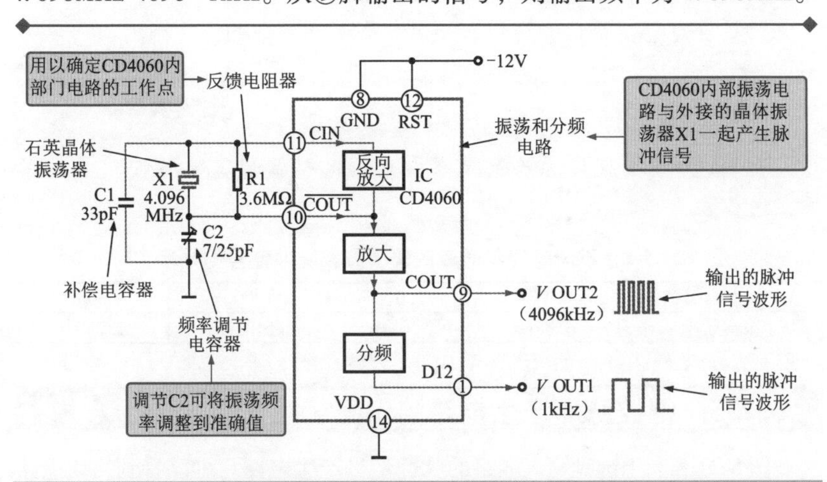

图 5-18　1kHz 方波信号产生电路

5.2.4　可调频率方波信号发生器（74LS00）的识图

图 5-19 所示为一种采用与非门集成电路 74LS00 组成的方波发生器电路。该电路主要是由与非门集成电路 74LS00 及外围 RC 元件构成的。

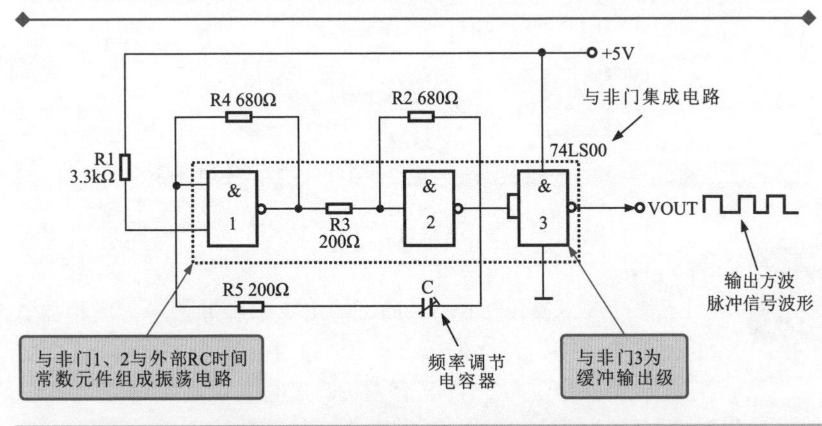

图 5-19　采用与非门集成电路 74LS00 组成的方波发生器电路

结合电路中关键元器件的功能特点，对该电路的识图过程如下：

当直流 5V 电压加到该电路中后，集成电路 74LS00 开始工作，其中与非门1、2与外部RC时间常数元件组成振荡电路，产生方波脉冲信号，该方波脉冲信号经与非门3放大后输出。

只要改变电容器C的容量，便可获得不同频率的方波输出。

相关资料

表5-1为电容器C为不同电容量时，电路输出方波脉冲信号的频率，供参考。

表5-1 不同电容量对应的输出方波脉冲信号的频率

C的电容量值	0.1μF	0.01μF	1000pF	330pF
振荡频率	4.8kHz	53kHz	550kHz	1.7MHz

5.2.5 键控脉冲产生电路的识图

图5-20为利用键盘输入电路的脉冲信号产生电路。可以看到，该电路主要是由操作按键S，反相器（非门）A、B、C、D，与非门E等组成的。

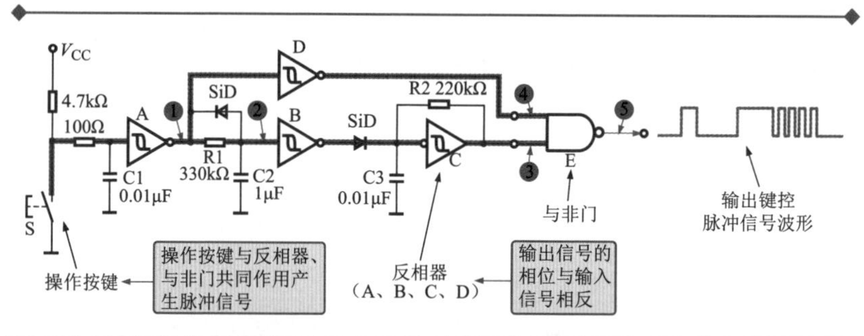

图5-20 利用键盘输入电路的脉冲信号产生电路

结合电路中关键元器件的功能特点，对该电路的识图过程如下：

按动一下操作按键S，即可输出一串脉冲信号，反相器A的输出端（①处）会形成启动脉冲，由此电路中电容器C2被充电形成积分信号，当电容器C2充电电压达到一定电压值时，反相器控制脉冲信号产生电路C开始振荡，其输出端（③处）输出脉冲信号，加到与非门E下端引脚上；同时，启动脉冲经反相器D后，直接加到与非门E的上端（④处）引脚上，经与非门进行“与”、“非”识别处理后，由其输出端（⑤处）输出键控信号。

相关资料

在上述信号处理过程中①~⑤处的信号波形如图 5-21 所示。

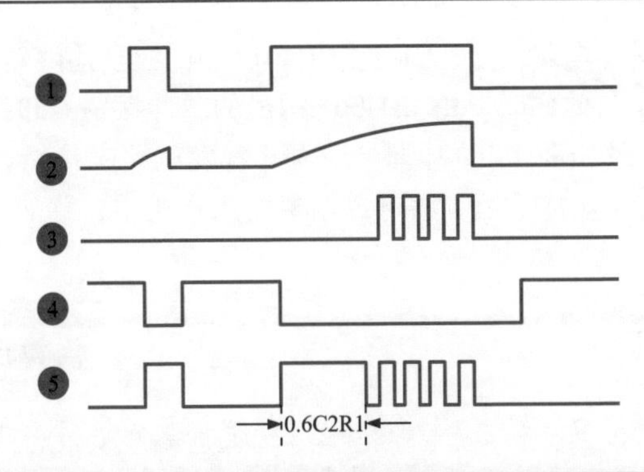

图 5-21 键控脉冲产生电路中的波形时序关系

5.2.6 脉冲信号催眠器电路的识图

图 5-22 所示为一种脉冲信号催眠器电路。从图中可以看到，该电路主要是由耳机接口 JK、脉冲振荡器 CD4069、触发器 CD4017 和脉冲输出电路 BG1 等部分构成的。

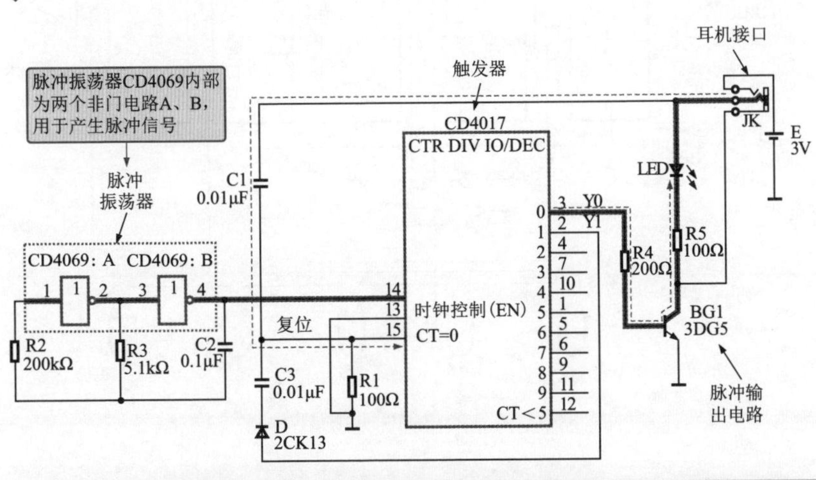

图 5-22 脉冲信号催眠器电路

结合电路中关键元器件的功能特点，对该电路的识图过程如下：

插入耳机后，耳机作为晶体管 BG1 的负载，同时将 3V 直流电压送入电路中。

通电瞬间，电源通过 C1 为 CD4017 触发器提供复位脉冲，使 CD4017 复位。与此同时，由 CD4069 构成的脉冲振荡器起振，该信号作为时钟脉冲送到 CD4017 的⑭脚，经内部触发电路工作后，由③脚输出脉冲信号，经 BG1 放大后，将脉冲信号送入耳机中，犹如雨滴声，催人入眠。

相关资料

图 5-23 所示为触发器 CD4017 的内部结构及各引脚波形时序图，简单了解集成电路的内部结构及引脚波形图。

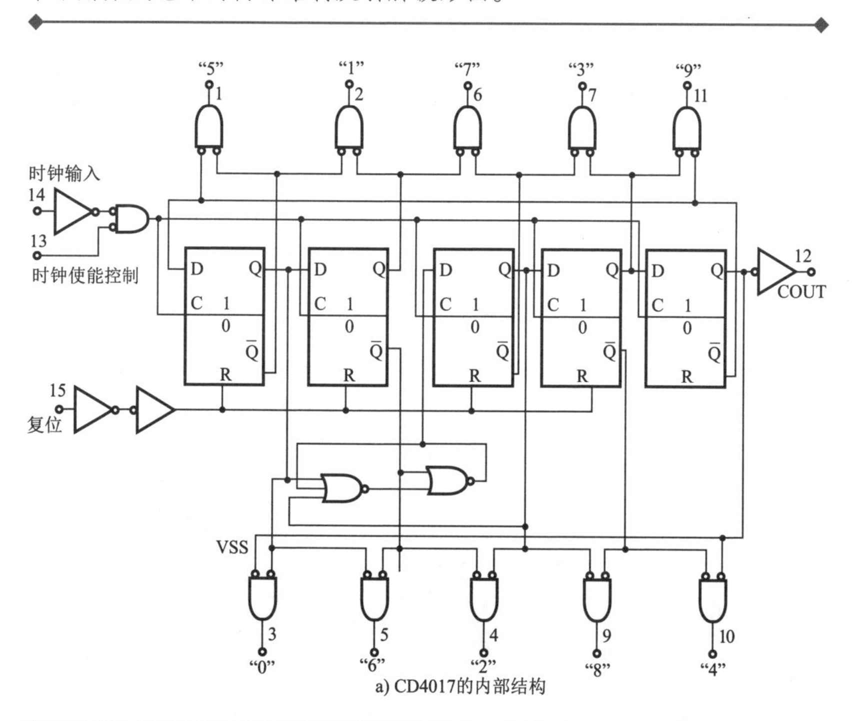

a) CD4017的内部结构

图 5-23 触发器 CD4017 的内部结构及各引脚波形时序图

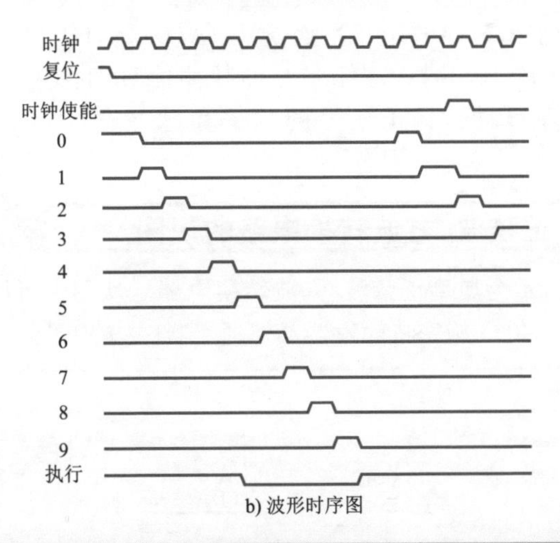

b) 波形时序图

图 5-23 触发器 CD4017 的内部结构及各引脚波形时序图（续）

5.2.7 时序脉冲发生器的识图

图 5-24 为一种典型的时序脉冲发生器电路。从图中可以看到，该电路主要是由双 4 位静态移位寄存器 IC1 CD4051、或非门电路 IC2 CD4002 等构成的。

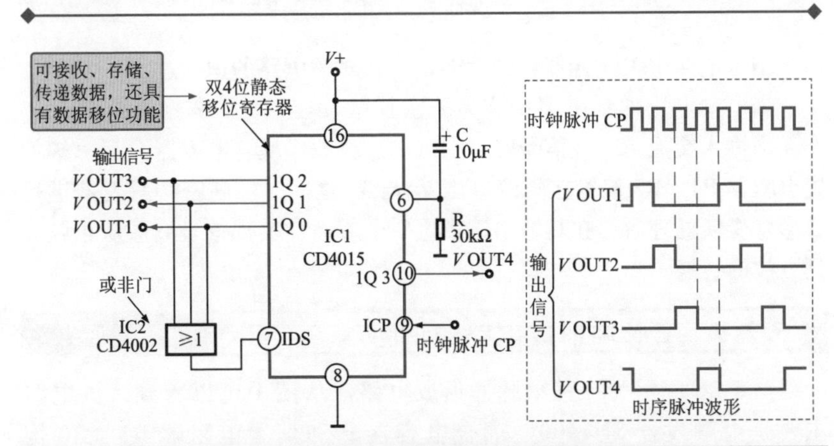

图 5-24 时序脉冲发生器电路

结合电路中关键元器件的功能特点，对该电路的识图过程如下：

时钟脉冲从移位寄存器 IC1（CD4015）的 CP 端（时钟脉冲）

加入，或非门 IC2（CD4002）将 IC1 的 1Q 2、1Q 1、1Q 0 输出信号反馈至 IC1 的 IDS 端。这样在时钟脉冲信号的作用下，可获得图中所示的时序脉冲。输出信号的频率和脉冲宽度相同，只是相位不同。

5.2.8 正弦波/方波转换电路的识图

图 5-25 所示为典型正弦波/方波转换电路。从图中可以看到，该电路主要是由 CD4093 施密特触发器及外围元器件构成的。

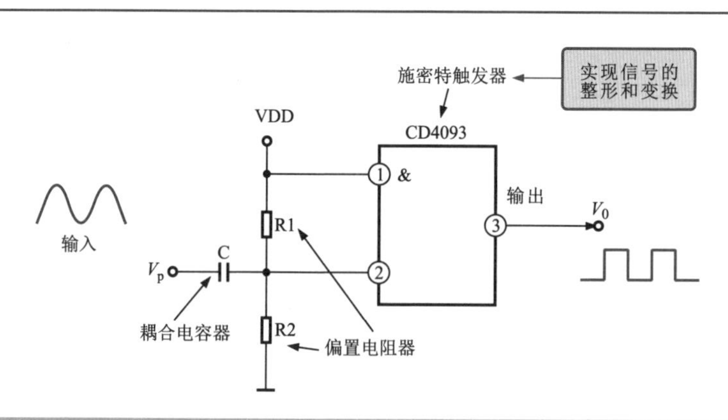

图 5-25 典型正弦波/方波转换电路

结合电路中关键元器件的功能特点，对该电路的识图过程如下：

当电源电压加到电路中，为施密特触发器供电，该触发器启动工作。当输入交流正弦波信号时，输入的正弦波经耦合电容器 C 后，被偏置电阻器 R1、R2 偏置在阈值电压 V_0 与 V_p 之间，经施密特触发器进行整形、变换处理后，在其输出端产生一个方波，实现信号波形从正弦波到方波的转换。

5.2.9 窄脉冲形成电路的识图

图 5-26 所示为一种窄脉冲形成电路。从图中可以看到，该电路主要是由触发器 SN7400、耦合电容器 C 和偏置电阻器 R1、R2 构成的。

结合电路中关键元器件的功能特点，对该电路的识图过程如下：

当电源电压加到电路中，为触发器供电，触发器启动工作。

该电路使用微分电路的方法，利用正脉冲输入的上升沿产生的尖峰脉冲进行整形，即可得到一个窄脉冲。输出脉冲的宽度由微分电路的时间常数与门电路的阈值电压来决定。

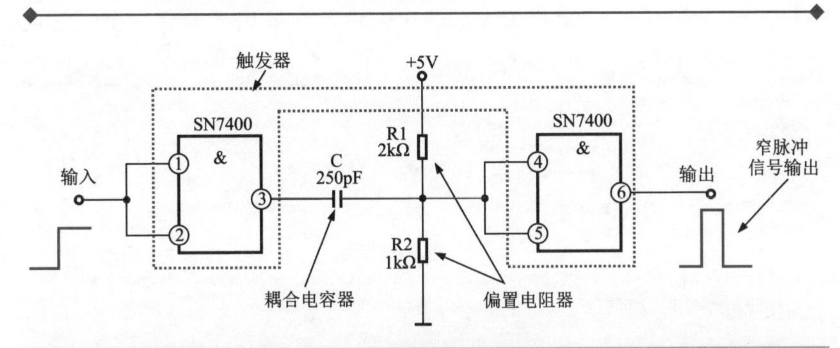

图 5-26　窄脉冲形成电路

5.2.10　脉冲延迟电路的识图

图 5-27 所示为一种典型脉冲延迟电路。从图中可以看到，该电路由两个反相器 A1、A2 和 RC 积分电路构成。

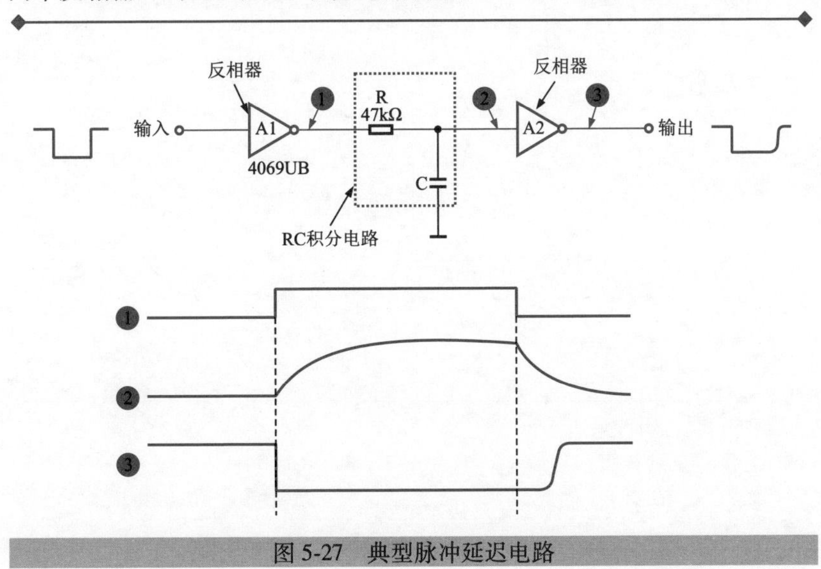

图 5-27　典型脉冲延迟电路

结合电路中关键元件的功能特点，对该电路的识图过程如下：

当电源电压加到电路中，反相器启动工作。

当在电路输入端输入一个脉冲信号时，经反相器 A1 反相放大后输出，该反向放大后的脉冲信号经 RC 积分电路产生延迟，延迟后的脉冲信号，再经反相器 A2 反相放大后输出，由此在输出端得到一个经延迟处理的脉冲信号。

第6章 电源电路识图

6.1 电源电路的特点

6.1.1 电源电路的功能

电源电路可将交流220V市电经过一系列处理，转换成其他电路所需要的工作电压，保证电子产品能够正常工作。因此可将电源电路看作是电子产品的能源供给部分，如图6-1所示。

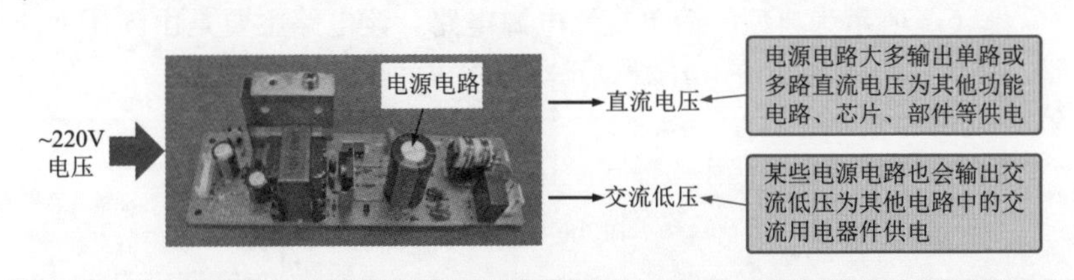

图6-1 电源电路的基本功能

图6-2所示为电源电路在电磁炉中的应用。该电磁炉内设置的是线性电源电路，用来为电磁炉的各单元电路和功能部件提供所需要的各种电压。

6.1.2 简单直流电源电路的结构

简单直流电源电路的组成元件比较少，常用于小型电子产品中。交流220V电压在简单直流电源电路中进行降压、整流和滤波处理后，便可变为直流电压。

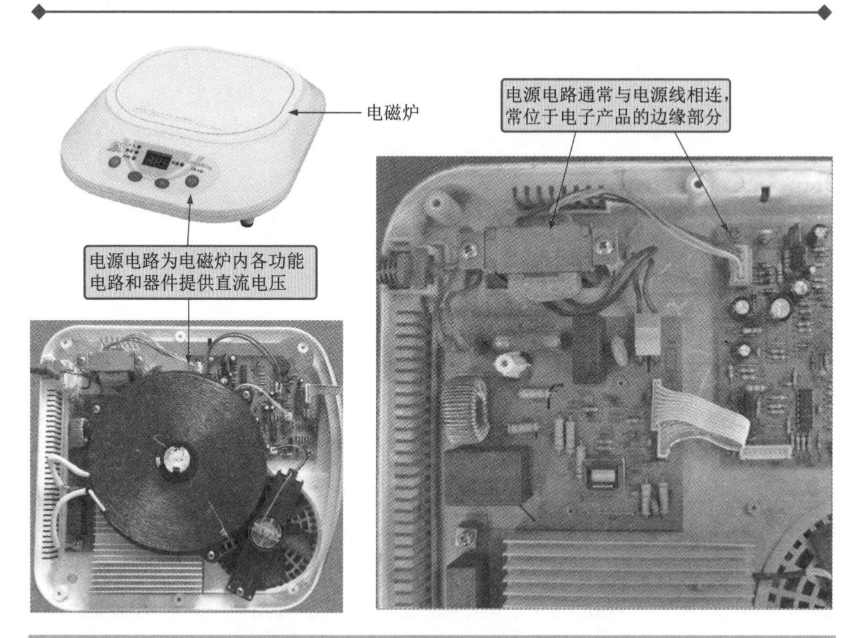

图 6-2　电源电路在电磁炉中的应用

图 6-3 所示为典型的简单直流电源电路，该电路主要是由降压变压器、整流二极管和滤波电容器等元器件构成的。

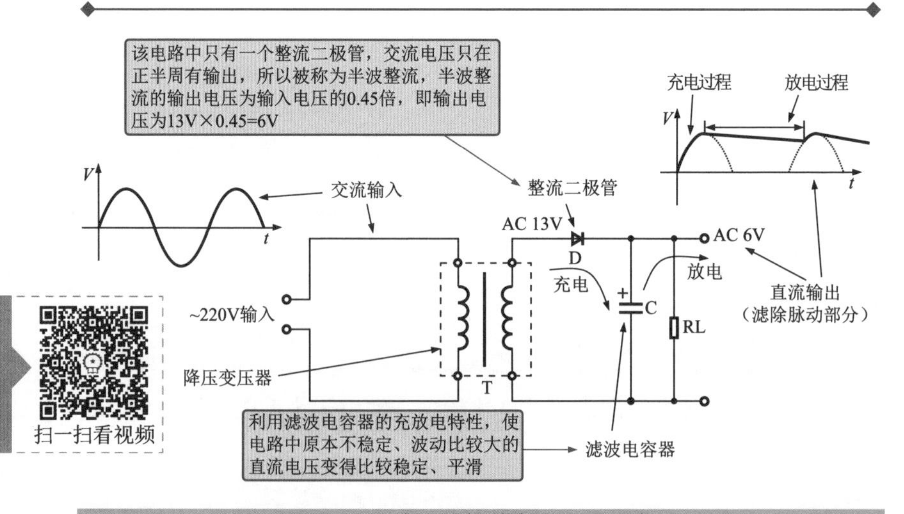

图 6-3　典型的简单直流电源电路

输入的交流220V电压经降压变压器T降压后输出13V交流低电压，该电压经整流二极管D整流后输出脉动直流电压，经滤波电容器滤除脉动部分后输出比较稳定的直流电压（6V）。

6.1.3　线性稳压电源电路的结构

线性稳压电源电路通常先对交流电压进行滤波，然后通过降压、整流、滤波后得到波纹很小的直流电压，最后再由稳压电路稳压后输出稳定的直流电压。在电路的稳压部分有时也会设置检测保护电路，当负载发生短路故障时，用来保护电路稳压部分不受影响。

图6-4所示为典型线性稳压电源电路的结构。从图中可以看出，该线性电源电路是由降压变压器、桥式整流堆、滤波电容器以及晶体管、稳压二极管等组成的。

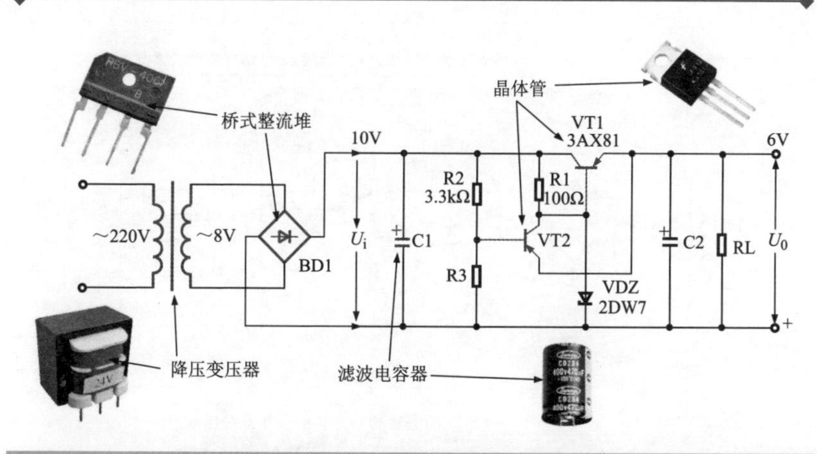

图6-4　典型线性稳压电源电路的结构

识读线性稳压电源电路时，可根据电路中各主要部件的功能特点，将电路划分成3个电路部分，即交流输入电路、整流滤波电路和稳压输出电路，如图6-5所示。

1. 交流输入电路

图6-6所示为线性稳压电源电路的交流输入电路部分。在交流输入电路中，主要是由变压器构成的，变压器的左侧有交流220V的文字标识，右侧有交流8V的文字标识，这说明，变压器的左侧端（一次绕

组）接交流 220V，右侧端（二次绕组）输出的是交流 8V。

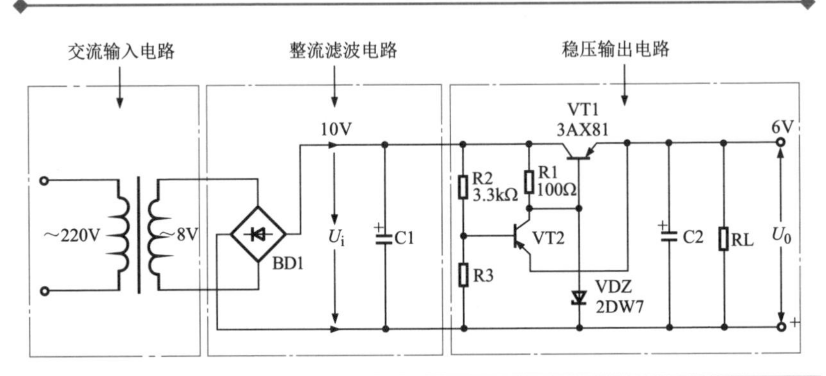

图 6-5 典型线性稳压电源电路的单元划分图

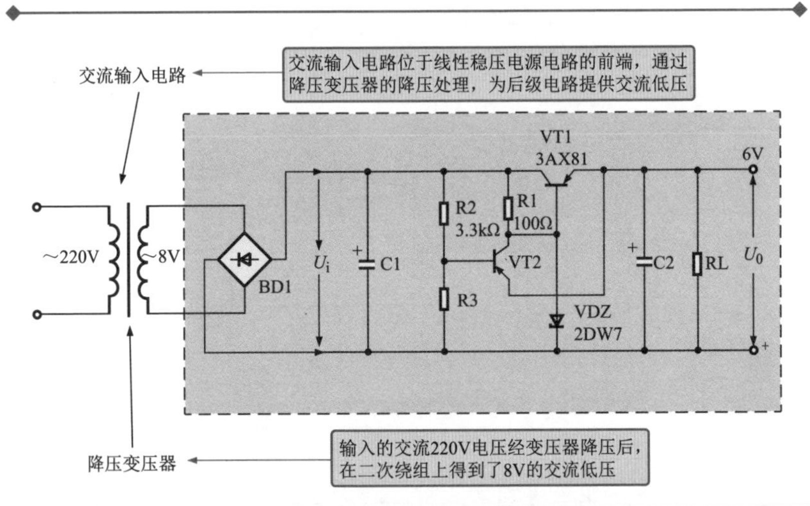

图 6-6 线性稳压电源电路的交流输入电路部分

2. 线性稳压电源电路的整流滤波电路

图 6-7 所示为线性稳压电源电路的整流滤波电路部分。在整流滤波电路中，主要是由桥式整流堆 BD1、滤波电容器 C1 组成的。该桥式整流堆的上下两个引脚分别连接降压变压器的二次输出端，左右引脚输出直流 10V 电压，滤波电容器将输出的 10V 脉动直流电压进行平滑滤波。

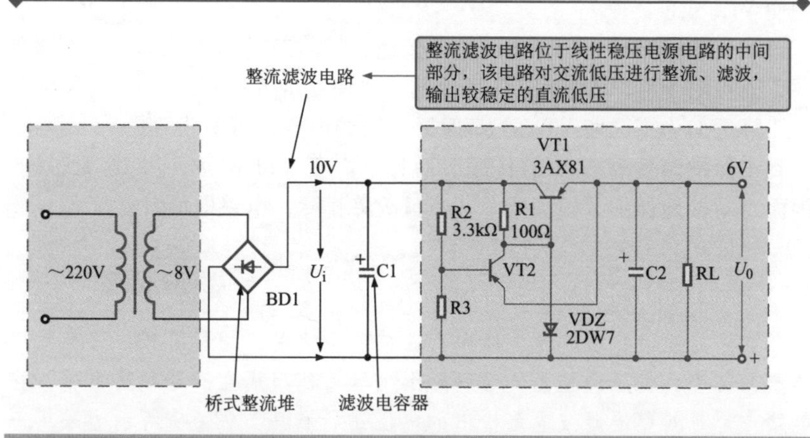

图 6-7　线性稳压电源电路的整流滤波电路部分

3. 稳压输出电路

图 6-8 所示为线性稳压电源电路的稳压输出电路部分。该稳压输出电路分为两部分，分别为稳压电路和检测保护电路。其中，稳压电路部分由 VT1、VDZ 和 RL 构成。输出检测和保护电路是由 VT2 和偏置元器件构成的。

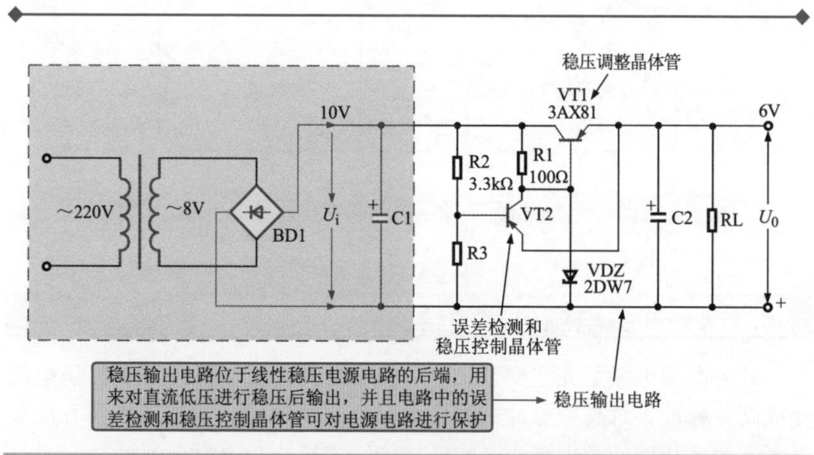

图 6-8　线性稳压电源电路的稳压输出电路部分

当稳压电路正常工作时，VT2 发射极电位等于输出端电压。而基极电位由 U_i 经 R2 和 R3 分压获得，发射极电位低于基极电位，发射结反偏使 VT2 截止。

当负载短路时，VT2 的发射极接地，发射结转为正偏，VT2 立即导通，而且由于 R2 取值小，一旦导通，很快就进入饱和。其集-射极饱和电压降近似为零，使 VT1 的基-射极之间的电压也近似为零，VT1 截止，起到了保护调整管 VT1 的作用。而且，由于 VT1 截止，对 U_i 无影响，因而也间接地保护了整流电源。一旦故障排除，电路即可恢复正常。

相关资料

在一些线性稳压电源电路中，通常还会使用三端稳压器来代替稳压调整晶体管，稳压调整晶体管和外围元器件都集成在三端稳压器中，在电路中都是对整流滤波电路输出的电压进行稳压，图 6-9 所示为采用三端稳压器的线性稳压电源电路。

图中的 U1 是用于+5V 稳压的集成三端稳压器（7805），这种集成电路有三个引脚，输入电压为 13. 5V，输出电压为 5V。

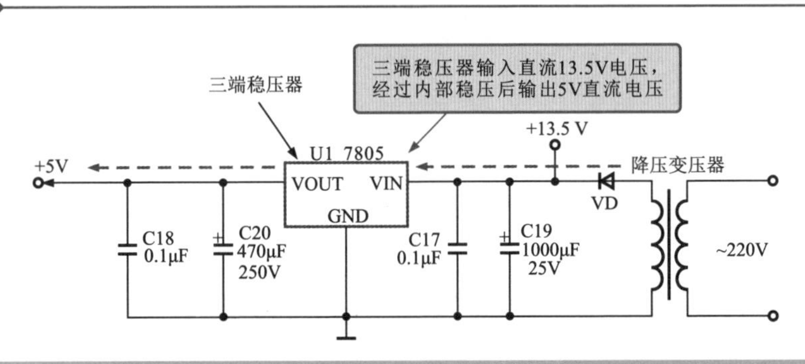

图 6-9 采用三端稳压器的线性稳压电源电路

6. 1. 4 开关电源电路的结构

开关电源电路是先将交流 220V 电压变成直流，再经开关振荡电路变成高频脉冲，对高频脉冲进行变压、整流和滤波，这样变压器和滤波电容器的体积就能大大减小，损耗也能随之减小，效率得到提高。

图 6-10 所示为典型开关电源电路的结构。该电路主要是由熔断器 F101、互感滤波器 LF101、桥式整流堆 BD101、滤波电容器 C101、开关场效应晶体管 Q101、开关振荡集成电路 U101、开关变压器 T101、光电

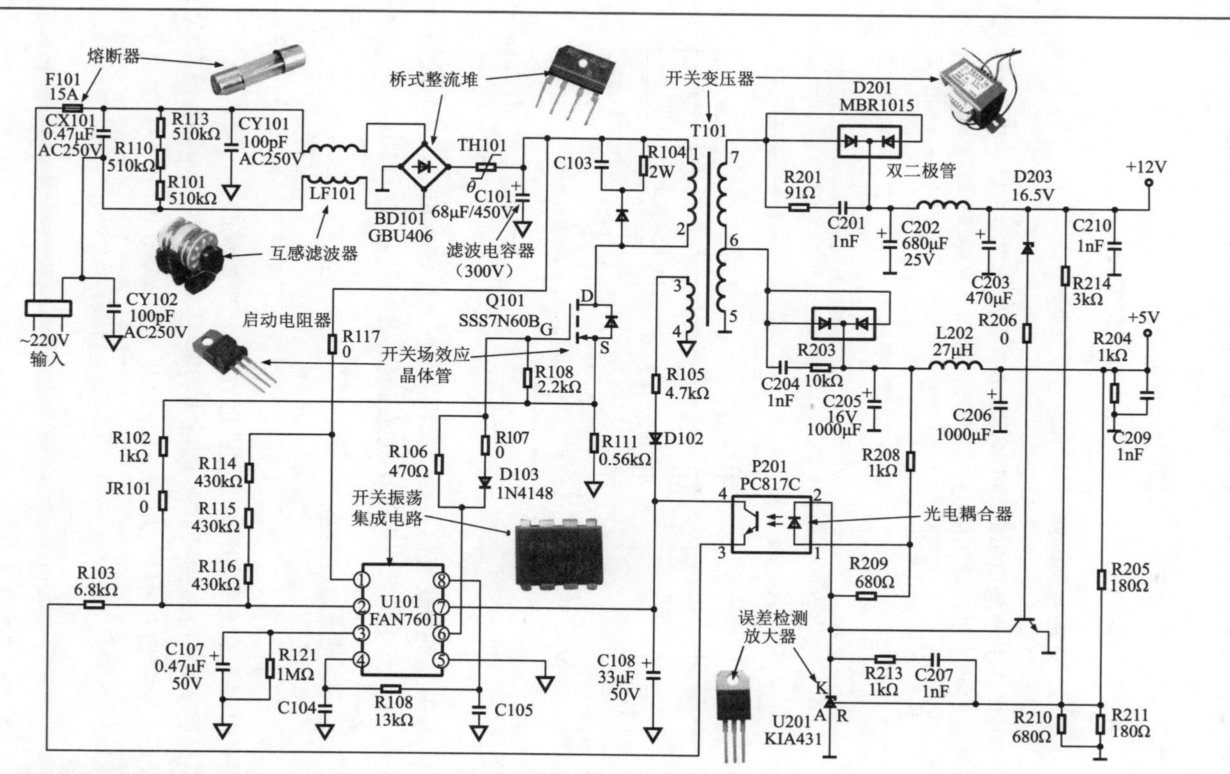

图 6-10 典型开关电源电路的结构

耦合器 PC201、误差检测放大器 U201（KIA431）以及外围元器件等构成的。

识读开关电源电路时，通常可将该电路划分为交流输入电路、整流滤波电路、开关振荡电路、二次输出电路和误差检测电路。

1. 交流输入电路

交流输入电路是由熔断器 F101、互感滤波器 LF101 以及电容器、电阻器等构成的，其主要功能是滤除交流电路中的噪声和脉冲干扰，如图 6-11 所示。

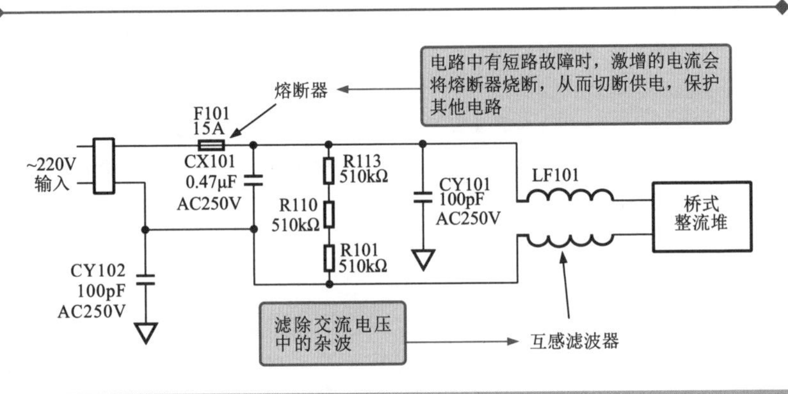

图 6-11　交流输入电路

电路的左侧为交流输入端，交流 220V 电压送入电路内部，经熔断器 F101 送入互感滤波器 LF101 滤除交流电压中的杂波后输出。

2. 整流滤波电路

图 6-12 所示为开关电源电路中的整流滤波电路部分。该部分电路主要是由桥式整流堆 BD101、滤波电容器 C101 组成的。

交流 220V 电压由桥式整流堆 BD101 整流后变为 300V 直流电压，再经滤波电容器 C101 滤波后，一路经开关变压器 T101 的一次绕组①~②加到开关场效应晶体管上，另一路为开关振荡集成电路提供启动电压。

3. 开关振荡电路

图 6-13 所示为开关电源电路中的开关振荡电路部分。该部分电路

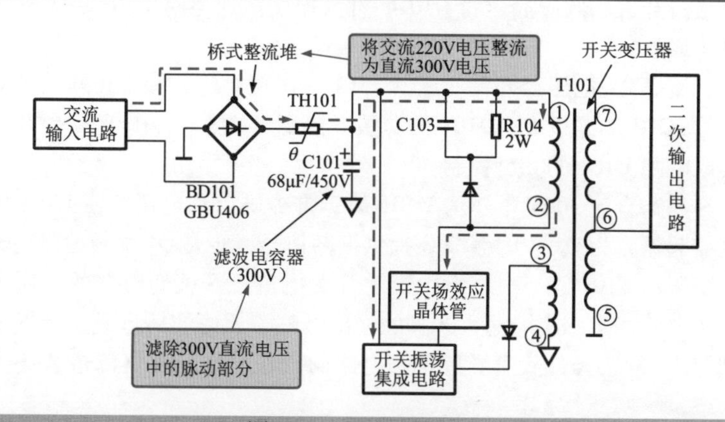

图 6-12 整流滤波电路

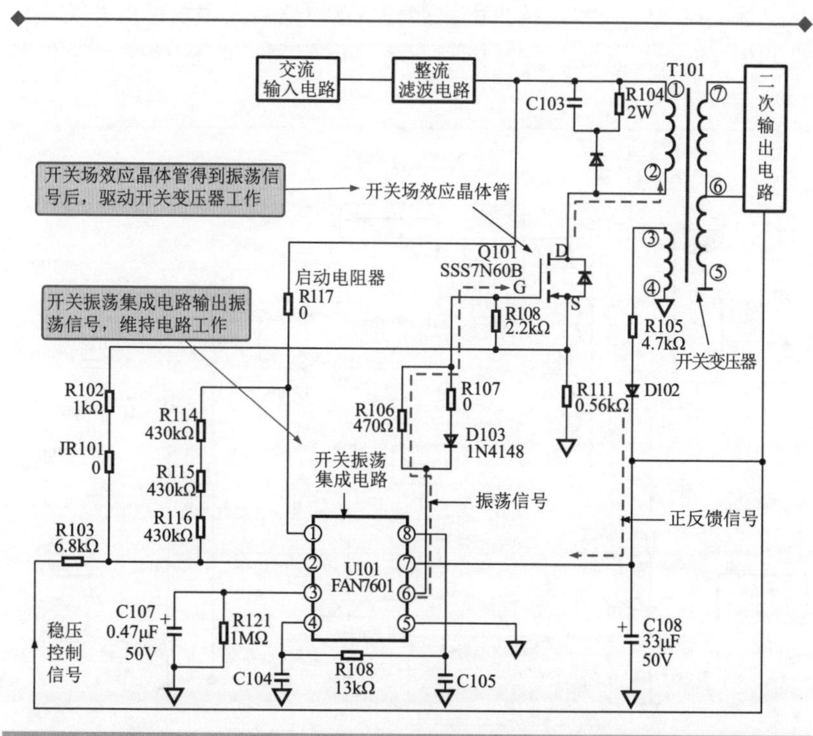

图 6-13 开关振荡电路

主要是由开关场效应晶体管Q101、开关振荡集成电路U101以及外围元器件构成的。

直流300V电压经开关变压器T101一次绕组①~②加到开关场效应晶体管Q101的漏极D，Q101的源极S经R111接地，栅极G受开关振荡集成电路U101的⑥脚控制。

另一路直流300V电压为U101的①脚提供启动电压，使U101中的振荡器起振，为Q101的栅极G提供振荡信号，于是Q101开始振荡，使开关变压器T101的一次绕组中产生开关电流。开关变压器的二次绕组③、④中便产生感应电流，③脚的输出经整流、滤波后形成正反馈电压加到U101的⑦脚，从而维持振荡电路的工作，使开关电源进入正常工作状态。

4. 二次输出电路

图6-14所示为二次输出电路部分，该电路单元主要是由开关变压器T101的二次绕组、双二极管、滤波电容器、电感器等元器件组成的。

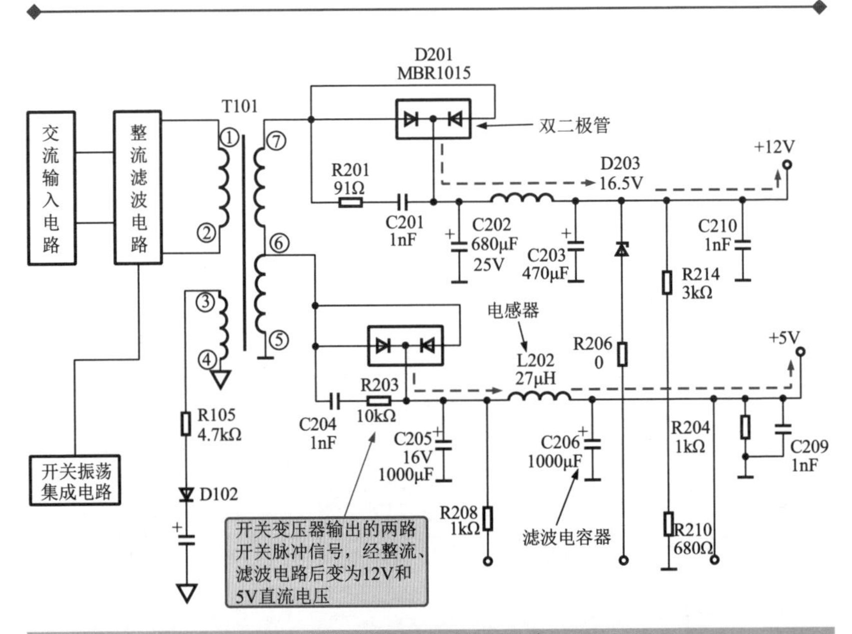

图6-14 二次输出电路

开关变压器 T101 的二次绕组输出开关脉冲信号，经整流、滤波电路后输出+12V 和+5V 直流电压。

5. 误差检测电路

误差检测电路主要由开关振荡集成电路 U101、光电耦合器 PC201、误差检测放大器 U201（KIA431）以及取样电阻等元器件组成的，如图 6-15 所示。

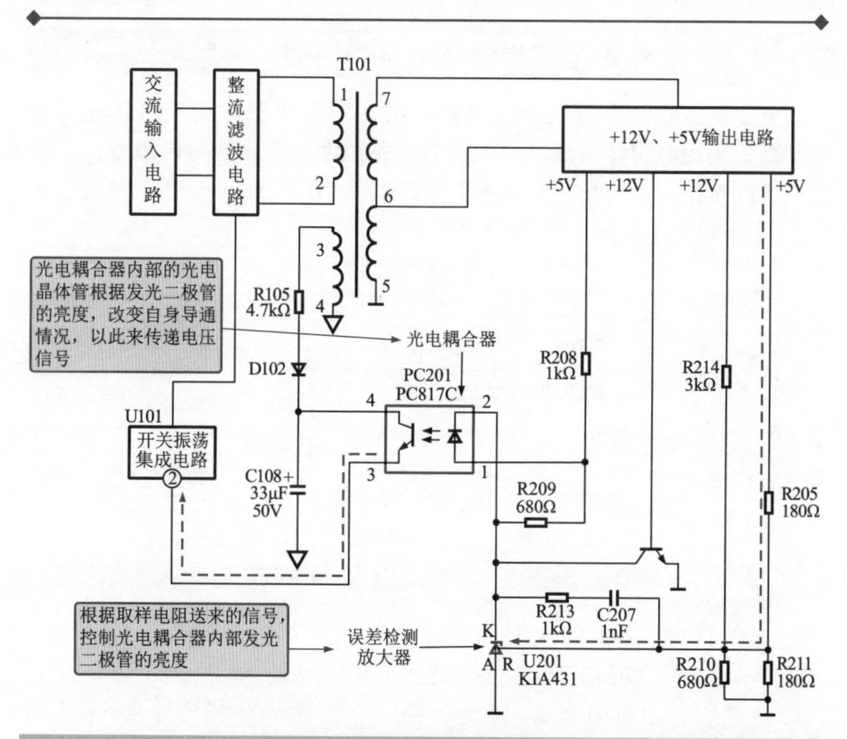

图 6-15 误差检测电路

误差检测电路设在+5V 的输出电路中，R205 与 R211 的分压点作为取样点。当输出电压异常升高时，经取样电阻分压加至 U201 的 R 端电位升高，U201 的 K 端电压则降低，使流经光电耦合器 PC201 内部发光二极管的电流增大，其发光二极管亮度增强，光电晶体管导通程度增强，开关振荡集成电路根据该信号，使其内部振荡电路降低输出驱动脉冲占空比，使开关场效应晶体管 Q101 的导通时间缩短，输出电压降低。

同样，若电路输出电压降低则 U101 输出驱动脉冲占空比升高，这样使输出电压保持稳定。

6.2 电源电路识图训练

6.2.1 电容降压直流电源电路的识图

电容降压直流电源电路中没有采用降压变压器对交流电压进行降压，而是采用电容器压降，使电路的体积大大减小，如图 6-16 所示。从图中可以看出，电容器 C1 为降压电容器，VD1、VD2 为倍压整流二极管，R1 为限流电阻器，C2 为滤波电容器。

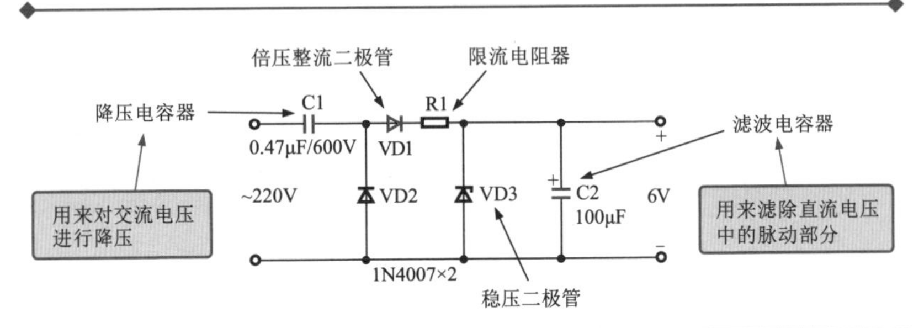

图 6-16　电容降压直流电源电路

找到了该电路中的主要元器件后，便可对电路进行识读。通过对电路的分析，可以识读出：交流 220V 电压经 C1 降压和 VD1、VD2 整流后，由电阻器 R1 限流和稳压二极管 VD3 稳定输出 6V 直流电压，再经过滤波电容器滤除电压中的脉动部分后，送到后一级电路中。

6.2.2 全波整流电路的识图

“全波整流电路”中的变压器二次侧设有两组绕组，中心抽头作为公共接地点，相当于两组半波整流电路合在一起，如图 6-17 所示。该电路主要由降压变压器 T、整流二极管 D1 和 D2、电感器 L、电容器 C 组成。

找到了该电路中的主要元器件后，便可对电路进行识读。通过对电路的分析，可以识读出：交流电压的正半周由 D1 整流输出，负半周由 D2 整流输出，两输出相加就得到全波整流的效果，输出电压为半波整流的 2 倍。

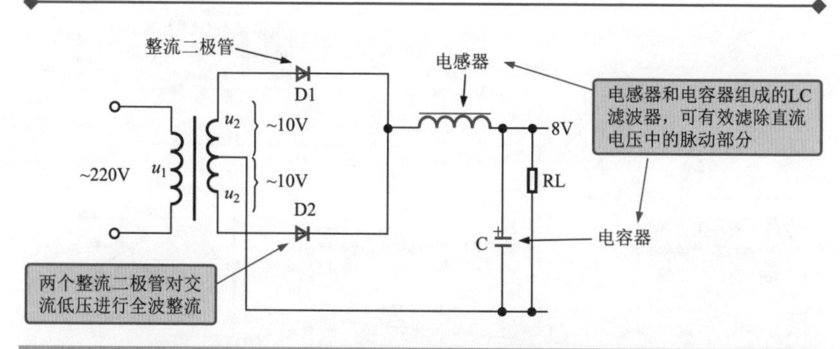

图 6-17 全波整流电路

在滤波电路中采用了 LC 滤波器。由于电感器的直流电阻小，交流阻抗大，有阻碍电流变化的特性，因此直流分量经过电感器后基本上没有损失，但对于交流分量，将在 L 上产生电压降，从而降低输出电压中的脉动部分。

6.2.3 步进式可调集成稳压电源电路的识图

步进式可调集成稳压电源电路中设有档位开关，可以通过调节不同的档位，改变三端稳压器调整端的输入电压，从而改变三端稳压器的输出电压，实现输出直流电压可调的目的。

图 6-18 所示为步进式可调集成稳压电源电路，它以三端集成稳压器 LM317 为核心，并设置有档位开关 S1、发光二极管等功能元件。找到了该电路中的主要元器件后，便可对电路进行识读。通过对电路的分析，可以识读出：当改变开关 S1 的位置时，三端集成稳压器 LM317 的调整端，便会接入不同的分压电路，从而改变 LM317 自身的工作状态，输出不同大小的直流电压。

6.2.4 具有过电压保护功能的直流稳压电源电路的识图

在电子电路中常用到直流稳压电源电路，但一般的电源电路的负载发生短路时，很容易烧坏电路中的主要器件，也容易引起输出电压过高烧坏用电负载。为了克服上述不足，提高稳压电源工作的安全可靠性，可采用图 6-19 所示的具有过电压保护功能的直流稳压电源。

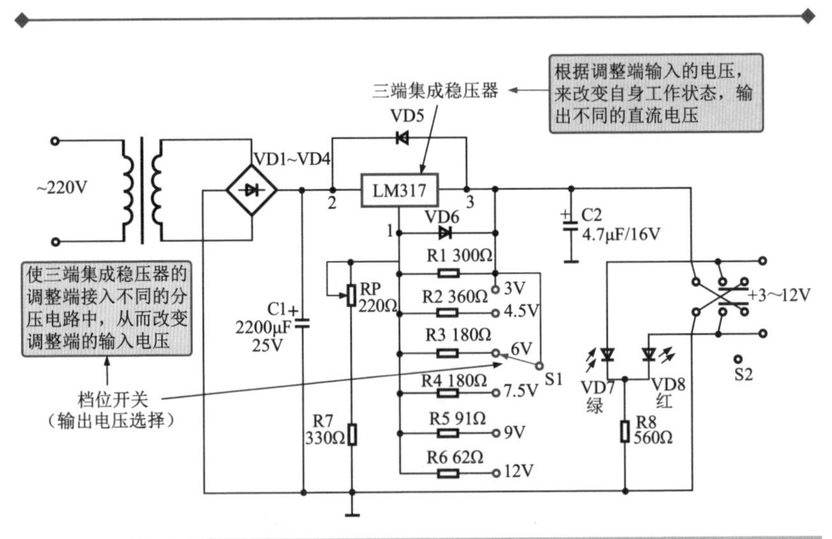

图 6-18　步进式可调集成稳压电源电路

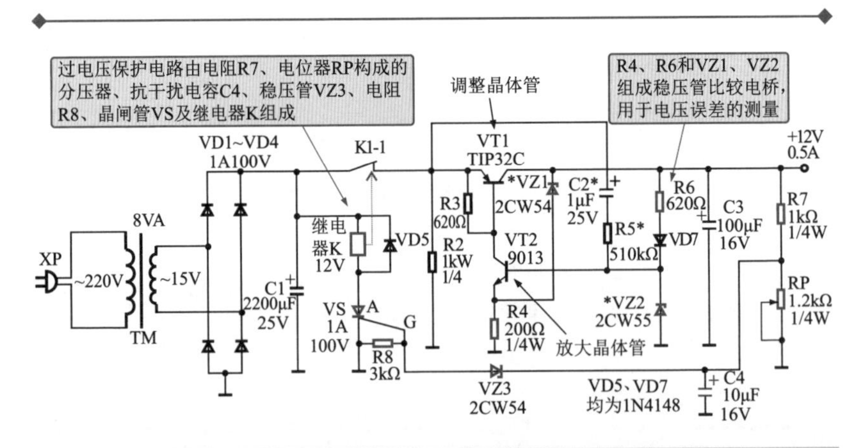

图 6-19　具有过电压保护功能的直流稳压电源电路

此电源电路的调整管 VT1、放大管 VT2 采用不同类型的晶体管。

VT1 用 PNP 管，VT2 用 NPN 管。电阻器 R4、R6 和稳压管 VZ1、VZ2 组成稳压管比较电桥用于电压误差的测量，其优点是测量灵敏度高，输出电阻小，可以给放大管提供较大的基极电流，有利于提高稳压精度。由 C2、R5 构成的启动电路是此稳压电源电路所特有的部分，如果没有启动电路，在接通电源后，VT1、VT2 均处于截止状态，无输出电压。

附加的过电压保护电路由电阻器 R7、电位器 RP 构成的分压器、抗干扰电容器 C4、稳压管 VZ3、电阻器 R8、晶闸管 VS 及继电器 K 组成。

找到了该电路中的主要元器件后，便可对电路进行识读。通过对电路的分析，可以识读出：当输出电压因某种故障原因升高到超过 RP 所设定的值时，VZ3 发生击穿，晶闸管 VS 被触发导通，继电器 K 得电动作，其常闭触点 K1-1 断开，保护了用电负载。过压保护具有记忆性，只有切断输入电源，晶闸管才能恢复截止状态。排除过电压故障后，才能恢复正常供电。

6.2.5 机顶盒开关电源电路的识图

图 6-20 所示为机顶盒的开关电源电路。该电路主要是由熔断器 F1、互感滤波器 LF1、滤波电容器 C1、桥式整流堆 VD1～VD4、滤波电容器 C2、开关振荡集成电路 U1 TEA1523P、开关变压器 T1、光电耦合器、误差检测放大器 U3 TL431A、取样电阻器 R14 和 R11 等部分构成的。

找到了该电路中的主要元器件后，便可对电路进行识读。通过对电路的分析，可以识读出：交流 220V 电压经电容器和互感滤波器滤除干扰后，由桥式整流堆整流并输出大约+300V 的直流电压。直流 300V 经开关变压器 T1 的一次绕组①～②为 U1⑧脚供电，开关管集成在 U1 之中，正反馈绕组③～④脚为 U1 提供电源和正反馈电压使 U1 进入开关振荡状态。开关变压器二次绕组⑦～⑧脚和⑤～⑥脚分别经整流滤波和稳压电路，输出 3.3V、5V、21V 和 30V 直流电压。

误差检测电路主要是由误差检测放大器和光电耦合器等部分构成，当输出电路有过载的情况，其反馈信号经光电耦合器到达 U1 的④脚，对 U1 的振荡输出进行控制，实现保护目的。

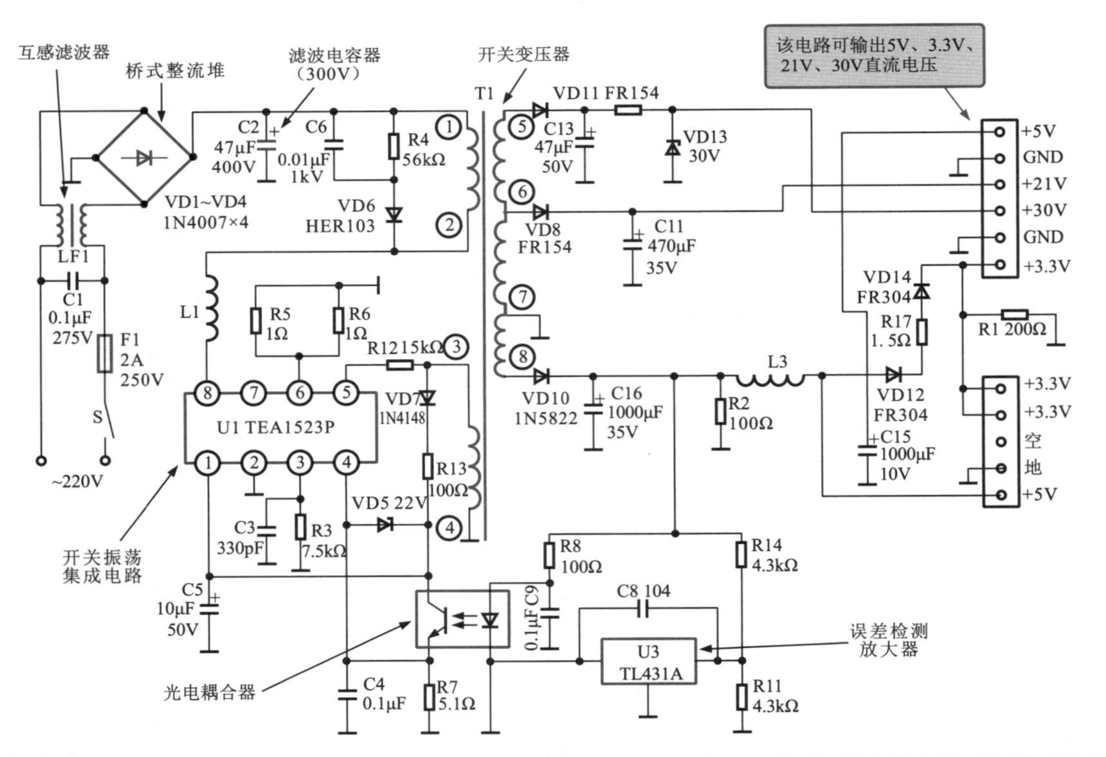

图 6-20 典型机顶盒开关电源电路（东仕 IDS-2000F）

第7章 遥控电路识图

7.1 遥控电路的特点

7.1.1 遥控电路的功能

遥控电路采用无线、非接触控制技术，具有抗干扰能力强、信息传输可靠、功耗低、成本低、易实现等特点。目前，已广泛应用于彩色电视机、空调器、音响等各种家用电器及电子设备中。

图7-1所示为遥控电路在液晶电视机中的应用。遥控发射电路安装在遥控器中，遥控发射电路中的集成电路专门用于处理控制信号，其功能是将各种指令信号进行编码调制，调制后的控制信号经晶体管放大后，去驱动红外发光二极管，这样控制信号便以红外发光二极管的形式发射出去。

在液晶电视机的遥控接收电路中，由红外光电二极管接收红外光信号，经光电变换，变成电信号，然后再经放大、选频、滤波、整形，将调制在红外光上的控制信号取出，并送到微处理器中，完成人机控制指令的输入。

相关资料

遥控电路中的遥控发射电路部分安装在遥控器中，用户通过遥控发射电路将人工指令以红外光的形式由红外发光二极管发送出去。红外光电二极管的感光灵敏区是在红外光谱区，当遥控发射电路的红外发光二极管发射的红外光照射到光电二极管上后，红外光信号的电流会随之变化，此电流送到集成电路，经放大、选频、滤波、整形等处理，就可将调制到红外光上的控制信号取出。

采用红外光传输形式的遥控电路的控制距离一般在6~8m，也就是说通过遥控电路，用户只需要在控制范围内，操控手中的遥控器，便可实现对电器产品工作状态的控制。

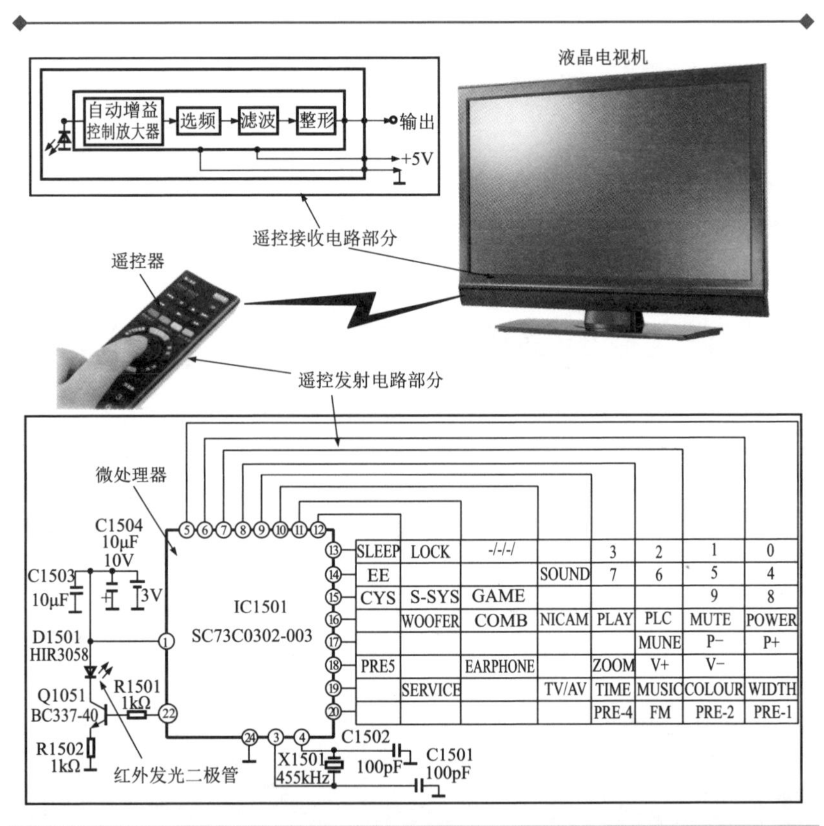

图7-1　遥控电路在液晶电视机中的应用

7.1.2　遥控发射电路的结构

遥控发射电路（红外发射电路）是采用红外发光二极管来发出经过调制的红外光波，其电路结构多种多样，电路工作频率也可根据具体的应用条件而定。遥控信号有两种制式，一种是非编码形式，适用于控制单一的遥控系统中；另一种是编码形式，常应用于多功能遥控系统中。

在电子产品中，常用红外发光二极管来发射红外光信号。常用的红外发光二极管的外形与LED发光二极管相似，但LED发光二极管发射的光是可见的，而红外发光二极管发射的光是不可见光。

图7-2所示为红外发光二极管基本工作过程。图中的晶体管VT1作为开关管使用，当在晶体管的基极加上驱动信号时，晶体管VT1也随之饱和导通，接在集电极回路上的红外发光二极管VD1也随之导通工作，向外发出红外光（近红外光，其波长约为0.93μm）。红外发光二极管的电压降约为1.4V，工作电流一般小于20mA。为了适应不同的工作电压，红外发光二极管的回路中常串联有限流电阻器控制其工作电流。

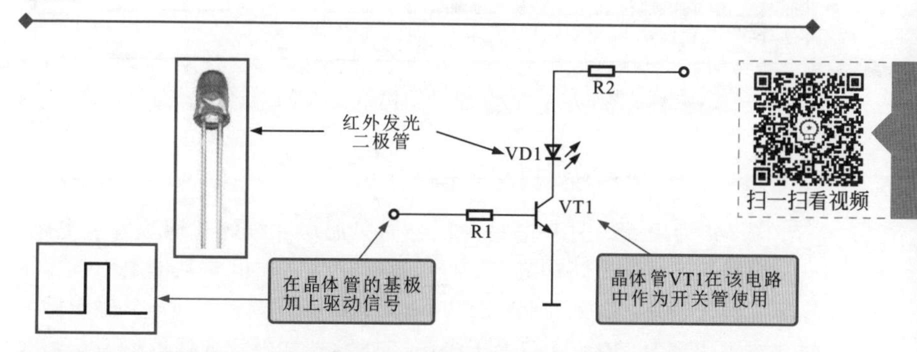

图7-2 红外发光二极管基本工作过程

当用红外线去控制相应的受控装置时，其控制的距离与红外发光二极管VD1的发射功率成正比。为了增加红外线的控制距离，并节省能量消耗，红外发光二极管VD1应工作于脉冲状态，因为脉动光（调制光）的有效传送距离与脉冲的峰值电流成正比，只需尽量提高峰值i_p，就能增加红外光的发射距离。提高i_p的方法，是减小脉冲占空比，即压缩脉冲的宽度T。一些电视机红外遥控器，其红外发光二极管的工作脉冲占空比为1/4~1/3；一些电气产品红外遥控器脉冲占空比是1/10。减小脉冲占空比还可使小功率红外发光二极管的发射距离大大增加，如图7-3所示。

常见的红外发光二极管，按其功率可分为小功率（1~10mW）、中功率（20~50mW）和大功率（60~100mW及以上）三大类。使用不同功率的红外发光二极管时，应配置相应功率的驱动管（驱动电路），才能使遥控的距离得到保证。要使红外发光二极管产生调制光，就需要将控制脉冲调制到一定频率的载波上。

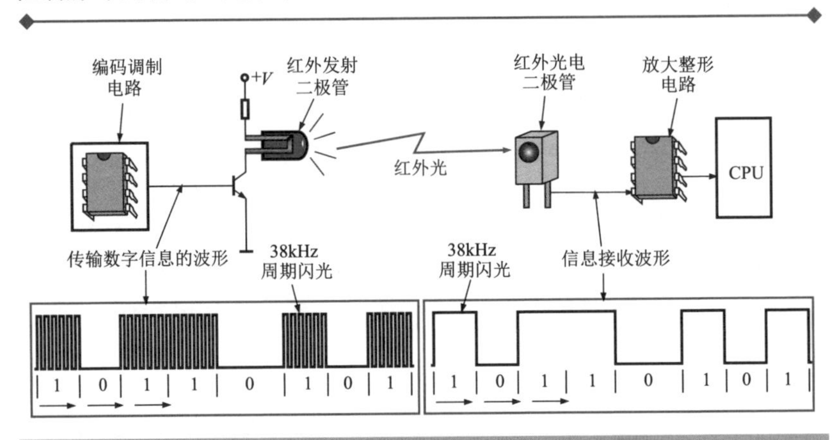

图 7-3 遥控发射和结构系统的工作过程

1. 非编码式遥控发射电路

图 7-4 为由 555 时基电路为核心的单通道非编码式遥控发射电路。电路中的 555 时基电路构成多谐振荡器，由于在时间常数电路中设置了隔离二极管 D01、D02，所以 RC 时间常数可独立调整，使电路输出脉冲的占空比达到 1∶10，这有助于提高红外发光二极管的峰值电流，增大发射功率。

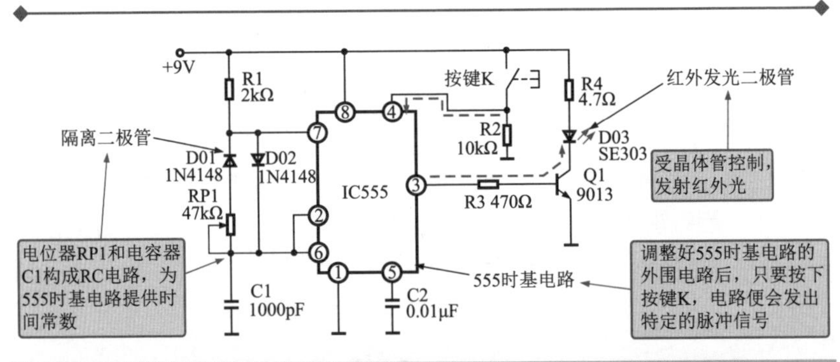

图 7-4 由 555 时基电路为核心的单通道非编码式遥控发射电路

只要按动一下按钮开关 K，555 时基电路的③脚便会输出脉冲信号，经 R3 加到晶体管 Q1 的基极，由 Q1 驱动红外发光二极管 D03 工作，电路便可向外发射一组红外光脉冲。

2. 编码式遥控发射电路

图 7-5 所示为典型编码式遥控发射电路。该电路是由遥控键盘矩阵电路、M50110P 调制编码集成电路及放大驱动电路三部分组成。

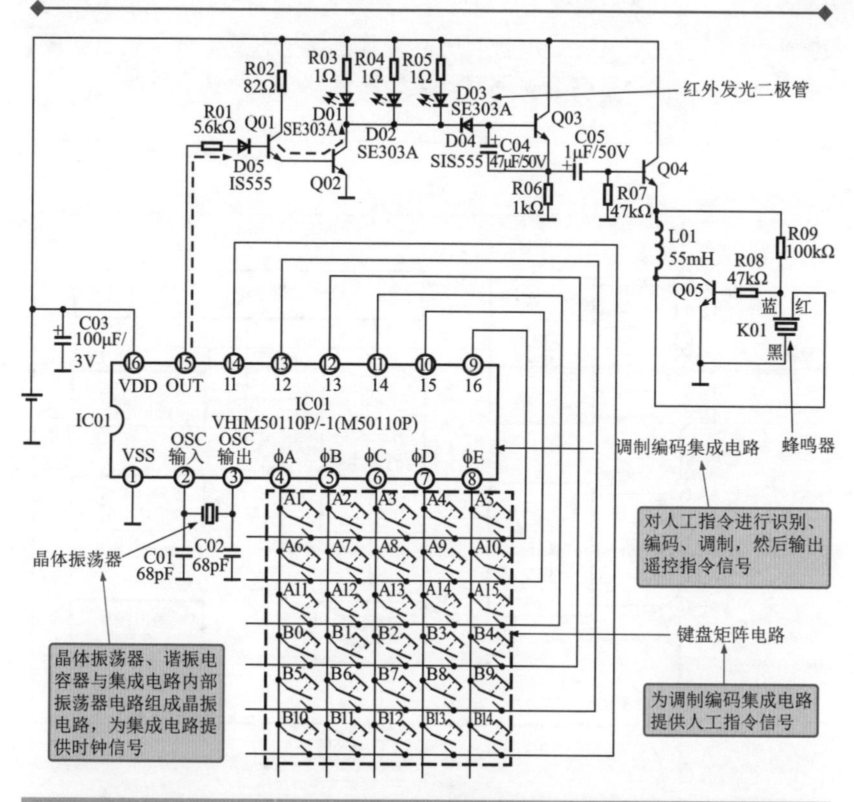

图 7-5 典型编码式遥控发射电路

该电路的核心是调制编码集成电路 IC01（M50110P），其④脚~⑭脚外接遥控键盘矩阵电路，即人工指令输入电路。K01 为蜂鸣器，Q03、Q04 为蜂鸣器驱动晶体管，发射信号时蜂鸣器发声，提示使用者信号已发射出去。

操作按键后，IC01 对输入的人工指令信号进行识别、编码，通过⑮脚输出遥控指令信号，经 Q01、Q02 放大后去驱动红外发光二极管 D01~D03，发射出遥控（红外光）信号。

要点说明

图7-6所示为调制编码集成电路M50110P的内部结构。遥控编码、调制、输出放大和人工指令输入电路都集成在该芯片中。键寻址扫描信号产生电路产生多个不同时序的脉冲信号，经键盘矩阵电路后送到键输入编码器，编码器根据键盘的输入指令产生不同编码的信号，每种编码信号表示一种控制功能，编码调制后的信号经放大后由引脚输出。振荡器电路外接晶体振荡器，用以产生特定频率的时钟信号。

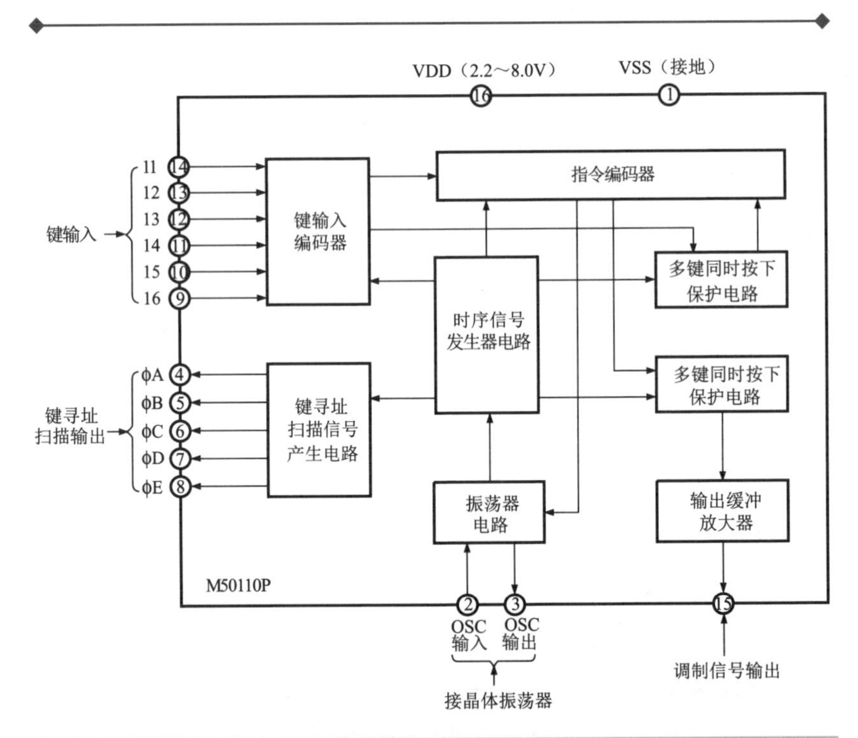

图7-6 调制编码集成电路M50110P的内部结构

7.1.3 遥控接收电路的结构

遥控发射电路发射出的红外光信号，需要特定的电路接收，才能起到信号远距离传输、控制的目的，因此电子产品上必定会设置遥控接收电路，组成一个完整的遥控电路系统。遥控接收电路通常由红外接收二极管、放大电路、滤波电路和整形电路等组成，它们将遥控发射电路送来的红外光接收下来，并转换为相应的电信号，再经过放大、滤波、整形后，送到相关控制电路中。

图 7-7 所示为典型遥控接收电路。该电路主要是由运算放大器 IC1 和锁相环集成电路 IC2 为主构成的。锁相环集成电路外接由 R3 和 C7 组成具有固定频率的振荡器，其频率与发射电路的频率相同，C5 与 C6 为滤波电容器。

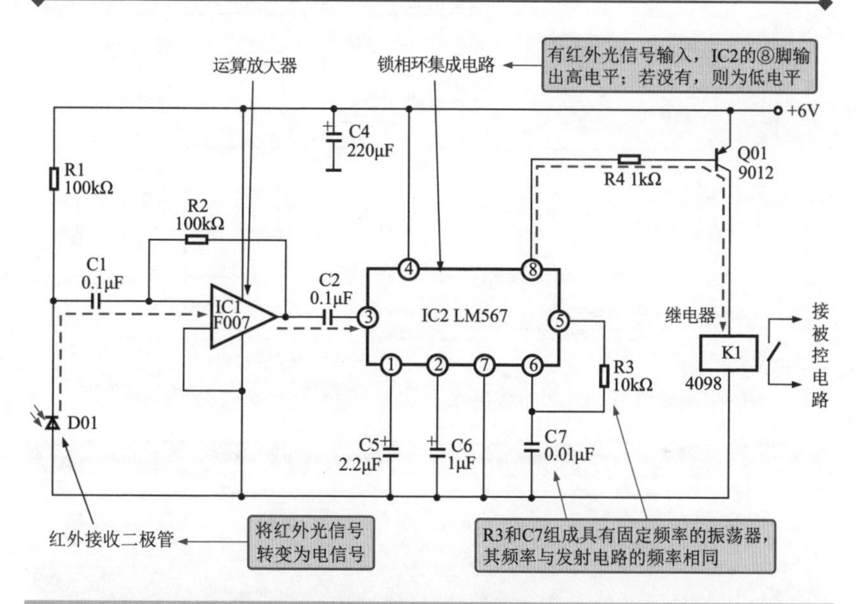

图 7-7　典型遥控接收电路

由遥控发射电路发射出的红外光信号由红外接收二极管 D01 接收，并转变为电脉冲信号，该信号经 IC1 集成运算放大器进行放大，输入到锁相环电路 IC2。由于 IC1 输出信号的振荡频率与锁相环电路 IC2 的振荡频率相同，IC2 的⑧脚输出高电平，此时使晶体管 Q01 导通，继电器 K1 吸合，其触点可作为开关去控制被控负载。平时没有红外光信号发射时，IC2 的第⑧脚为低电平，Q01 处于截止状态，继电器不会工作。这是一种具有单一功能的遥控电路。

图 7-8 所示为采用前置放大集成电路 CX 20106 构成的遥控接收电路。其中红外接收二极管 VD1 为一个 PN 型光电二极管，当无红外光照射 VD1

时，该管反偏而无电流；当有红外光照射时，VD1产生光电流，输入给CX20106的①脚，在CX20106的内部进行前置放大、限幅放大、滤波、检波及整形等处理后形成控制信号，由⑦脚输出。在前置放大电路的输入端还设有自动亮度控制电路ABLC，可防止输入信号过大而使放大器过载。

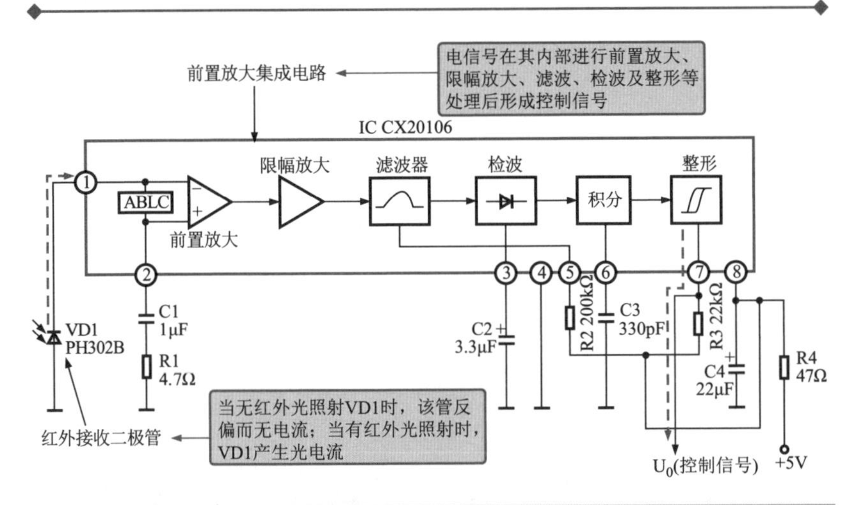

图 7-8 采用前置放大集成电路（CX20106）构成的遥控接收电路

要点说明

从遥控发射电路发射出来的遥控信号是调制后的38kHz脉冲信号，该信号由VD1检出，经放大、限幅再滤去杂散的调制干扰后，将较强的信号送往中心频率为38kHz的滤波器。在滤波器的外电路接有R2，调节该电阻器的阻值可使滤波器的中心频率在30~60kHz范围内变化。滤波器输出的信号经检波后得到指令码脉冲，再经积分及整形，最后由CX20106的⑦脚输出指令码脉冲。指令码脉冲经微处理器识别处理后会发出相应的执行命令。这种接收电路多用在编码控制的系统中，如遥控电视机的控制系统中。

要点说明

图7-9所示为采用光电晶体管作为遥控接收器电路。从图中可以看到，遥控接收器有3个引脚，其中②脚为5V工作电压端，③脚为接地端，①脚输出提取后的电信号并送往微处理器中。

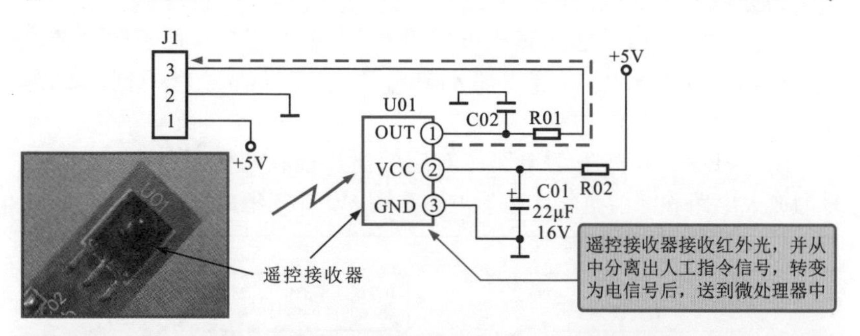

图 7-9 采用光电晶体管作为遥控接收器电路

7.2 遥控电路识图训练

7.2.1 微型遥控发射电路的识图

图 7-10 所示为微型遥控发射电路，该电路输出控制信号的种类较少，电路也比较简单。该电路主要是由 4 个操作按键、集成电路（8801）、红外发光二极管构成。

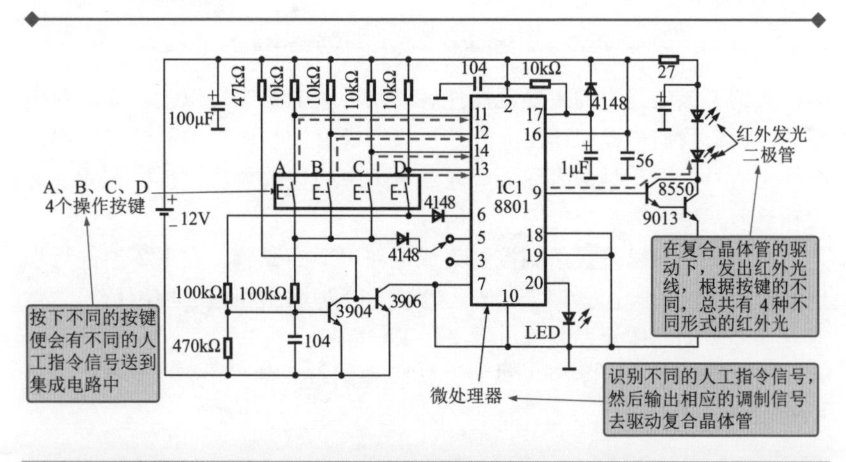

图 7-10 微型遥控发射电路

找到了该电路中的主要元器件后，便可对电路进行识读。通过对电路的分析，可以识读出：当操作 A、B、C、D 4 个按键时，便会有四组不同的指令信号送入集成电路 IC1 中，IC1 便有 4 种不同的调制信号输出，经复合晶体管去驱动红外发光二极管发射不同的红外光线。

图 7-11 是与上述发射电路相对应的遥控接收和控制电路。遥控信号的放大电路和滤波电路、整形电路采用 MC3373 集成电路。

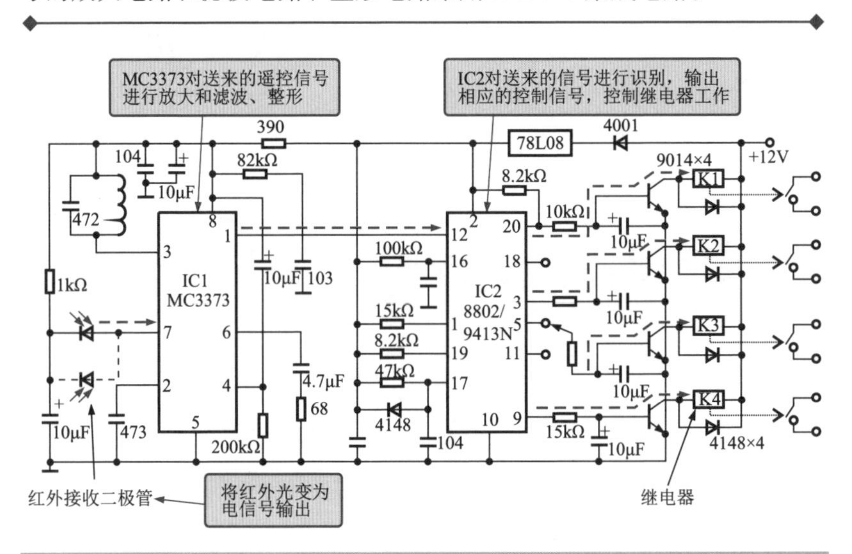

图 7-11 微型遥控接收和控制电路

找到了该电路中的主要元器件后，便可对电路进行识读。通过对电路的分析，我们可以识读出：红外接收二极管接收遥控发射电路发出的红外光信号，由⑦脚送入到集成电路 IC1 中进行放大后，再经选频、滤波和整形，由①脚输出控制脉冲信号。

控制脉冲信号直接送到控制集成电路 IC2 的⑫脚，在 IC2 中进行识别处理后，由⑳脚、③脚、⑤脚、⑪脚、⑨脚输出相应的控制信号，然后分别经驱动晶体管控制继电器 K1～K4 工作。

例如操作发射电路的 A 键时，接收控制电路的继电器 K1 动作，操作 B 键时，K2 动作。

7.2.2 多功能遥控发射电路的识图

图 7-12 是多功能编码式遥控发射电路，该电路主要由遥控发射信

号产生集成电路 μPD1913C、红外发光二极管、晶体振荡器、键盘矩阵电路等构成。

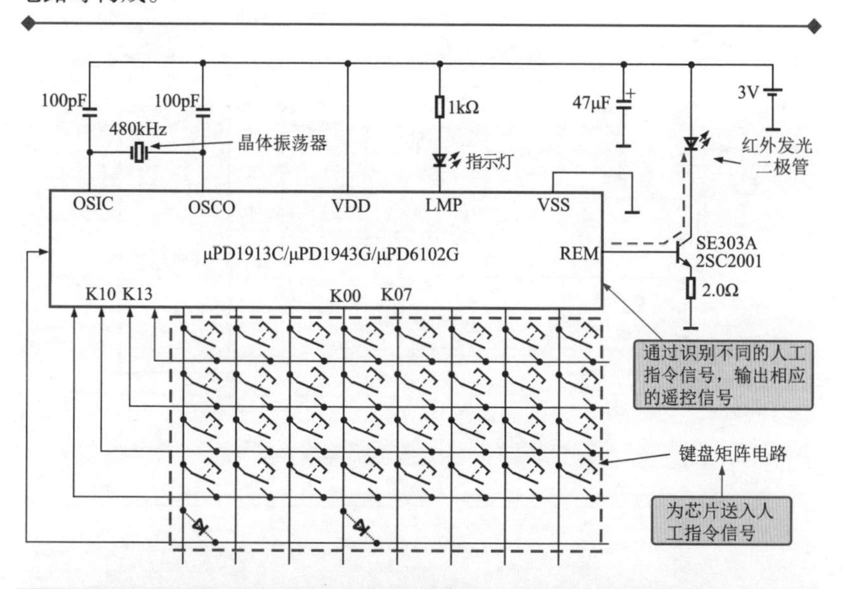

图 7-12 多功能编码式遥控发射电路

μPD1913C 将振荡、编码和调制电路集成在一起，其外接晶体振荡器与芯片内部振荡电路产生 480kHz 时钟信号；键盘矩阵电路为 IC 提供人工指令信号；LMP 端外接发光二极管指示工作状态。

找到了该电路中的主要元器件后，便可对电路进行识读。通过对电路的分析，可以识读出：通过操作按键为 μPD1913C 送入人工指令信号，经芯片识别后由 REM 端输出遥控信号，该信号经晶体管驱动红外发光二极管，发射出红外遥控信号。

图 7-13 是图 7-12 相对应的遥控接收电路。找到了该电路中的主要元器件后，便可对电路进行识读。通过对电路的分析，可以识读出：红外接收二极管 PH302 将接收的电信号送入 μPC1373H，经放大整形后由 OUT 端输出控制脉冲信号，然后送到微处理器 μPD550C 中，经过识别后，根据内存的程序输出各种控制指令（D0~D3，B0~B3）。

7.2.3 超声波遥控发射电路的识图

图 7-14 所示为一种简单超声波遥控发射电路，它常作为超声波遥

控开关电路的发射部分。

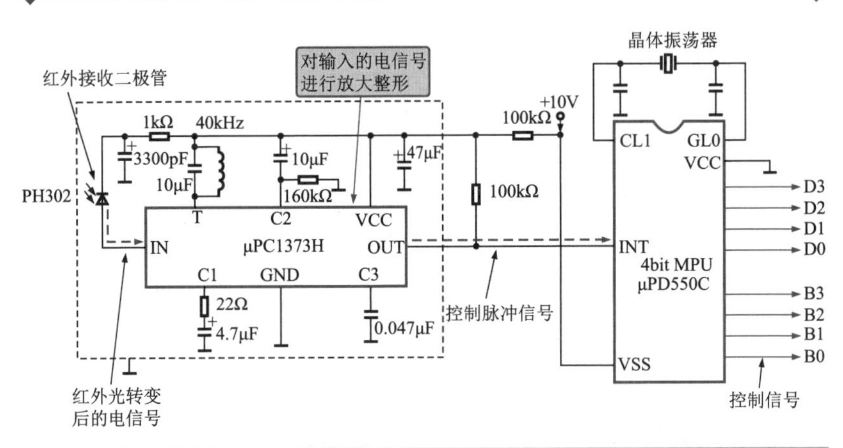

图 7-13　遥控接收电路

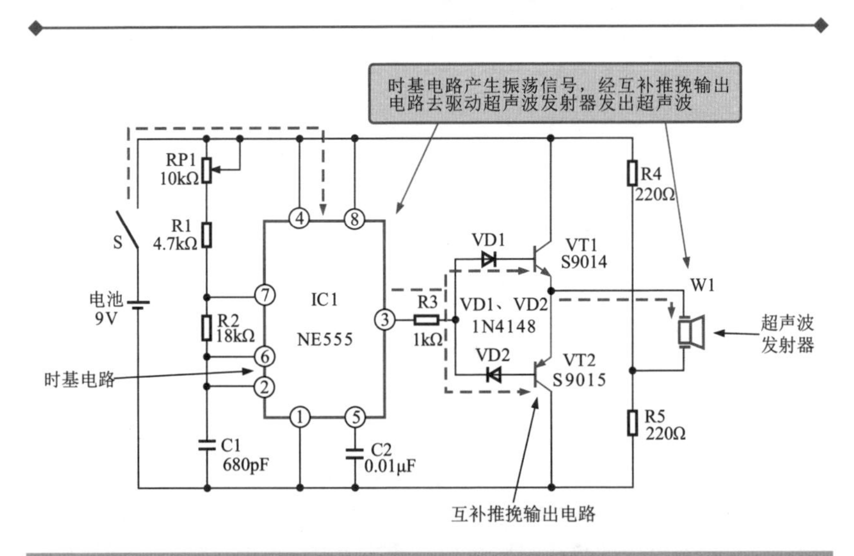

图 7-14　超声波遥控发射电路

找到了该电路中的主要元器件后，便可对电路进行识读。通过对电路的分析，可以识读出：开关接通后电池为时基电路 IC1 供电，使时基电路产生振荡信号，该信号由 IC1 的③脚输出，经互补推挽输出电路去驱动超声波发射器 W1 发出超声波信号。超声波信号必须由超声波感应器接收并将超声波信号转换成电信号。

7.2.4 高性能红外遥控开关电路的识图

图 7-15 所示为一种高性能红外遥控开关电路，该电路由发射部分图 7-15a、接收部分图 7-15b 两部分组成。

发射部分主要是由 NE555 和红外发光二极管 VD1、VD2 组成的。NE555 与 R1、RP1、C1 组成多谐振荡器，振荡频率在 35kHz 左右。

接收部分包括红外接收头（光电晶体管 3DU）、前置放大器、检波和放大器、双稳态电路及双向晶闸管等构成的。

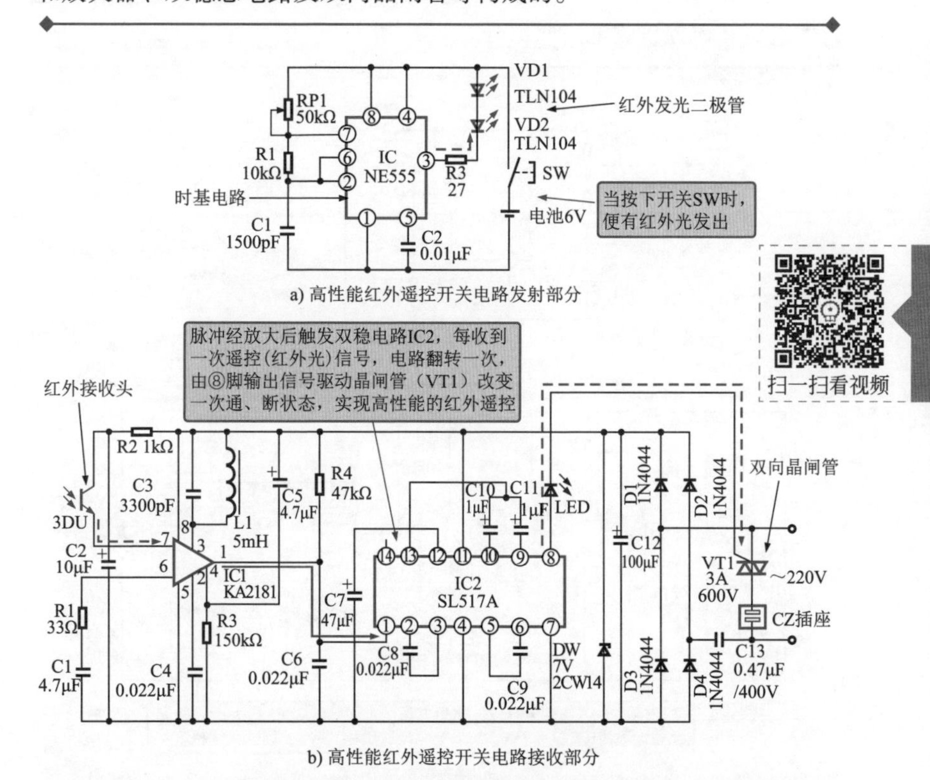

图 7-15　高性能红外遥控开关电路

找到了该电路中的主要元器件后，便可对电路进行识读。通过对电路的分析，可以识读出：在电路中，遥控发射头与遥控接收头应配套安装，IC1 是一种专用遥控（红外）信号放大集成电路 KA2181，其内部设有前置放大、选频、检波、AGC 和整形电路。调谐回路 L1、C3 调谐在发射载频 35kHz 上，输出为脉冲信号。IC2 采用声控集成块 SL517A，该集成电路具有放大、双稳态触发、驱动等功能。脉冲经放大后触发双稳电路，每收到一次遥控（红外光）信号，电路翻转一次，由⑧脚输出，晶闸管（VT1）改变一次通、断状态，实现高性能的红外遥控。

7.2.5　红外遥控开关电路的识图

图 7-16 所示为一种典型红外遥控开关电路，该电路主要包括遥控发射电路和遥控接收电路两部分。

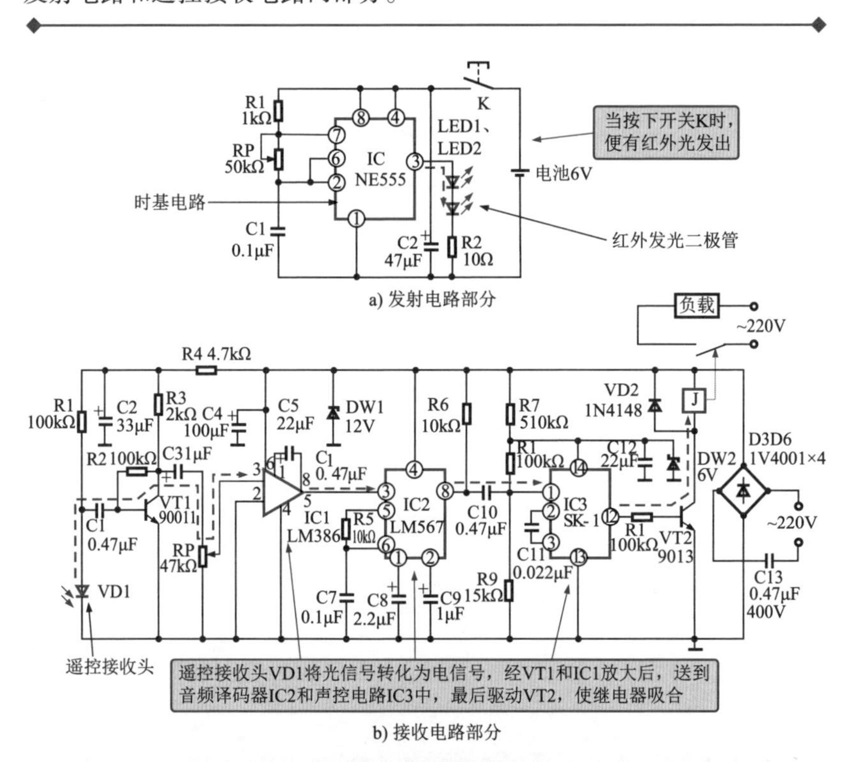

a) 发射电路部分

b) 接收电路部分

图 7-16　典型红外遥控开关电路

遥控发射电路主要是由 NE555 振荡器和红外发射二极管构成的。NE555 集成电路与 R1、RP、C1 组成无稳态多谐振荡器，振荡频率为 1~20kHz，该频率可通过 RP 确定。

遥控接收电路则是由遥控（红外）接收头（二极管 VD1）、信号放大和控制电路组成的。

当按下开关 K 时，发射电路发出红外信号。当接收到由遥控发射电路送来的遥控（红外）信号后，遥控接收头 VD1 将光信号转化为电信号，经 VT1 和 IC1 放大。并驱动音频译码器 IC2 和声控电路部分工作，最后驱动 VT2，由 VT2 去驱动继电器，完成控制动作。

第 8 章 音频电路识图

8.1 音频电路的特点

8.1.1 音频电路的功能

音频电路是家用电器及电子设备中处理及放大音频信号的电路。经该电路处理后的音频信号具有足够的功率去驱动扬声器，使扬声器发出声音，完成声音的输出。

图 8-1 为单声道音频电路的功能特点。音频功率放大器通常是一个独立的集成电路，将音频信号放大到足够的功率，然后驱动扬声器。

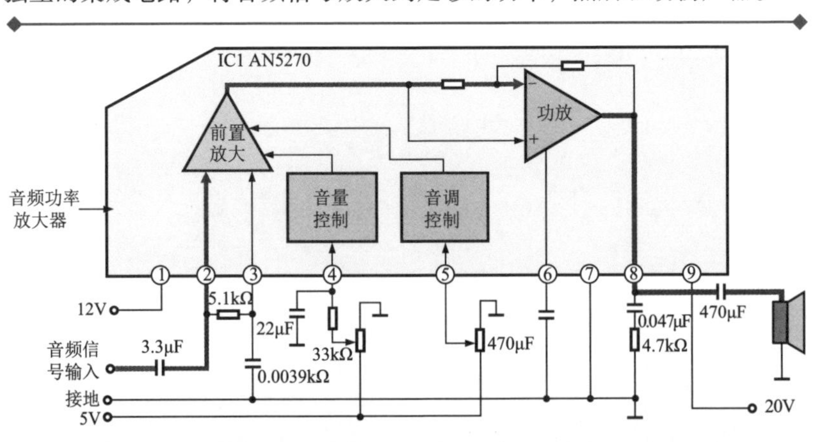

图 8-1 单声道音频电路的功能特点

图 8-2 为双声道音频电路的功能特点。双声道音频信号处理电路用于处理两个声道的音频信号，完成双声道音频（左、右音频信号）功率放大。

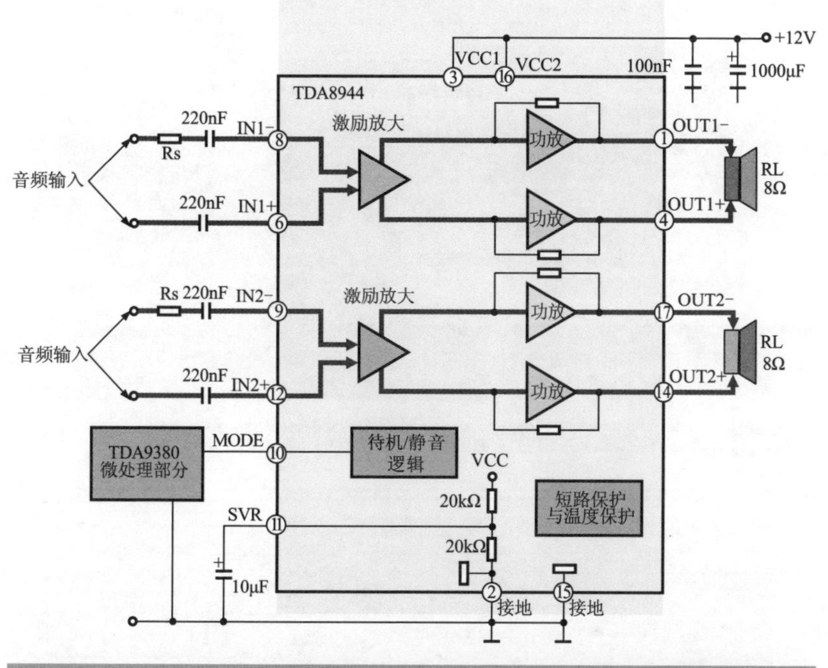

图 8-2　双声道音频电路的功能特点

要点说明

两路音频信号送到 TDA8944 的⑥脚和⑧脚、⑨脚和⑫脚，经过内部放大后，分别由①脚和④脚、⑰脚和⑭脚输出音频信号去驱动扬声器。其中，TDA8944 的⑩脚为待机/静音控制端，③脚、⑯脚为+12V 供电端。

图 8-3 为音频电路的典型应用。通常，音频电路的音频信号处理芯片和音频功率放大器均采用独立的电路结构，音频信号经处理和放大后驱动扬声器发声。其外围电路结构简单，工作可靠性高。

8.1.2　音频电路的结构

图 8-4 为典型音频电路的结构组成。由图中可知，音频电路主要是由音频信号处理芯片、音频功率放大器构成的。

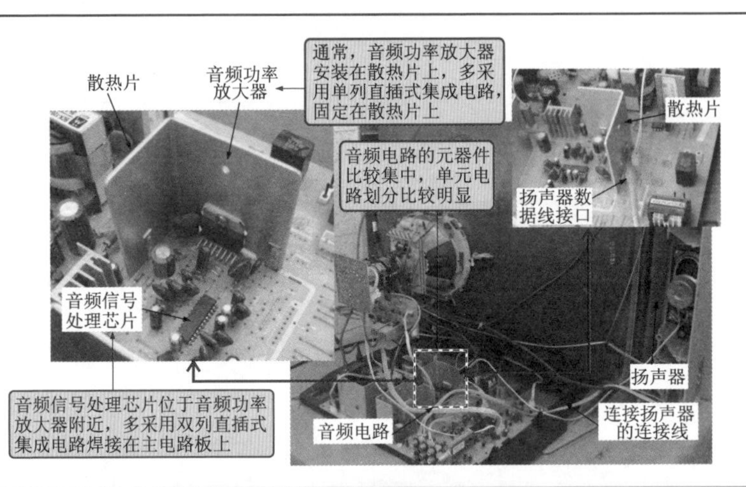

图 8-3　音频电路的典型应用

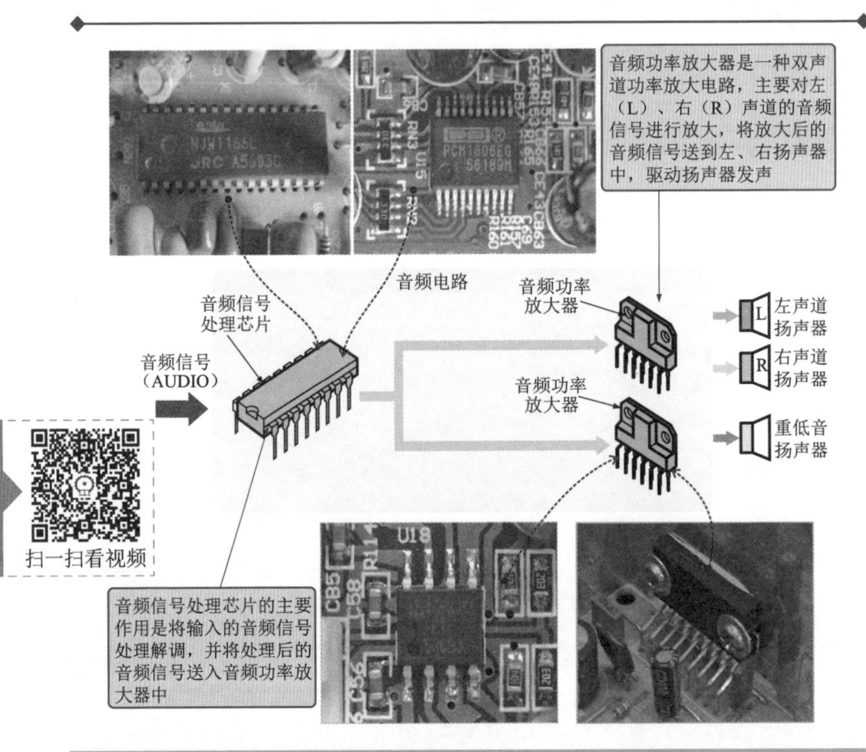

图 8-4　典型音频电路的结构组成

音频信号处理电路处理来自前级电路送来的音频信号，因此，送入音频信号处理芯片的音频信号通过数字处理，可以将单声道变成立体声或虚拟环绕立体声，然后将处理后的音频信号送到音频功率放大器中进一步处理和功率放大，从而驱动扬声器发声。

8.2 音频电路识图训练

8.2.1 音频 A/D 转换电路的识图

图 8-5 为一款典型的音频 A/D 转换电路。该电路主要是由 A/D 转换器 CS5333 及外围电路构成的，常用在数码产品中，将话筒或音频信号变成数字信号进行处理和存储。

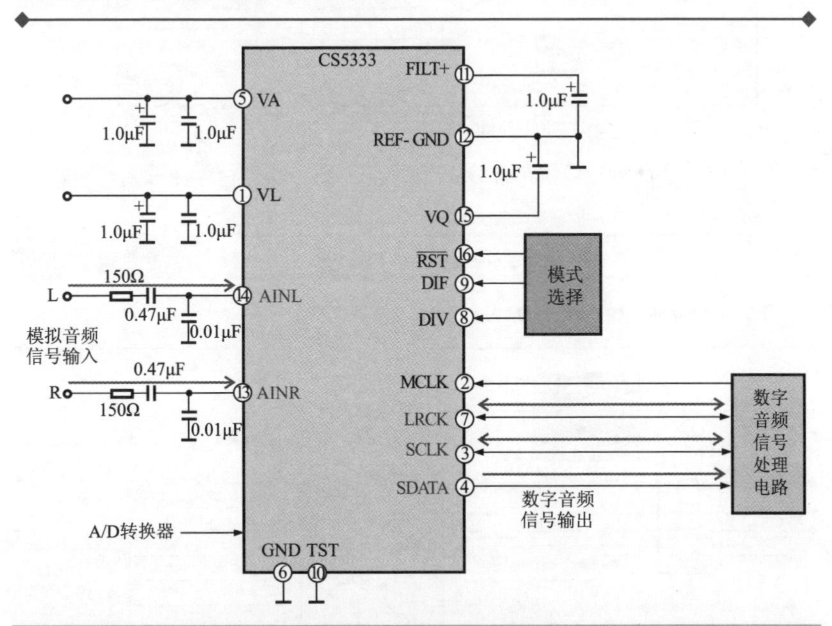

图 8-5　一款典型的音频 A/D 转换电路

当音频 A/D 转换器 CS5333 满足工作条件后进入工作状态。来自前级电路的模拟音频信号（L、R）经音频 A/D 转换器 CS5333 的⑬脚和⑭脚输入。经内部放大器、低通滤波器、比较器、数字滤波器及 HPF 处理后，由串行数字输出通道输出数字音频信号，送往后级数字音频信号处理电路。

相关资料

如图 8-6 所示，CS5333 是一种高性能 24bit、96kHz 立体声 A/D 转换器，了解其内部结构对识图和深刻理解 A/D 转换的过程很有帮助。

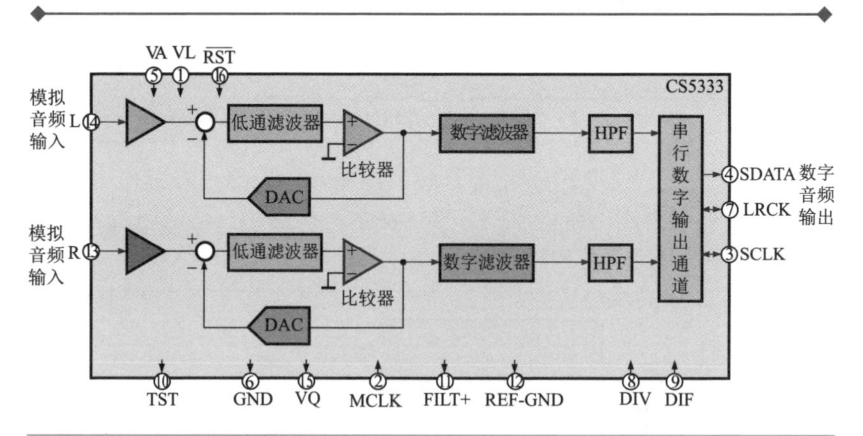

图 8-6 A/D 立体声转换器（CS5333）的内部结构

8.2.2 音频 D/A 转换电路的识图

图 8-7 为典型的音频 D/A 转换电路。

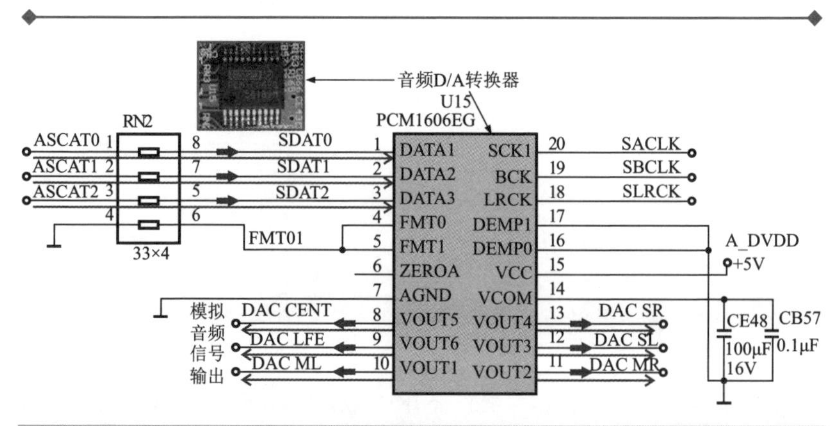

图 8-7 典型的音频 D/A 转换电路

接通电源后，D/A 转换器 U15（PCM1606EG）获得基本供电条件，进入准备工作状态。三路串行数据信号经电阻器 RN2 后，送入 D/A 转换器 U15（PCM1606EG）的①脚、②脚、③脚。经内部电路实现数字到模拟的转换处理后，分别经⑧～⑬脚输出 6 路 5.1 声道模拟音频信号，分别送往后级电路中。D/A 转换器 U15（PCM1606EG）的⑱脚、⑲脚分别为左、右分离时钟信号和数据时钟信号，配合数据信号进行 D/A 转换处理。

相关资料

图 8-8 为音频 D/A 转换器 PCM1606EG 的内部功能框图。

从图中可以看到，送入芯片的内部数据信号首先经串行数据输入接口、取样和数字滤波器电路，再经内部的多电平 ΔΣ 调整器、DAC 电路后，由输出放大器和低通滤波器分别经输出多路多声道模拟信号。

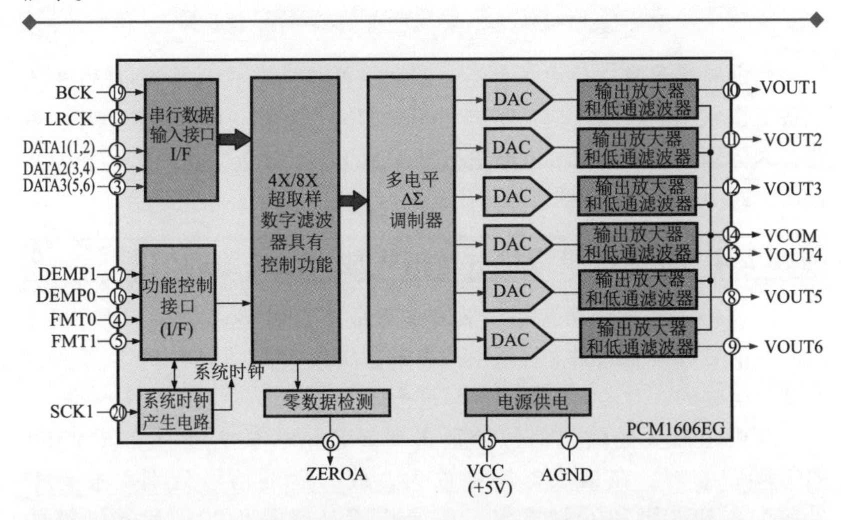

图 8-8 音频 D/A 转换器 PCM1606EG 的内部功能框图

8.2.3 双声道低频功率放大器 AN7135 电路的识图

图 8-9 为典型双声道低频功率放大器 AN7135 电路。

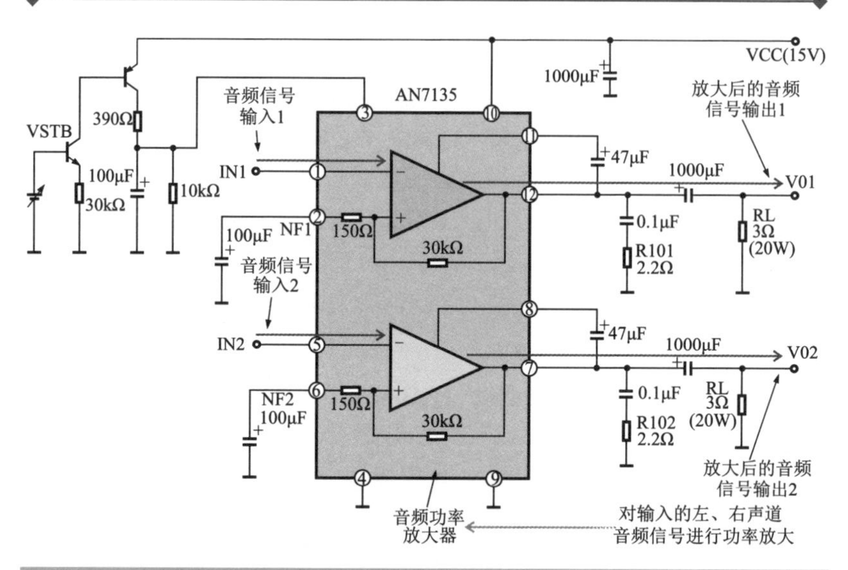

图 8-9 典型双声道低频功率放大器 AN7135 电路

当电路满足基本供电条件后，双声道低频功率放大器 AN7135 进入准备工作状态。向输入端（①脚和⑤脚）送入左、右声道音频信号，两路音频分别经其内部放大电路进行功率放大。由 AN7135 的⑦脚和⑫脚输出，经 1000μF 电容耦合后输出。

8.2.4 立体声录音机放音信号放大器电路的识图

图 8-10 为立体声录音机中放音信号放大器电路。立体声录音机中的放音信号放大器电路主要是由双声道磁头放大器（TA8125S）及外围元器件构成的，对送入的低频信号进行放大处理。

双声道磁头的输出信号分别送到放音信号放大器（TA8125S）的①脚和⑧脚。在集成电路中放大，放大后的信号分别由放音信号放大器的③脚和⑥脚输出。放音均衡补偿是由③脚和⑥脚外的 RC 负反馈电路实现的，通过负反馈电路对放音放大器低音进行补偿。

8.2.5 录音机录放音电路 TA8142AP 的识图

图 8-11 为录音机录放音电路 TA8142AP。

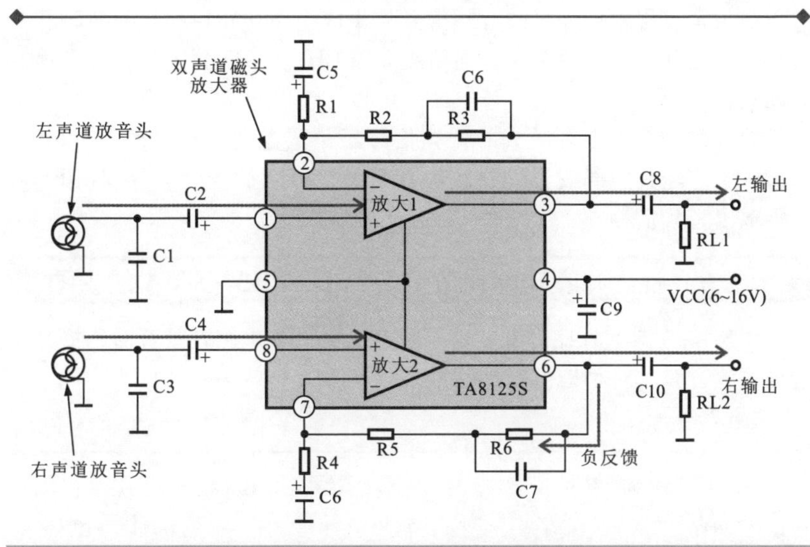

图 8-10 立体声录音机中放音信号放大器电路

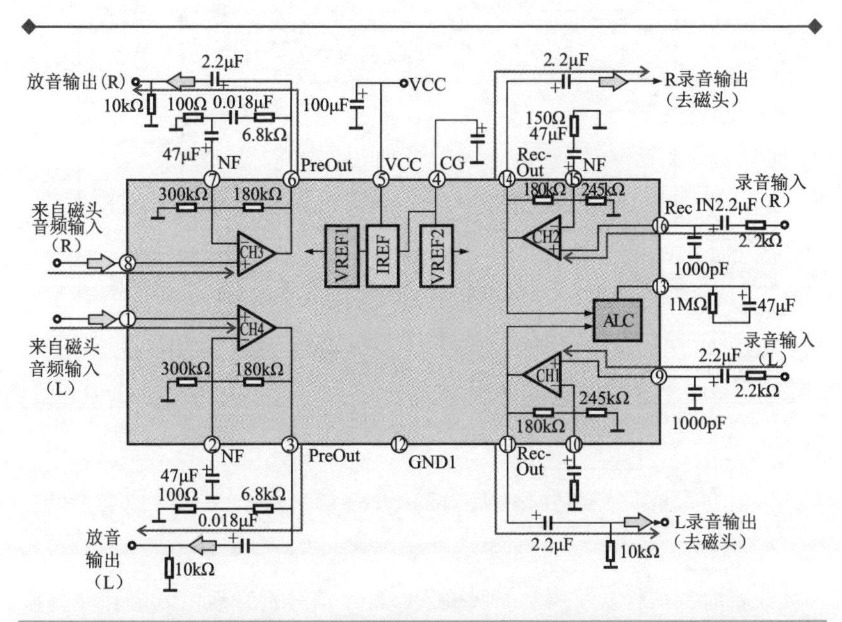

图 8-11 录音机录放音电路 TA8142AP

在录音过程中，外界的音频信号从集成电路 TA8142AP 的⑯脚和⑨脚输入。经其内部的两个录音均衡放大器 CH1、CH2 放大后，分别由⑭脚和⑪脚输出去磁头。

放音过程中，来自磁头的音频信号经集成电路 TA8142AP 的⑧脚、①脚送入。经其内部放音均衡放大器 CH3、CH4 放大后，分别由⑥脚、③脚输出音频信号。

8.2.6 杜比降噪功能录放音电路 HA12134/5/6A 的识图

图 8-12 为典型杜比降噪功能录放音电路。该电路在录音时，提升小信号；放音时，对小信号进行等量衰减。

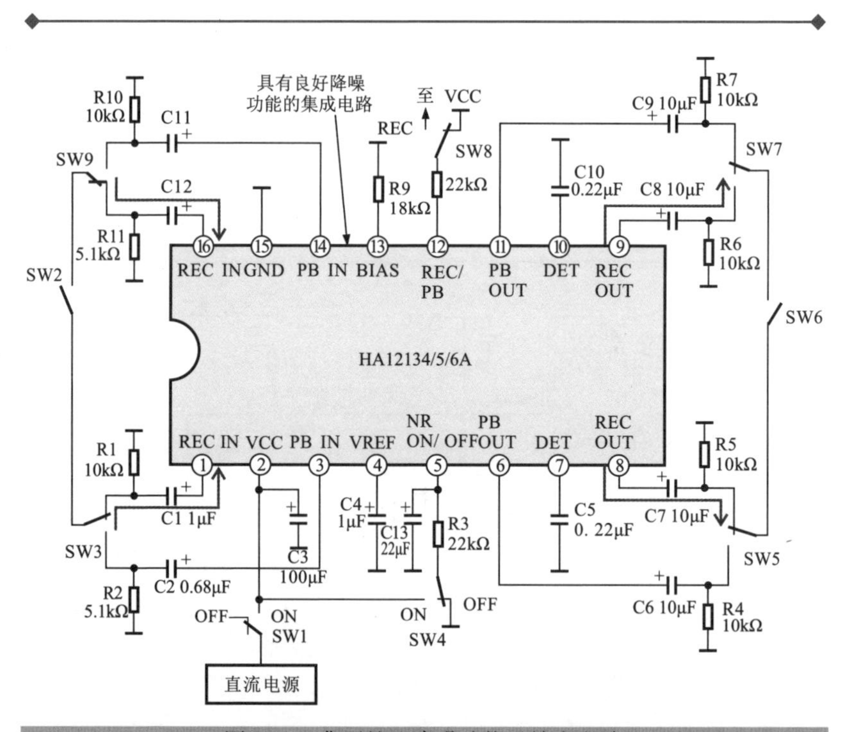

图 8-12 典型杜比降噪功能录放音电路

录音时，信号从①脚和⑯脚输入，经小信号提升后由⑧脚和⑨脚输出，再往录音磁头上输送。

放音时，放音磁头的输出送到集成电路 HA12134/5/6A 的③脚和⑭脚，经降噪处理后由⑥脚和⑪脚输出。

相关资料

图 8-13 为集成电路 HA12134/5/6A 的内部功能框图。

杜比降噪电路可在录音时提升小信号，使小信号在录音时不会埋没在背景噪声之中，而在放音时，对小信号进行等量的衰减，使小信号恢复原状，而噪声也得到了等量的衰减，总体得到降噪的效果。

由于电路精度要求较高，因而都被制作在集成电路之中。

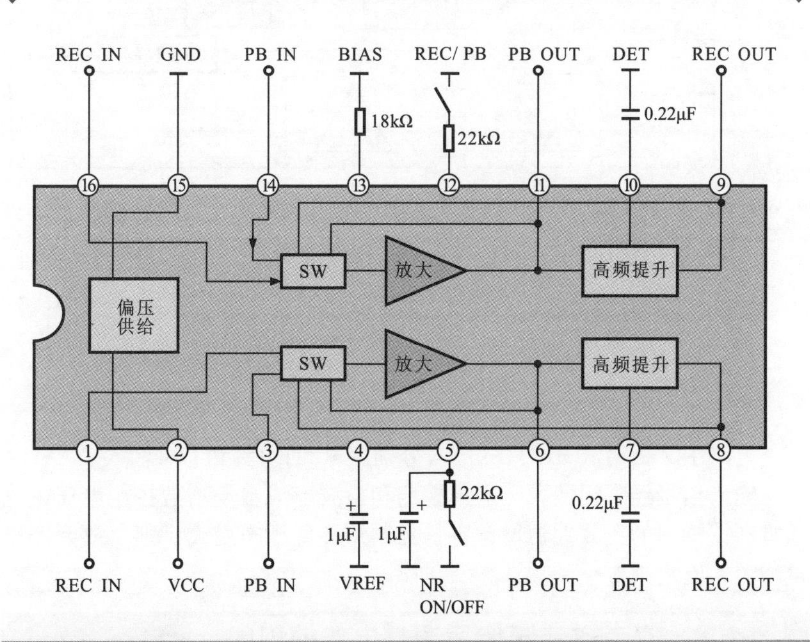

图 8-13 集成电路（HA12134/5/6A）的内部功能框图

8.2.7 自动音量控制电路的识图

图 8-14 为典型随环境噪声变化的自动音量控制电路。其中，拾音器

IC HA12309 主要对话筒拾取的低频信号进行自动音量控制。

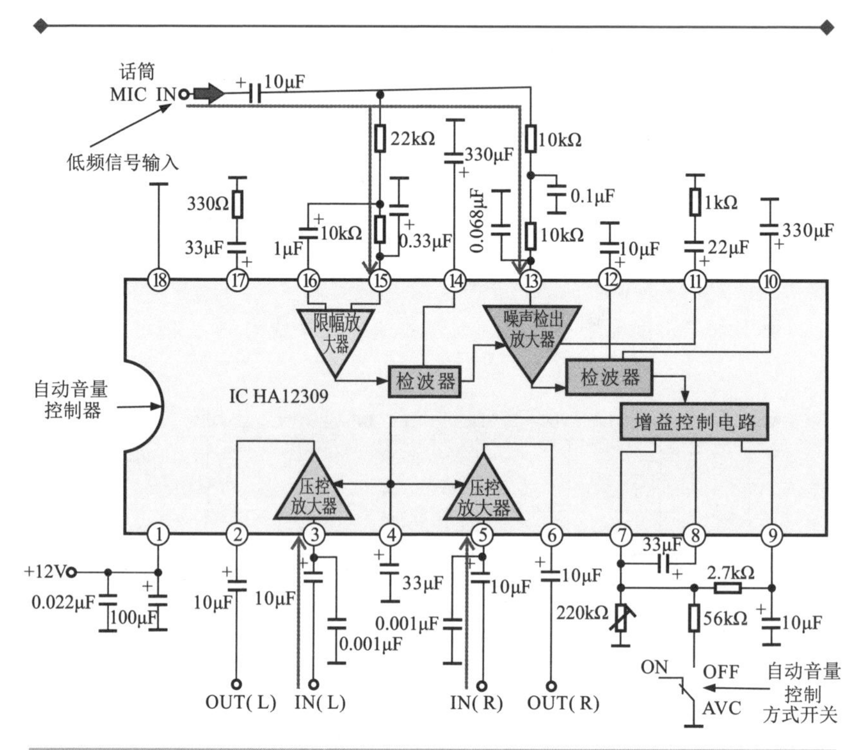

图 8-14　典型随环境噪声变化的自动音量控制电路

电路中，话筒（MIC）的信号分别由 IC 的⑬脚和⑮脚输入。

输入信号经限幅放大、噪声检测和检波形成自动增益控制电压，对③脚和⑤脚内的主放大器增益进行控制，环境噪声变大，则主放大器增益增大，反之则变小。

8.2.8　双声道音频信号调整电路的识图

图 8-15 为典型双声道音频信号调整电路。集成电路的⑧脚为音量控制端；⑦脚为左、右平衡控制端；⑨脚低音控制端；⑩脚为高音控制端。音频信号经集成电路的②脚和⑮脚输入。音频信号在集成电路内部经音调控制、音量/平衡控制等处理后，分别由⑥脚和⑪脚输出，并送往后级电路中。

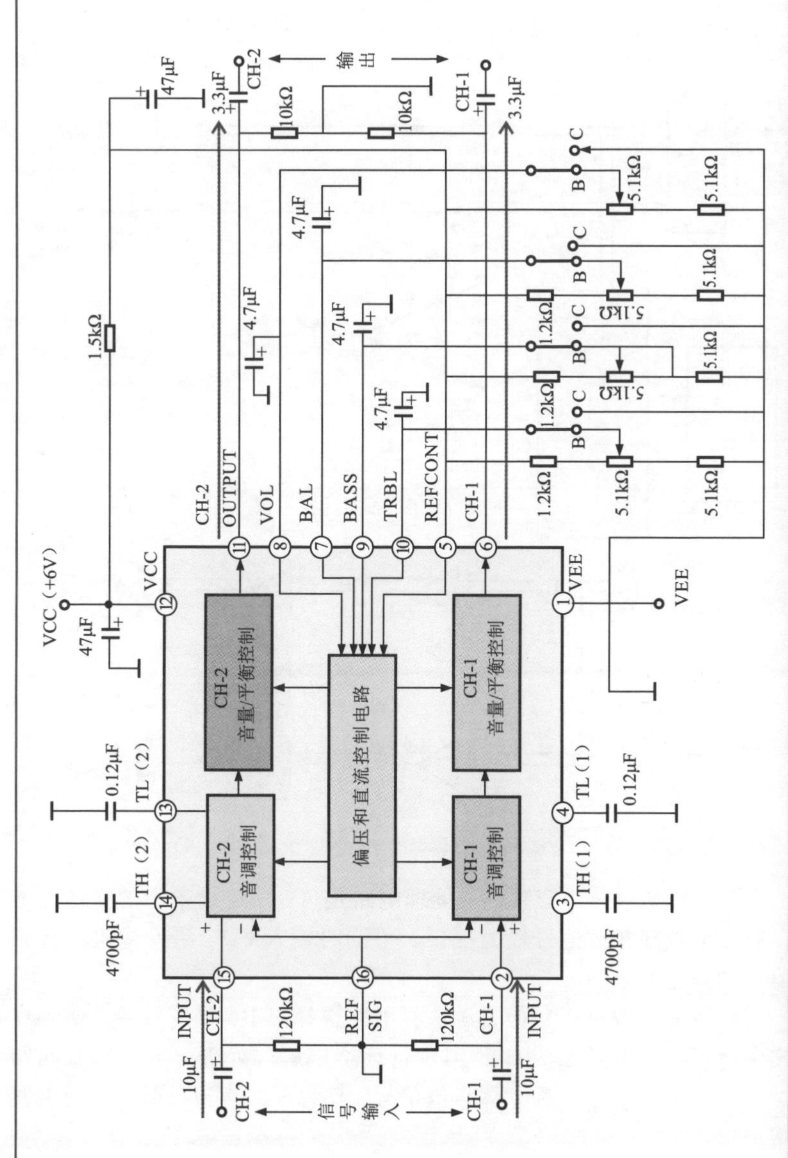

图 8-15 典型双声道音频信号调整电路

8.2.9 多声道环绕立体声音频信号处理电路的识图

图 8-16 为典型多声道环绕立体声音频信号处理电路。

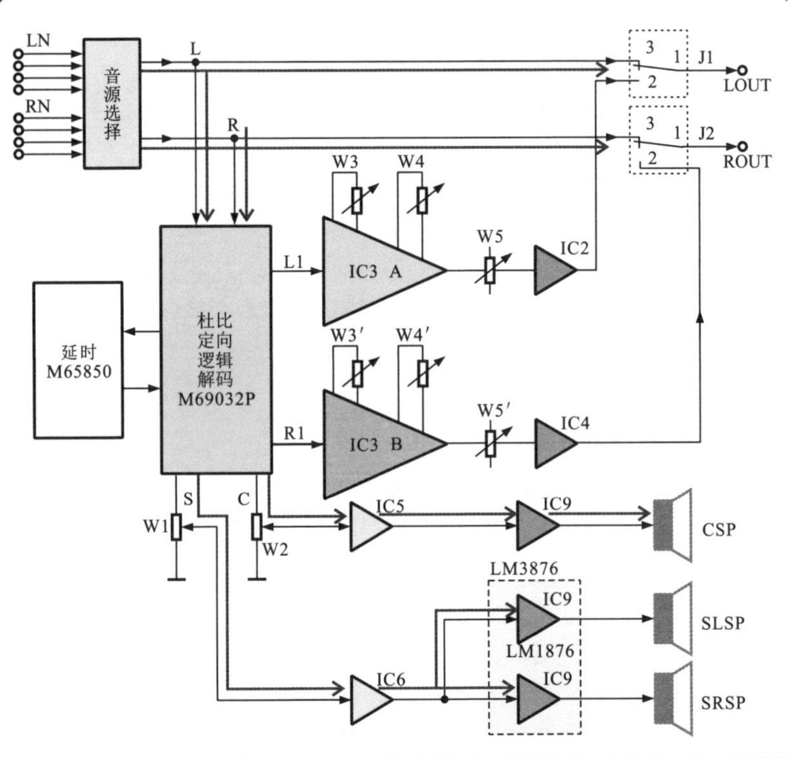

图 8-16 典型多声道环绕立体声音频信号处理电路

多声道环绕立体声音频信号处理电路是 AV 功放设备中的立体声电路，有多个外部音频信号输入接口，可同时输入 CD、摄录像机的音频信号（双声道）。

音频信号（双声道）经音源选择电路选择出 R、L 信号后，送到杜比定向逻辑解码电路 M69032P 中进行环绕声解码处理，解码后有四路（多声道）输出，L、R 为立体声道信号，S 为环绕声道信号，C 为中置声道输出。

第 9 章 传感器与微处理器电路识图

9.1 传感器识图训练

9.1.1 热敏电阻式温度检测电路的识图

图 9-1 所示是热敏电阻式温度控制电路。该电路采用热敏电阻器作为感温元件。当感应温度发生变化，热敏电阻器便会发生变化，从而进一步控制继电器，使负载动作。

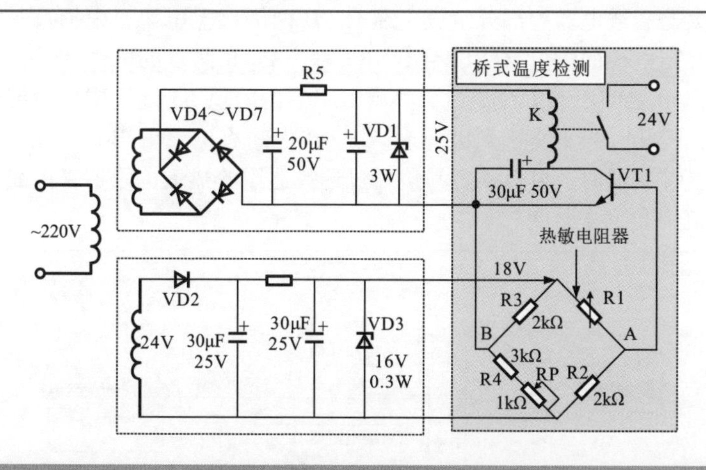

图 9-1　热敏电阻式温度控制电路

电路中晶体管 VT1 的基极和发射极分别接在电桥的对角点 A 和 B 上，电桥的另一对角线接在 18V 电源上。

RP 为温度调节电位器。当 RP 固定为某一阻值时，若电桥平衡，则

A点电位与B点电位相等，VT1的基极与发射极之间的电位差为零，晶体管VT1截止，继电器K释放，负载无法得电。

随着温度逐渐上升，热敏电阻器R1的阻值不断减小，电桥失去平衡，A点电位逐渐升高，晶体管VT1的基极电流I_b逐渐增大，集电极电流I_c也相应增大，温度越高，R1的阻值越小，I_b越大，I_c也越大。当集电极电流I_c增大到继电器的吸合电流时，继电器K吸合，接通负载电源电路，压缩机开始运转，系统开始进行制冷运行，温度逐渐下降。随着温度的逐步下降，热敏电阻器R1阻值逐步增大，此时晶体管基极电流I_b变小，集电极电流I_c也变小，当I_c小于继电器的释放电流时，继电器K释放，负载断电。随着温度又逐步上升，热敏电阻器R1的阻值又不断减小，使电路进行下一次工作循环，从而实现了温度的自动控制。

目前，热敏电阻式温度控制器已制成集成电路式，其可靠性较高并且可通过数字显示有关信息。电子式（热敏电阻式）温度控制器是利用热敏电阻器作为传感器，通过电子电路控制继电器，从而实现自动温控检测和自动控制的功能。

图9-2为桥式温度检测电路的结构。该电路是由桥式电路、电压比较放大器和继电器等部分组成。在C、D两端接上电源，根据基尔霍夫定律，当电桥的电阻R1×R4＝R2×R3时，A、B两点的电位相等，输出端A与B之间没有电流流过。热敏电阻器的阻值R1随周围环境温度的变化而变化，当平衡遭到破坏时，A、B之间有电流输出。因此，在构成温度控制器时，可以很容易地通过选择适当的热敏电阻器来改变温度调节范围和工作温度。

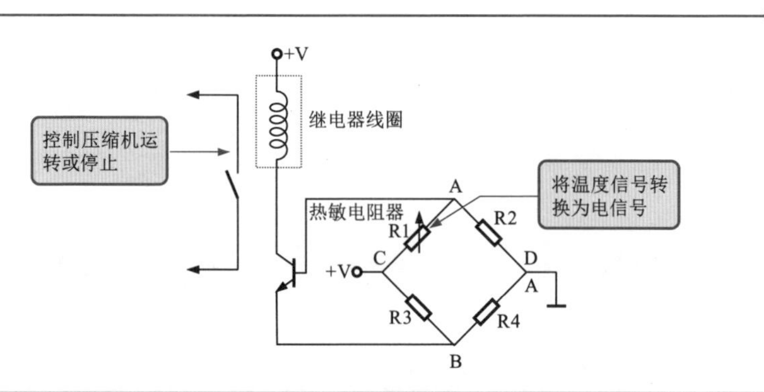

图9-2　桥式温度检测电路的结构

9.1.2 自动检测加热电路的识图

图 9-3 为一种简易的小功率自动加热电路。该电路主要是由电源供电电路和温度检测控制电路构成的。

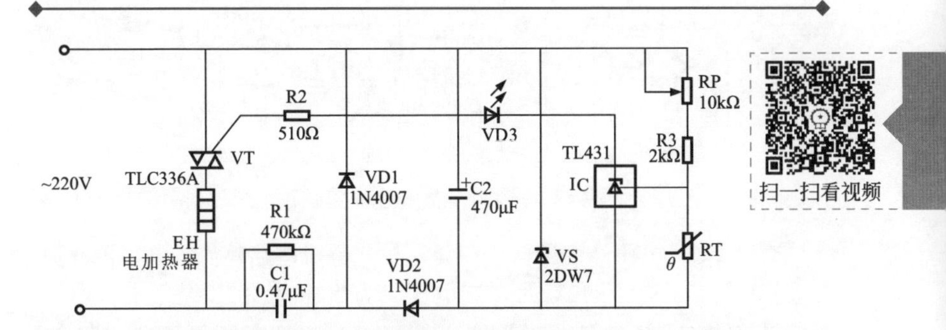

图 9-3 简易的小功率自动加热电路

电源供电电路主要是由电容器 C1、电阻器 R1、整流二极管 VD1 和 VD2、滤波电容器 C2 和稳压二极管 VS 等部分构成的；温度检测控制电路主要是由热敏电阻器 RT、电位器 RP、稳压集成电路 IC、电加热器及外围相关元器件构成的。

电源供电电路输出直流电压分为两路：一路作为 IC 的输入直流电压；另一路经 RT、R3 和 RP 分压后，为 IC 提供控制电压。

RT 为负温度系数热敏传感器，其阻值随温度的升高而降低。当环境温度较低时，RT 的阻值较大，IC 的控制端分压较高，使 IC 导通，二极管 VD3 点亮，VT 受触发而导通，电加热器通电开始升温。当温度上升到一定温度后，RT 的阻值随温度的升高而降低，使集成电路控制端电压降低，VD3 熄灭、VT 关断，EH 断电停止加热。

图 9-4 为一种典型的 NE555 控制的自动检测加热实用电路。该电路主要是由电源电路、温度检测控制电路构成的。

扫一扫看视频

电路中，电源电路主要由交流输入部分、电源开关 K、降压变压器 T、桥式整流电路（VD1～VD4）、电阻器 R1、电源指示灯 VD1、滤波电容器 C1 和稳压二极管 VS1 构成的。

温度检测电路是由热敏电阻器 RT、555 集成电路 IC NE555、电位器 RP1～RP3、继电器 K、发光二极管 VD2 及外围相关元器件构成的。

其中，RT 为负温度系数热敏电阻器，其阻值随温度的升高而降低。

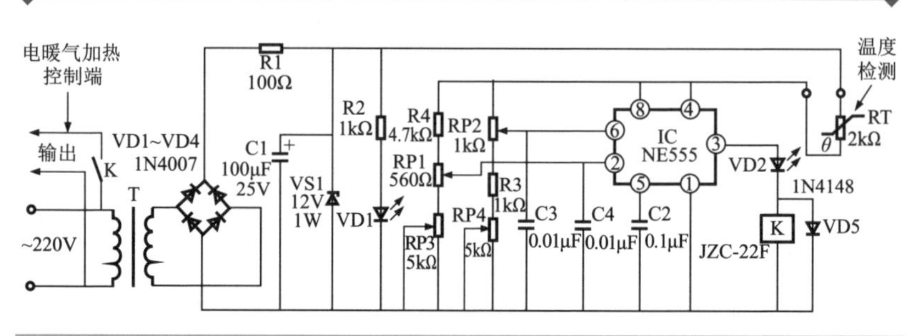

图 9-4　典型的自动检测加热实用电路

交流 220V 电压经变压器 T 降压、桥式整流电路整流、电容器滤波、二极管稳压后产生约 12V 的直流电压，为集成电路 IC 提供工作电压。当该电路测试到环境温度较低时，热敏电阻器 RT 的阻值变大，集成电路 IC 的②脚、⑥脚电压降低，③脚输出高电平，VD2 点亮，继电器 K 得电吸合，其常开触点将电加热器的工作电源接通，使环境温度升高；同样，当环境温度升高到一定温度时，RT 的阻值变小，集成电路 IC 的②脚、⑥脚电压升高，③脚输出低电平，VD2 熄灭，继电器 K 释放，其常开触点将电加热器的工作电源切断，使环境温度逐渐下降。

9.1.3　湿度检测报警电路的识图

湿度反映大气干湿的程度，测量环境湿度对工业生产、天气预报、食品加工等非常重要。湿敏传感器是对环境相对湿度变化敏感的元件，通常由感湿层、金属电极、引线和衬底基片组成。

图 9-5 为施密特湿度检测报警电路。从图中可以看到，由晶体管 VT1 和 VT2 等组成的施密特电路，当环境湿度小时，湿敏电阻器 RS 电阻值较大，施密特电路输入端处于低电平状态，VT1 截止，VT2 导通，红色发光二极管点亮；当湿度增加时，RS 电阻值减小，VT1 基极电流增加，VT1 集电极电流上升，负载电阻器 R1 上电压降增大，导致 VT2 基极电压减小，VT2 集电极电流减小，由于电路正反馈的工作使 VT1 饱和导通，VT2 截止，使 VT2 的集电极接近电源电压，红色发光二极管熄灭。同样道理，当湿度减小时，导致另一个正反馈过程，施密特电路迅速翻转到 VT1 截止、VT2 饱和导通状态，红色发光二极管从熄灭跃变到点亮。

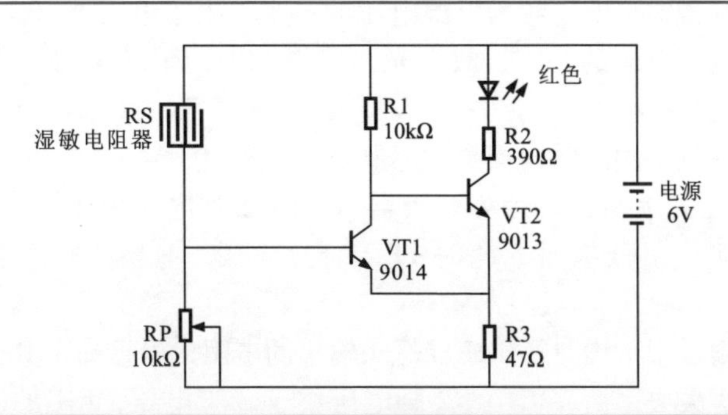

图 9-5　施密特湿度检测报警电路

9.1.4　土壤湿度检测电路的识图

图 9-6 为一种常见的土壤湿度检测电路，该电路的传感器器件是由湿度探头传感器构成的。

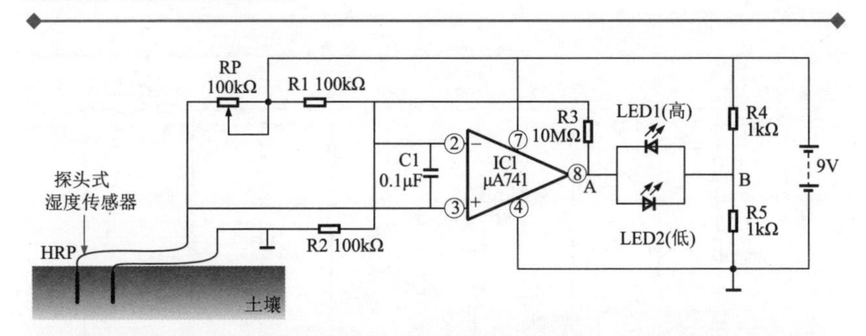

图 9-6　由湿度探头传感器构成的土壤湿度检测电路

该电路主要通过两个发光二极管的显示状态指示土壤的不同湿度状态：当两只二极管都不发光或发光暗淡时，说明土壤湿度适于所种植物种的生长；当 LED1 亮而 LED2 不亮时，说明土壤湿度过高；当 LED1 不亮而 LED2 亮时，显示土壤湿度过低。

湿度探头传感器的探头是插在被检测的土壤中的，其探头根据所感知土壤湿度呈现不同的电阻值，并与电阻器 R1、R2 和 RP 构成桥式电路。首先记录当土壤湿度适合种植物生长时所检测到的电阻值，并通过调节 RP 的电阻值，将其设置为与传感器探头两端的土壤电阻值相等，此时桥式电路处于平衡状态，运算放大器 IC1 的两个输入端之间电位差为零，其⑧脚输出电压约为电源电压的一半。由于电阻器 R4、R5 的分压值也为电源电压的一半，故发光二极管 LED1 和 LED2 都不发亮，此时土壤湿度合适。

当土壤过于潮湿时，探头传感器输出的电阻信号远小于 RP 的阻值，此时电桥失去平衡，则运算放大器 IC1 的②脚电压大于其③脚电压，IC1 的⑧脚输出低电平，此时 LED1 亮，LED2 不亮，显示土壤湿度过高。

当土壤过于干燥时，传感器探头输出的电阻信号远高于 RP 的阻值，也使得电桥失去平衡，IC1 的②脚电压小于③脚电压，IC1 的⑧脚输出高电平，此时 LED1 不亮，LED2 亮，显示土壤湿度过低。

9.1.5 粮库湿度检测和报警电路的识图

图 9-7 为粮库湿度检测器电路原理图。该电路主要是由电容式湿度传感器 CS、555 时基振荡电路 IC1、倍压整流电路 VD1 和 VD2 及湿度指示发光二极管等构成的。

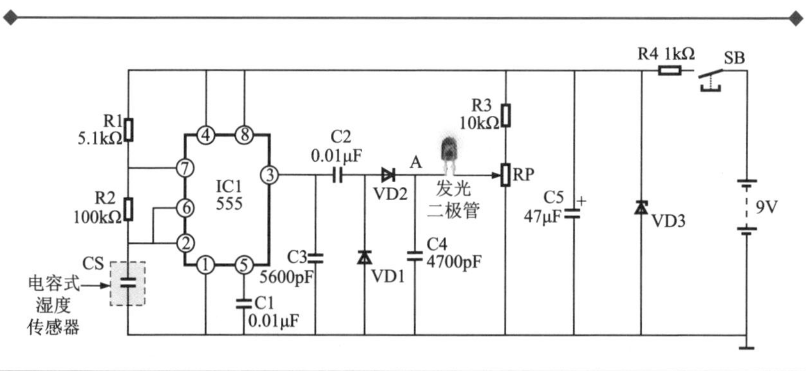

图 9-7 粮库湿度检测器电路原理图

电路中，电容式湿度传感器 CS 用于监测粮食的湿度变化，当粮食受潮，湿度增大时，该电容器的电容量减小，其充放电时间变短，引起时基振荡电路②脚、⑥脚外接的时间常数变小，则其内部振荡器的谐振频率升高。当 IC1③脚输出的频率升高时，该振荡信号经耦合电容器 C2 后，由倍压整流电路 VD1、VD2 整流为直流电压。频率的升高引起 A 点直流电压的升高，当发光二极管左侧电压高于右端电压时，发光二极管发光。

9.1.6　气体报警电路的识图

图 9-8 为由气敏电阻器等元件构成的家用气体报警器电路，此电路中的 QM-N10 即为一个气敏电阻器。220V 市电经电源变压器 T1 降至 5.5V 左右，作为气敏电阻器 QM-N10 的加热电压。气敏电阻器 QM-N10 在洁净空气中的阻值为几十 kΩ，当接触到有害气体时，电阻值急剧下降，它接在电路中使气敏电阻的输出端电压升高，该电压加到与非门上。由与非门 IC1A、IC1B 构成一个门控电路，IC1C、IC1D 组成一个多谐振荡器。当 QM-N10 气敏传感器未接触到有害气体时，其电阻值较高，输出电压较低，使 IC1A 的②脚处于低电位，IC1A 的①脚处于高电位，故 IC1A 的③脚为高电位，经 IC1B 反相后其④脚为低电位，多谐振荡器不起振，晶体管 VT2 处于截止状态，故报警电路不发声。一旦 QM-N10 敏感到有害气体时，阻值急剧下降，在电阻器 R2、R3 上的压降使 IC1A 的②脚处于高电位，此时 IC1A 的③脚变为低电平，经 IC1B 反相后变为高电平，多谐振荡器起振工作，晶体管 VT2 周期性地导通与截止，于是由 VT1、T2、C4、HTD 等构成的正反馈振荡器间歇工作，发出报警声。与此同时，发光二极管 LED1 闪烁，从而达到有害气体泄漏告警的目的。

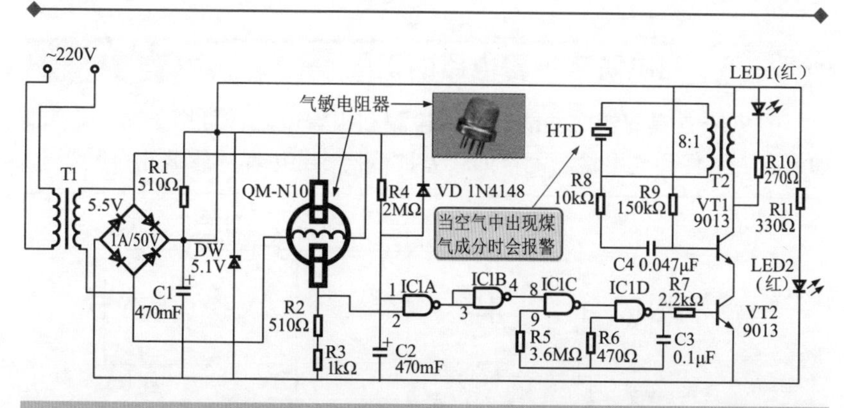

图 9-8　气敏电阻器及接口电路

9.1.7　井下氧浓度检测电路的识图

图 9-9 为一种井下氧浓度检测电路，该电路可用于井下作业的环境

中，检测空气中的氧浓度。电路中的氧气浓度检测传感器将检测结果变成直流电压，经电路放大器 IC1-1 和电压比较器 IC1-2 后，去驱动晶体管 VT1，再由 VT1 去驱动继电器，继电器动作后触点接通，蜂鸣器发声，提醒氧浓度过低，引起人们的注意。

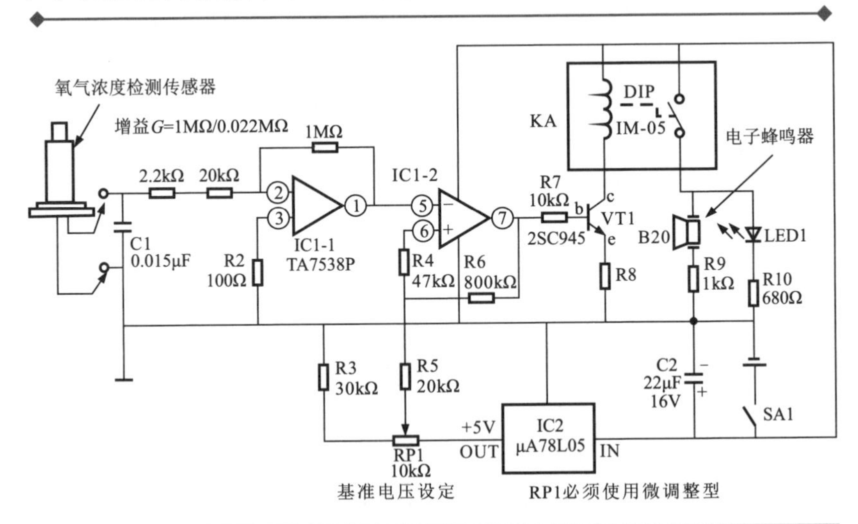

图 9-9 井下氧浓度检测电路

9.1.8 光电防盗报警电路的识图

图 9-10 是具有锁定功能的物体检测和报警电路，可用于防盗报警。如果有人入侵到光电检测的空间，光被遮挡，光电晶体管截止，其集电

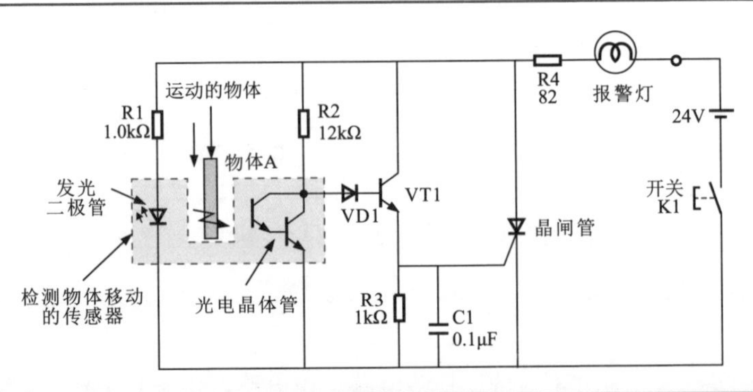

图 9-10 防盗报警（移动物体检测）电路

极电压上升，使 VD1、VT1 都导通，晶闸管 VS 也被触发而导通，报警灯则发光，只有将开关 K1 断开一下，才能解除报警状态。

9.2 微处理器电路识图训练

9.2.1 微处理器的结构

微处理器是将控制器、运算器、存储器、输入和输出通道、时钟信号产生电路等集成于一体的大规模集成电路。由于它具有分析和判断功能，犹如人的大脑，因而又被称为微电脑。其广泛地应用于各种电子电器产品之中，为产品增添了智能功能。

图 9-11 是典型的 CMOS 微处理器的结构示意图。从图中可见，它是一种双列直插式大规模集成电路，采用绝缘栅场效应晶体管制造工艺，因而被称为 CMOS 微处理器。

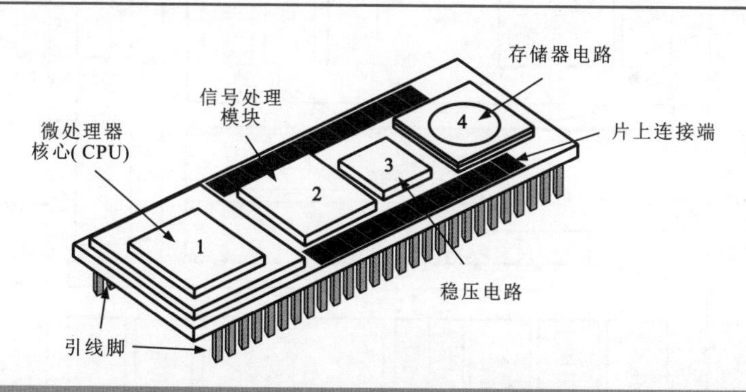

图 9-11　典型 CMOS 微处理器的结构示意图

图 9-12 为 CMOS 8 位单片微处理器电路的内部结构框图（CXP750096 系列）。

由图中可知，该电路是由 CPU、内部存储器（ROM、RAM）、时钟信号产生器、字符信号产生器、A/D 转换器和多路输入输出接口电路构成的，通过内部程序的设置可以灵活地对多个输入和输出通道进行功能定义，以便于应用在各种自动控制的电路中。

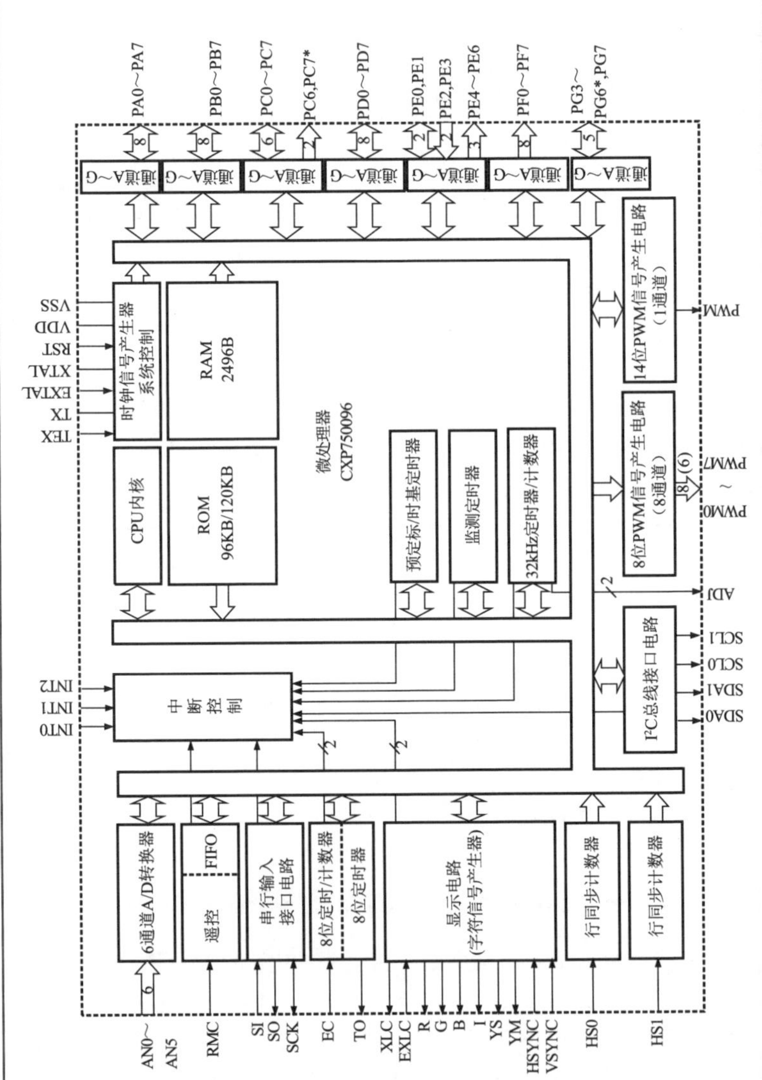

图 9-12　CMOS 8 位单片微处理器电路的内部结构框图（CXP750096 系列）

9.2.2 微处理器输入端保护电路的识图

CMOS 微处理器是一种大规模集成电路（LSI），其内部是由 N 沟道或 P 沟道场效应晶体管构成的，如果输入电压超过 200V 会将集成电路内的电路损坏，为此在某些输入引脚要加上保护电路，如图 9-13 所示。

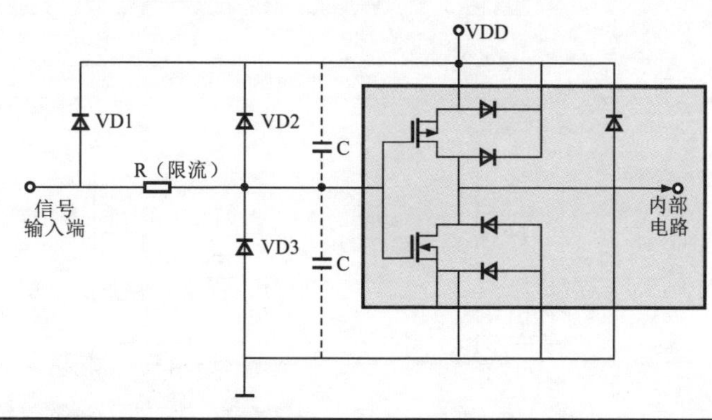

钳位二极管	耐压	IC内的晶体管	耐压
VD1、VD2	30～40V	P沟道	30V
VD3	30～40V	N沟道	40V

图 9-13　LSI 输入端子保护电路

由于各种输入信号的情况不同，当各引脚之间加有异常电压的情况下，保护电路形成电路通道从而对 LSI（大规模集成电路）内部电路实现了保护。其保护电路的结构和原理如图 9-14 所示。

9.2.3 微处理器复位电路的识图

图 9-15a 是微处理器复位电路的结构。微处理器的电源供电端在开

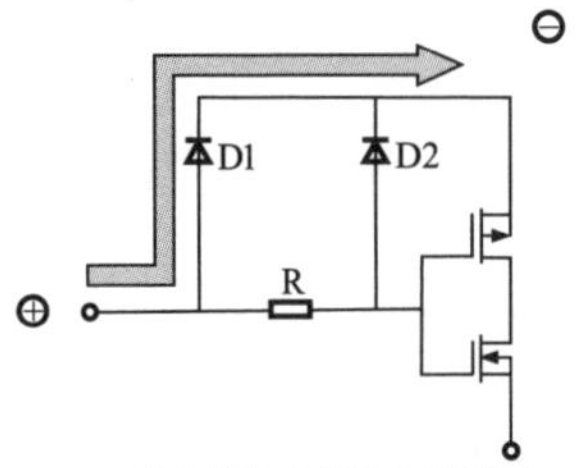

a) 输入端与电源之间的通路

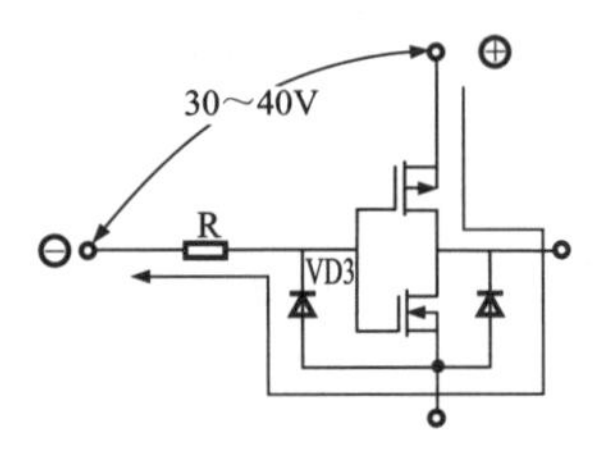

b) 电源端与输入端之间的通路

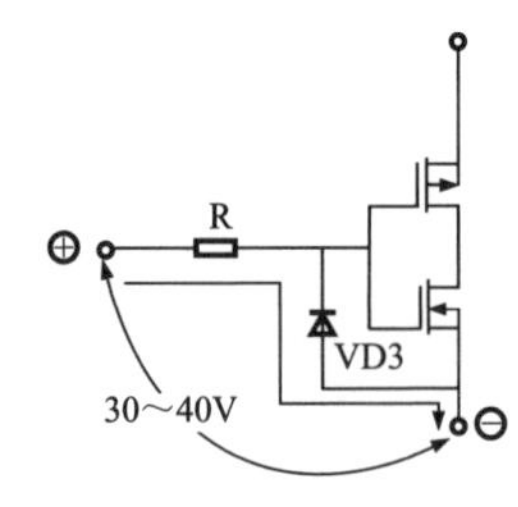

c) 输入端与地线之间形成通路

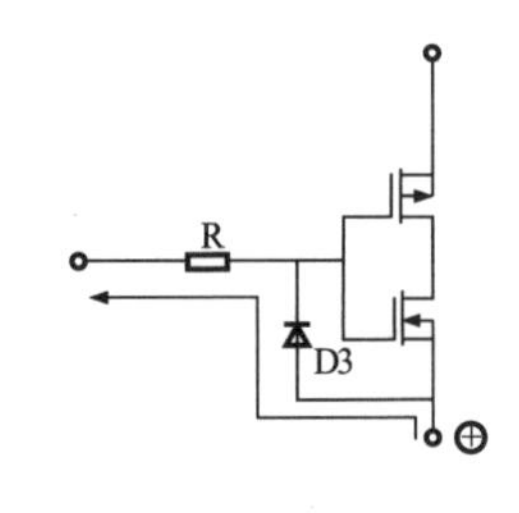

d) 地线与输入端之间形成通路

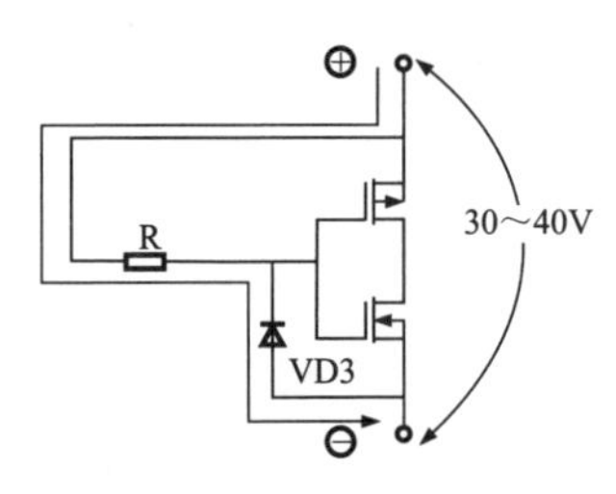

e) 输入信号为高电平时电源与地线之间形成通路

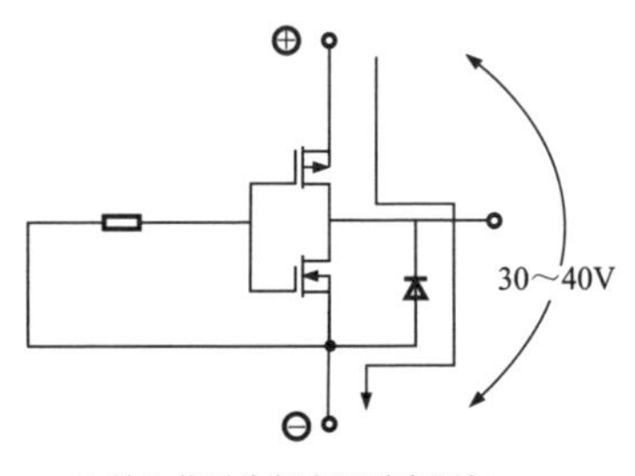

f) 输入信号为低电平时电源与地线之间形成通路

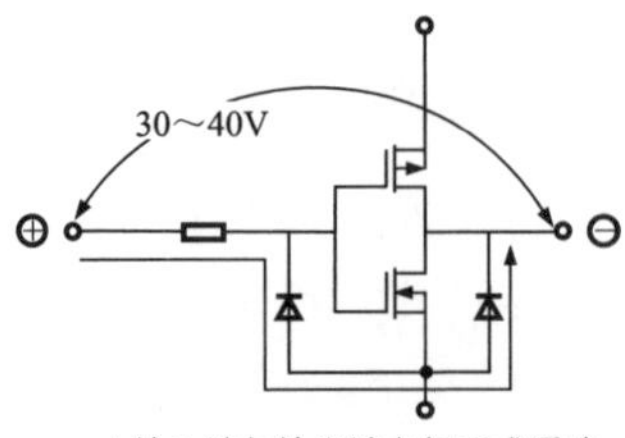

g) 输入端与输出端之间形成通路

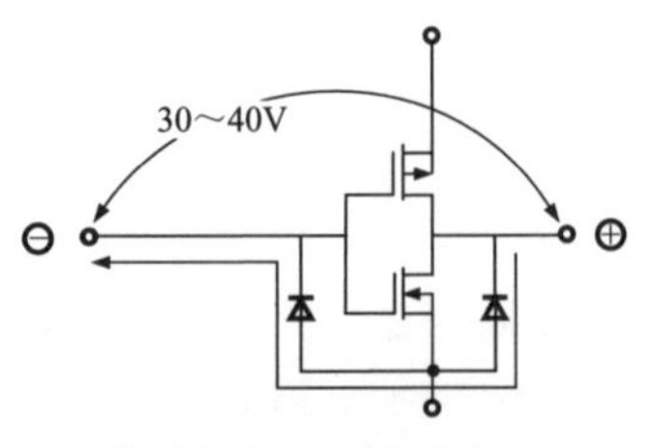

h) 输出端与输入端之间形成通路

图 9-14 各种保护电路的结构和工作原理

机时会有一个从0上升至5V的过程，如果在这个过程中启动，有可能出现程序错乱，为此微处理器都设有复位电路，在开机瞬间复位端保持0V、低电平。当电源供电接近5V时（大于4.6V），复位端的电压变成高电平（接近5V）。此时微处理器才开始工作。在关机时，当电压值下降到小于4.6V时复位电压下降为零，微处理器程序复位，保证微处理器正常工作。图9-15b所示为电源供电电压和复位电压的时间关系。

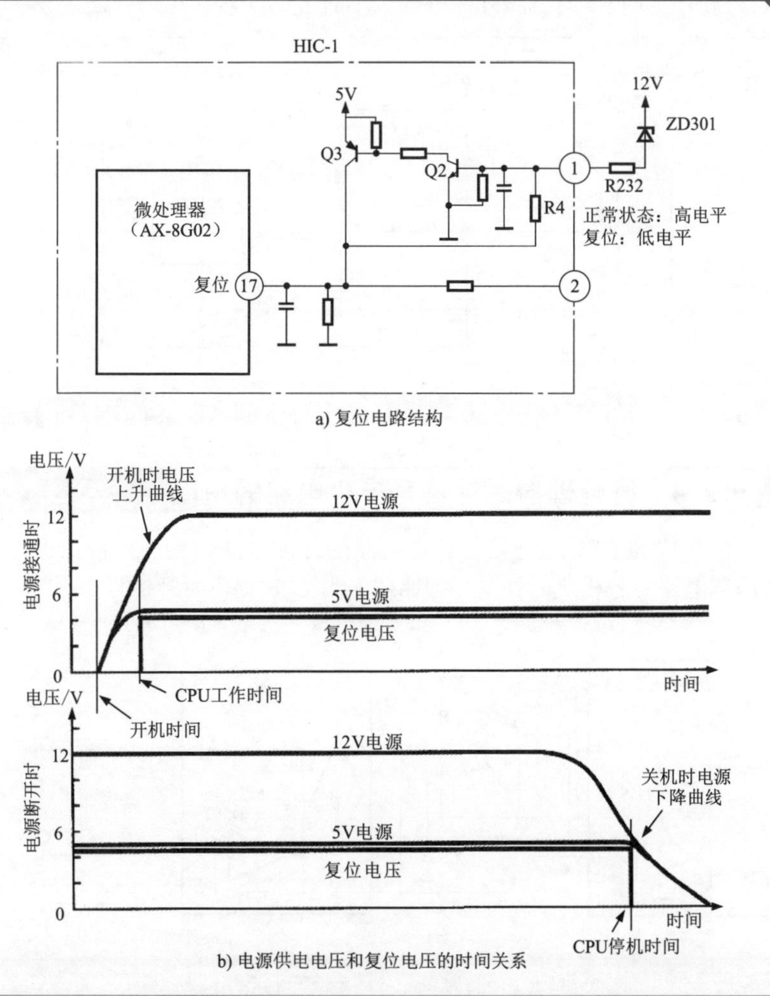

图9-15 复位电路的检测部位和数据

图 9-16 为海信 KFR-25GW/06BP 变频空调器室内机微处理器的复位电路。开机时微处理器的电源供电电压由 0 上升到+5V，这个过程中启动程序有可能出现错误，因此需要在电源供电电压稳定之后再启动程序，这个任务是由复位电路来实现的。图中 IC1 是复位信号产生电路，②脚为电源供电端，①脚为复位信号输出端，该电压经滤波（C20、C26）后加到 CPU 的复位端㉔脚。复位信号相比开机时间有一定的延时，延时时间长度与㉔脚外的电容大小有关。

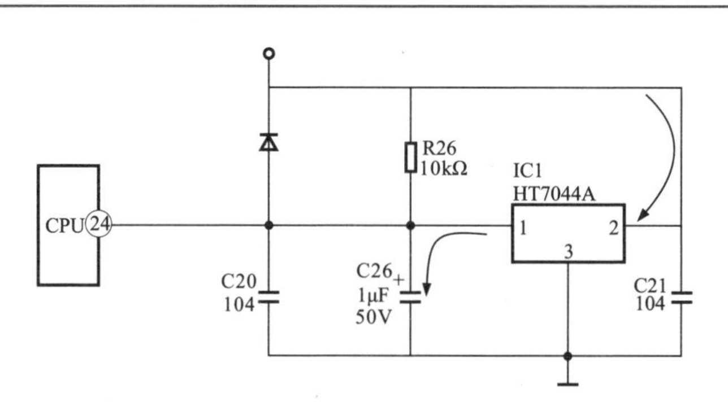

图 9-16 海信 KFR-25GW/06BP 变频空调器室内机微处理器的复位电路

9.2.4 微处理器时钟信号产生电路的识图

图 9-17 是 CPU 时钟信号产生电路的外部电路结构。外部谐振电路与内部电路一起构成时钟信号振荡器，为 CPU 提供时钟信号。

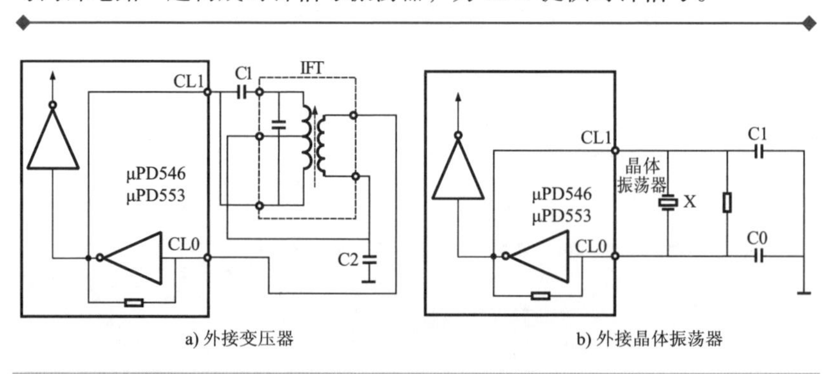

图 9-17 CPU 时钟信号产生电路的外部电路结构

9.2.5 微处理器外部接口电路的识图

图 9-18 是 CPU 和外部电路的结构，由于 CPU 控制的电子电气元件（或电路）不同，被控电路所需的电压或电流不能直接从 CPU 电路得到，因而需要加接口电路，或称转换电路。

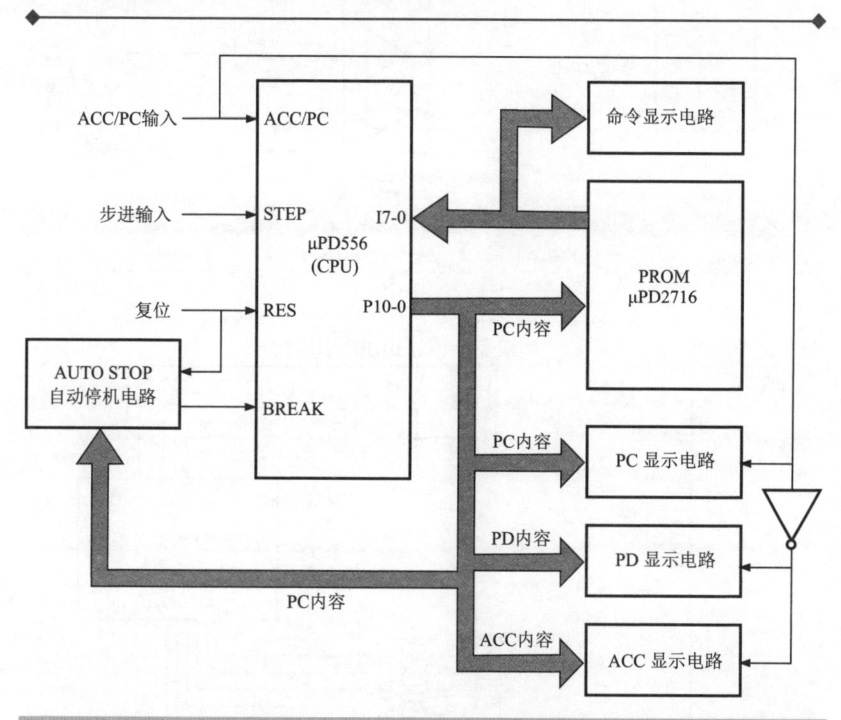

图 9-18 CPU 和外部电路的结构

图 9-19 是 CPU 的输入和输出接口电路，输入和输出信号都经缓冲放大器 μPD4050C 缓冲放大。通过设置缓冲放大器的输入输出电压极性和幅度，可以满足不同电路的要求。

9.2.6 微处理器对存储器接口电路的识图

图 9-20 是 CPU 对存储器（PROM）的接口电路。微处理器（CPU）输出地址信号（P0～P10）给存储器，存储器将数据信号通过数据接口送给 CPU。

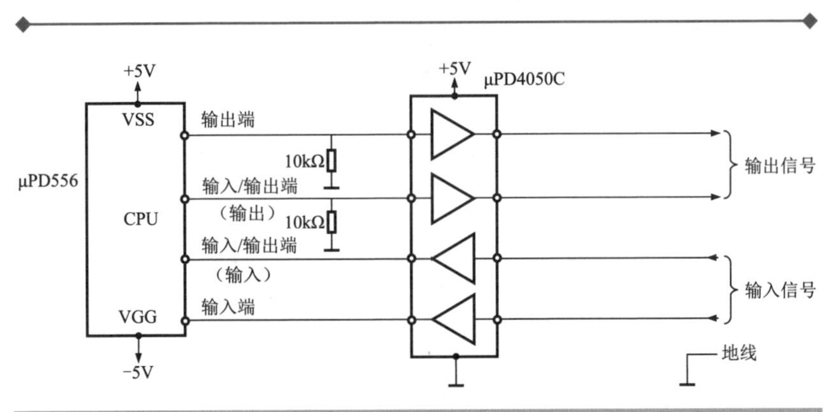

图 9-19　CPU 的输入和输出接口电路

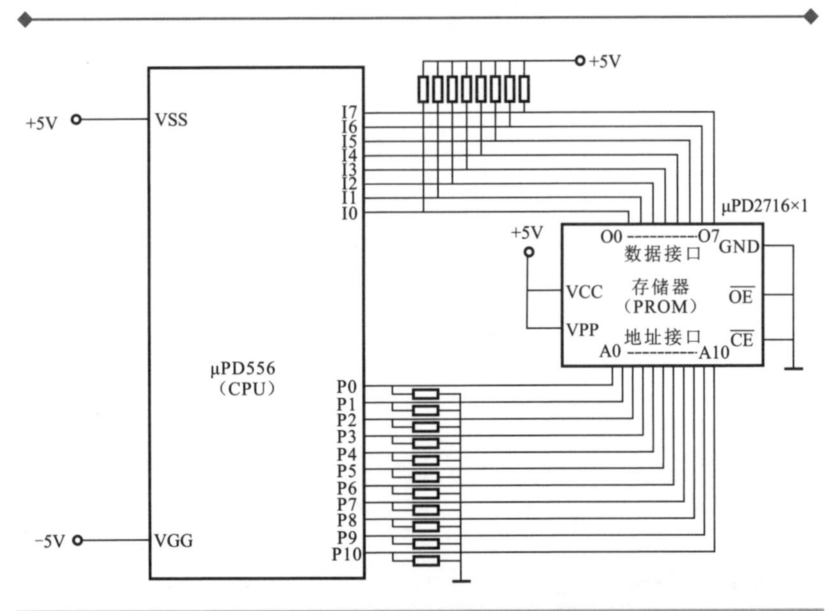

图 9-20　存储器接口电路

9.2.7　微处理器定时控制电路（CD4060）的识图

图 9-21 为一种微处理器控制的简易定时电路，它主要由一片 14 位二进制串行计数/分频集成电路和供电电路等组成。IC1 内部电路与外围元器件 R4、R5、RP1 及 C4 组成 RC 振荡电路。

当振荡信号在 IC1 内部经 14 级二分频后，在 IC1 的③脚输出经 8192（2^{13}）次分频信号。也就是说，若振荡周期为 T，利用 IC1 的③脚输出作延时，则延时时间可达 8192T，调节 RP1 可使 T 变化，从而起到了调节定时时间的目的。

开机时，电容 C3 使 IC1 清零，随后 IC1 便开始计时，经过 8192T 时间后，IC1③脚输出高电平脉冲信号，使 VT1 导通，VT2 截止，此时继电器 K1 因失电而停止工作，其触点即起到了定时控制的作用。

电路中的 S1 为复位开关，若要中途停止定时，只要按动一下 S1，则 IC1 便会复位，计数器便又重新开始计时。电阻 R2 为 C3 提供放电回路。

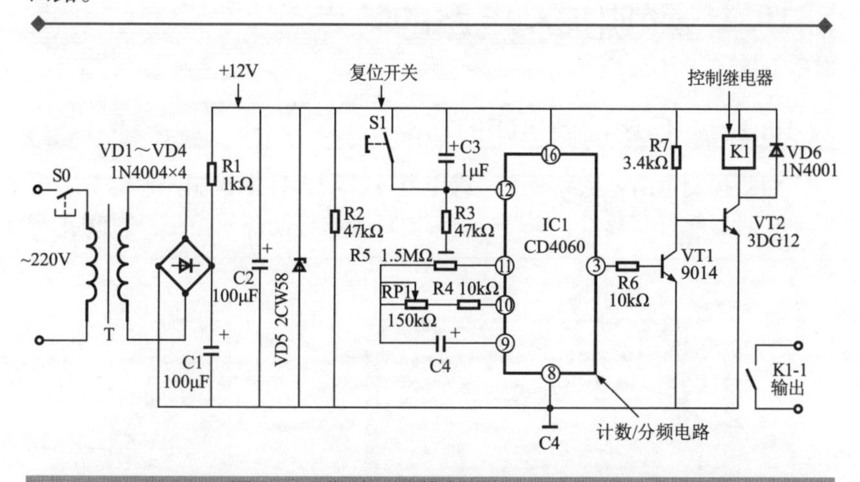

图 9-21 微处理器控制的简易定时电路

第 10 章 照明控制电路识图

10.1 照明控制电路的特点

10.1.1 照明控制电路的功能

照明控制电路是依靠开关、继电器等控制部件来控制照明灯具，进而完成对照明灯具数量、亮度、启停时间及启停间隔的控制，图 10-1 所

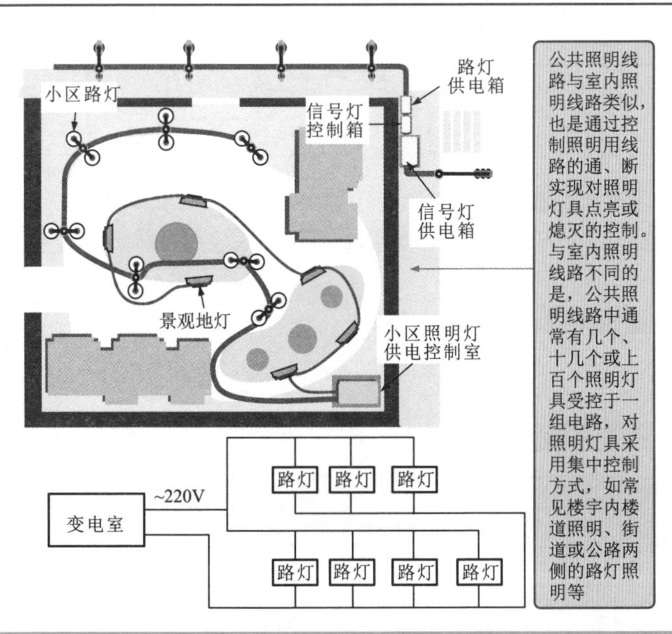

图 10-1　典型照明控制电路应用图

示为典型照明控制电路应用图。

由图 10-1 可知，这是一个花园室外景观照明控制电路示意图，变配电室输出电压经电缆为路灯、景观灯等设备进行供电。

照明控制电路被广泛应用于日常的生产、生活中，当自然光线不足的情况下用来创造明亮的环境。根据不同的应用环境其可被分为家庭照明、景观照明、道路照明、小区照明、工厂照明、专用照明等几种，如图 10-2 所示。

图 10-2　照明控制电路的应用场合

1）在家庭照明电路中，大多采用单联开关、双联开关及其遥控等控制电路。

2）在景观照明电路中，大多采用时间和总开关控制的方式，便于在节日时对其进行整体开启或关闭。

3）在道路照明电路中，大多采用时间、光能和总线控制等控制电路。可以有效地节约能源和人力。

4）在小区照明电路中，采用的控制方式与道路照明基本相同。

5）在工厂照明电路中，采用的控制方式与家庭照明基本相同。

6）在专用照明电路（医疗照明电路）中，大多采用元器件或集成电路对其光线进行控制。

10.1.2 照明控制电路的结构

照明控制电路的应用场合不同，电路的控制方式和基本组成也不相同，图 10-3 所示为典型照明控制电路电路图。

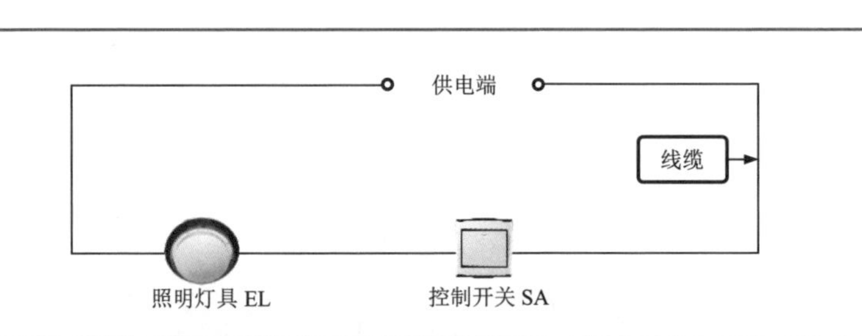

图 10-3 典型照明控制电路电路图

照明控制电路主要由照明灯具、控制开关、照明线缆等构成。

1. 照明灯具

在日常生活中，照明灯具应用非常广泛，主要应用在家庭以及公共场所，起到照明和装饰的作用，照明灯具的种类多种多样，图 10-4 所示为常见照明灯具的实物外形。

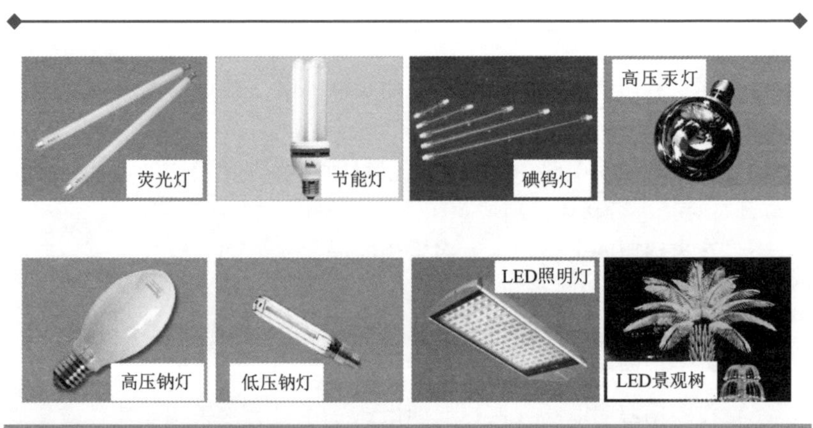

图 10-4 常见照明灯具的实物外形

要点说明

在荧光灯的启动过程中，需要一个超过400V的高压脉冲，一旦灯管点燃，维持正常工作的电压只需60～90V，而供电电源是AC220V，所以需用镇流器和辉光启动器在点灯时提供高压脉冲，在正常工作时由镇流器分担一部分电压。

辉光启动器是照明控制线路中的启动部件，其主要用于荧光灯控制电路，图10-5所示为辉光启动器的实物外形及结构。其是由铝壳、黄铜柱、电容器、玻璃罩、双金属片、指针接点、氖泡、焊点和胶木圆片等构成。

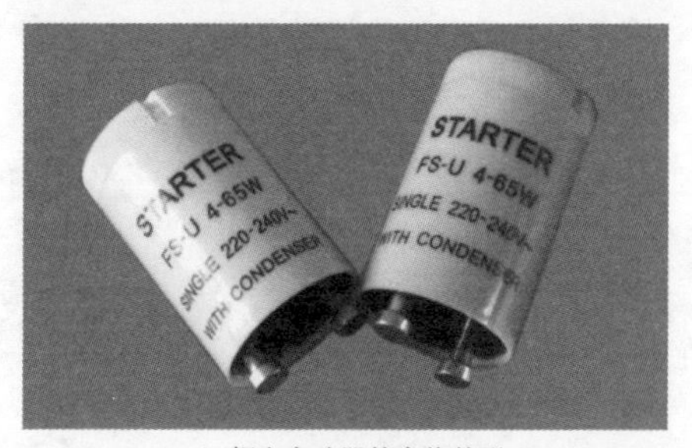

a）辉光启动器的实物外形

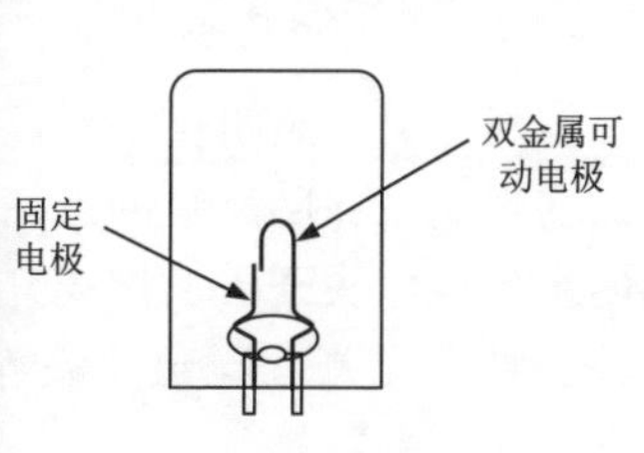

b）辉光启动器的结构

图10-5 辉光启动器的实物外形及结构

当照明灯的开关接通时，电源上的电压立即通过镇流器和灯管灯丝加到辉光启动器的两极。有电压时辉光启动器内的惰性气体电离，点亮辉光启动器中的氖泡，氖泡放出热量使双金属片受热后弯曲，电路自动断开，电流通过镇流器、辉光启动器触极和两端灯丝构成通路，在之间产生一个较高的电势，与电源叠加后使灯管内的氩气电离，氩气电离后产生热量，热量使水银产生蒸气，水银蒸气被电离后发出紫外线。紫外线照射灯管内部的荧光粉使其发出白色的可见光。此时灯管点亮后，电流通过灯管，就不再经过辉光启动器。因此当灯管点亮后，将辉光启动器取下也不会影响荧光灯发光。

在照明线路中镇流器大致可以分为电子镇流器和电感镇流器两种，如图10-6所示。电感镇流器一般需要配合辉光启动器同时使用，而电子镇流器可以单独使用。

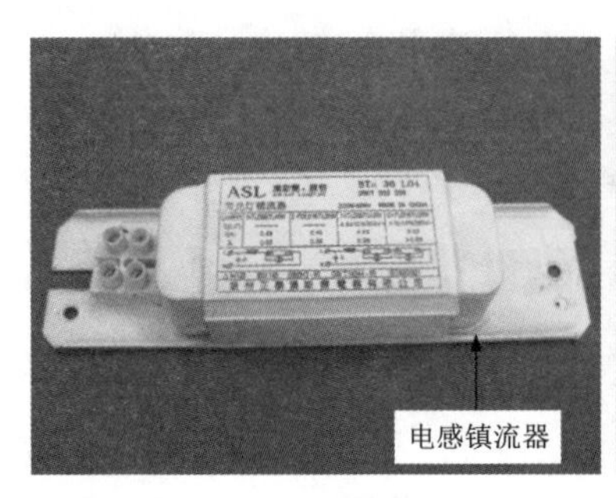

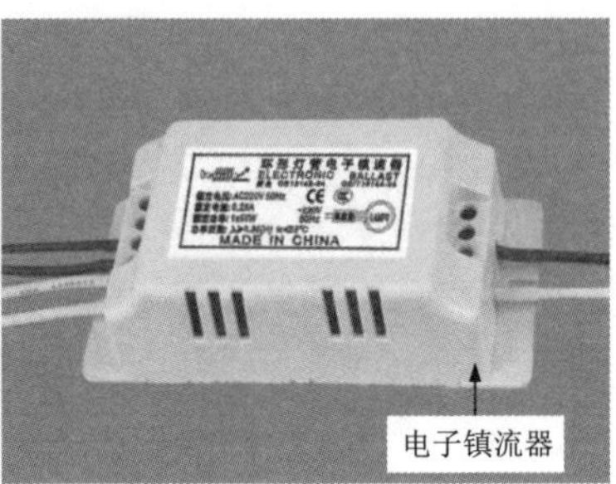

图 10-6 镇流器的实物外形

2. 控制开关

控制开关在照明控制电路中的主要功能是实现接通和断开电路，从而实现空中照明灯具的点亮和熄灭。控制开关的种类多种多样，常见的主要有床头开关、拉线开关、单开关、双开关、多组开关、声控开关、触摸开关、调光开关等，图 10-7 所示为各种控制开关的实物外形。

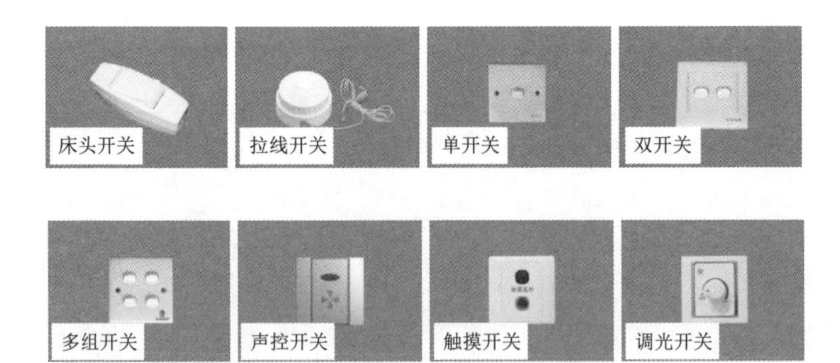

图 10-7 常见控制开关的实物外形

3. 照明线缆

（1）室内照明线缆

室内照明线路中的线缆一般多为铜芯的导线，如图 10-8 所示。

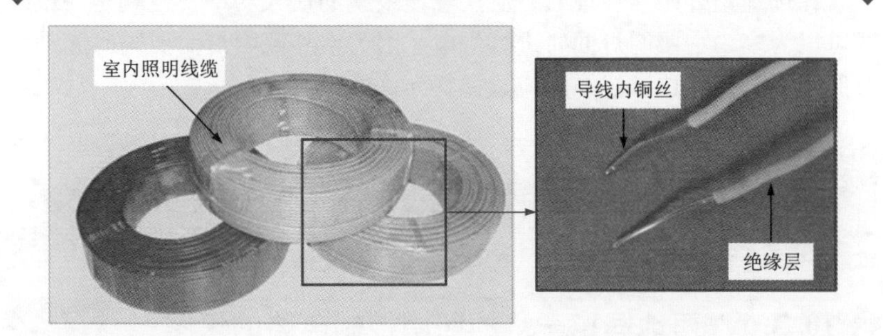

图 10-8 室内照明线缆

相关资料

在照明控制电路中，室内照明设备一般选择 $4mm^2$ 的铜线，其可以承受的电流量一般为 $48A/mm^2$，而 $2.5mm^2$ 的铜线可以承受的电流量为 $35A/mm^2$。

老式住房中的照明大多数只有简单的照明灯，没有大功率的用电设备，一般采用 $2.5mm^2$ 的铝芯导线；而现代的住房中都安装有大功率的电气设备，因此需要可以承受更大电流量的导线。

(2) 室外照明线缆

室外照明中的线缆与室内照明线缆的区别在于室外照明的线缆需要具有更好的防水性能、防腐蚀性能和温度适用范围，并承受压力和其他外力作用。图 10-9 所示为室外照明设施中常见的线缆。

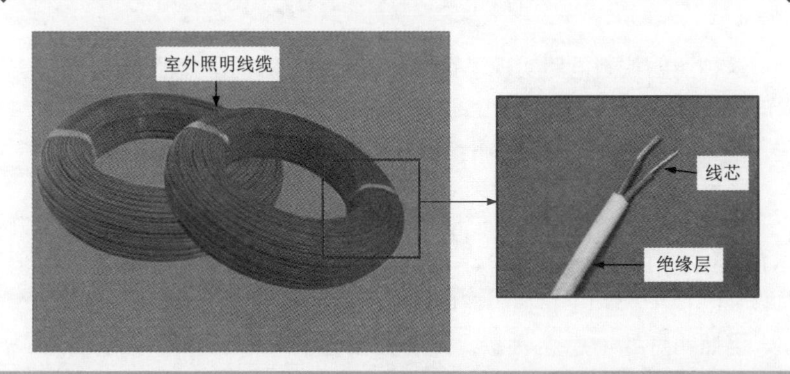

图 10-9 室外照明线缆

在选择室外照明线缆时，应注意该线缆的最大功率，也就是一根线缆可以为多少个照明灯同时进行供电。因为室外照明灯需要同时起动进行照明，所以在选择线缆时应选择其允许的最大值。

10.2 照明控制电路识图训练

10.2.1 两地同控一灯的照明控制电路的识图

两地同控一灯的照明控制电路是通过两个控制开关连接实现共同控制一盏照明灯的目的。图 10-10 为两地同控一灯的照明控制电路实物接线图。

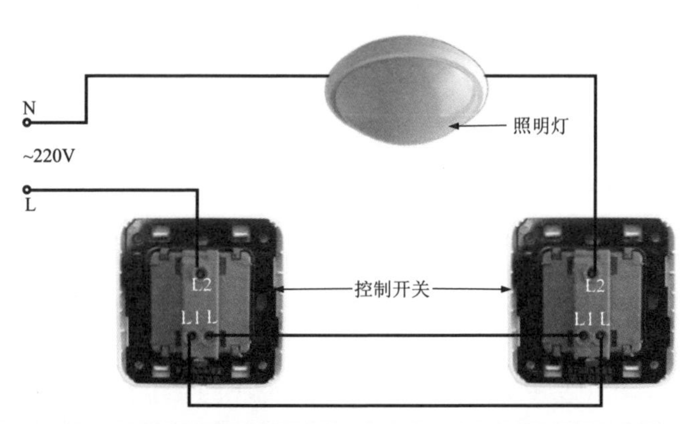

图 10-10 两个开关控制一盏灯电路实物连接图

这种照明控制电路实现了在两个不同地方对同一盏照明灯点亮与熄灭的控制。

图 10-11 为两个开关控制一盏灯的电路原理图。

该电路主要是由控制开关 SA1 和 SA2、照明灯具 EL 等构成的。

控制开关在图示位置，照明灯熄灭，当拨动控制开关 SA1 时，即将 SA1 的 L2 与 L1 接通，照明灯 EL 点亮；或者当拨动控制开关 SA2 时，即将 SA2 的 L2 与 L1 接通，照明灯 EL 点亮。

当照明灯处于熄灭状态，拨动控制开关 SA1 或 SA2 都会将 EL 点亮；当照明灯处于点亮状态，拨动控制开关 SA1 或 SA2 都会将 EL 熄灭。

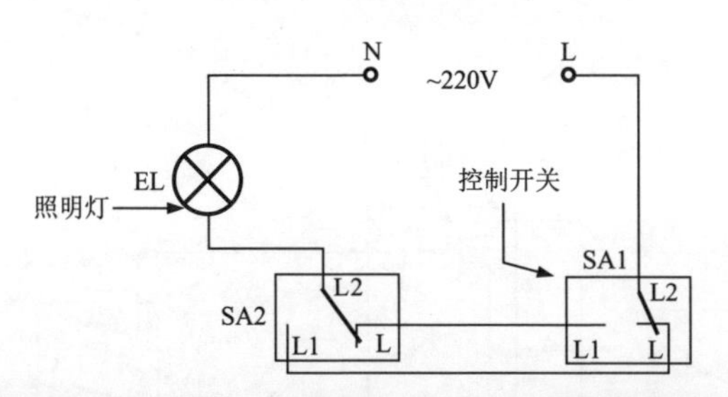

图 10-11　两个开关控制一盏灯的电路原理图

10.2.2　三地同控一灯的照明控制电路的识图

图 10-12 为三地同控一灯的照明控制电路。

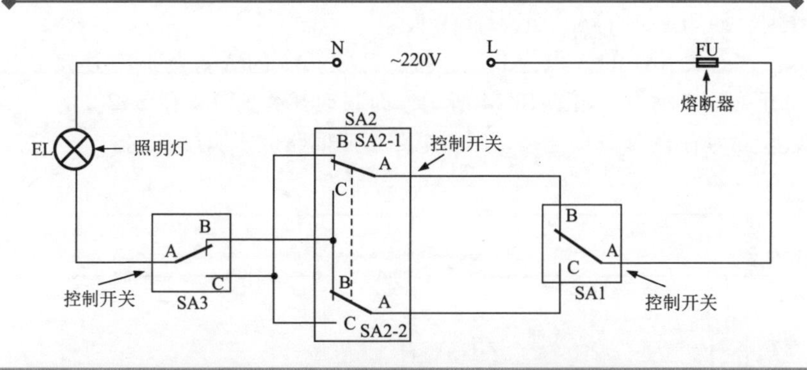

图 10-12　三地同控一灯的照明控制电路

该电路主要由熔断器 FU、控制开关（SA1、SA2、SA3）、照明灯 EL 等构成，该电路实现了三个不同地方对同一盏照明灯的点亮与熄灭进行控制。

该电路中开关 SA1 的 A 点与 B 点连接，联动开关 SA2-1 的 A 点和 B 点连接，SA2-2 的 A 点和 B 点连接，开关 SA3 的 A 点连接 B 点，照明电路整体处于开路状态下，照明灯 EL 不亮。

当联动开关 SA2-1 和 SA2-2 的 A 点和 B 点连接，开关 SA3 的 A 点连接 B 点，开关 SA1 动作时，如图 10-13 所示，即开关 SA1 的触点由 A 点连接 B 点改变成 A 点连接 C 点。当开关 A 点连接 C 点时照明电路中行成回路，照明灯 EL 亮。

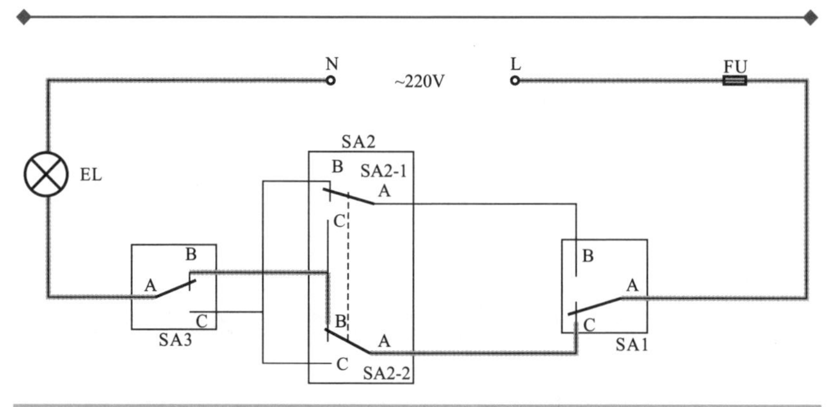

图 10-13　开关 SA1 动作时照明电路的状态

在上述状态下，当开关 SA1 再次动作或联动开关 SA2 或开关 SA3 动作时，照明电路开路，照明灯 EL 灭。

当开关 SA1 的 A 点与 B 点连接，开关 SA3 的 A 点与 B 点连接。联动开关 SA2 动作，如图 10-14 所示，即联动开关 SA2-1 和 SA2-2 的连接点改变为 A 点与 C 点连接，照明电路形成回路，照明灯 EL 亮。

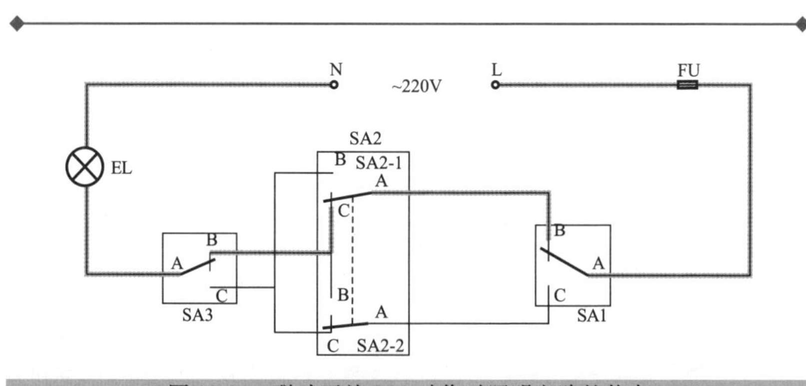

图 10-14　联动开关 SA2 动作时照明电路的状态

在上述状态下，当联动开关 SA2 再次动作或开关 SA1 或开关 SA3 动作时，照明电路开路，照明灯 EL 灭。

当开关 SA1 的 A 点与 B 点连接，联动开关 SA2 的 A 点与 B 点连接，开关 SA3 动作，如图 10-15 所示，即开关 SA3 的触点改变为 A 点与 C 点之间的连接，照明电路中形成回路，照明灯 EL 亮。

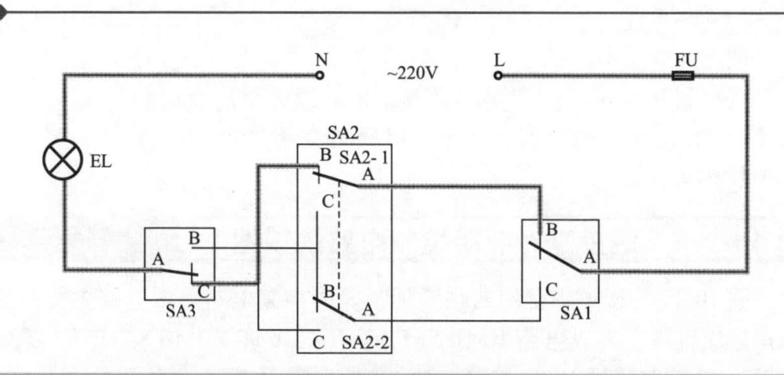

图 10-15　开关 SA3 动作时照明电路的状态

在上述状态下，当开关 SA3 再次动作或开关 SA1 动作或联动开关 SA2 动作，照明电路断路，照明灯 EL 灭。

10.2.3　荧光灯调光控制电路的识图

图 10-16 为采用两只电容器进行调光的荧光灯调光控制电路。

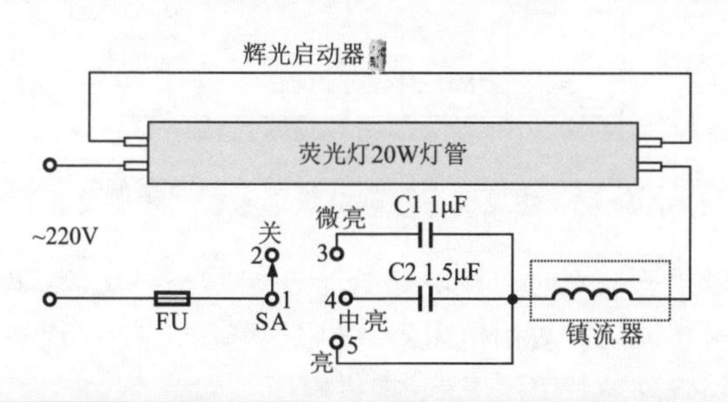

图 10-16　采用两只电容器进行调光的荧光灯调光控制电路

该电路主要是由熔断器 FU、控制开关 SA、电容器 C1 和 C2、镇流器、辉光启动器、荧光灯等构成的。

当控制开关 SA 的 1 脚和 2 脚接通时，控制开关处于关闭状态，荧光灯熄灭。

当控制开关 SA 的 1 脚和 3 脚接通时，线缆将熔断器 FU、控制开关 SA 的 1 脚~3 脚、电容器 C1、镇流器、荧光灯串联与交流 220V 电压相连，荧光灯处于微亮状态。

当控制开关 SA 的 1 脚和 4 脚接通时，线缆将熔断器 FU、控制开关

SA 的 1 脚~4 脚、电容器 C2、镇流器、荧光灯串联与交流 220V 电压相连，荧光灯处于中亮状态。

当控制开关 SA 的 1 脚和 5 脚接通时，线缆将熔断器 FU、控制开关 SA 的 1 脚~5 脚、镇流器、荧光灯串联与交流 220V 电压相连，荧光灯处于最亮状态。

10.2.4　触摸延时照明控制电路的识图

图 10-17 为楼道中常用的触摸延时照明控制电路。该电路主要是由触摸感应键 A、集成电路 IC NE555、稳压二极管 VD（1N4735）、晶闸管 VS、桥式整流堆 VD1~VD4（1N4004）、照明灯 EL 等构成的。

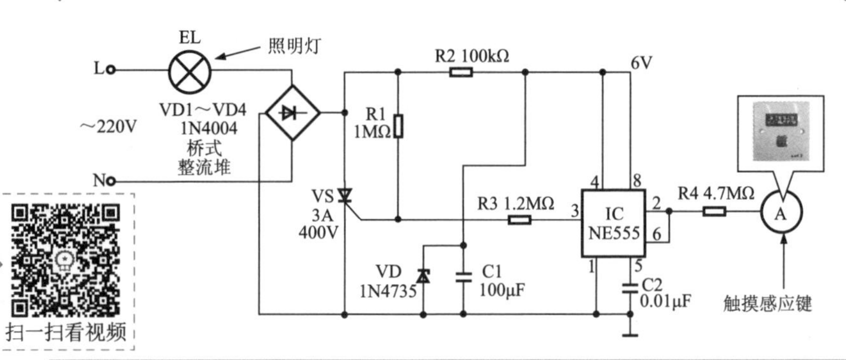

图 10-17　楼道中常用的触摸延时照明控制电路

当无人触摸感应键时，该电路处于初始状态，交流 220V 电压经桥式整流堆进行整流后，再由电阻器 R2 限流降压，产生 6V 左右的直流电压为集成电路管理芯片 IC NE555 提供电压。

由于此时集成芯片 IC NE555 的③脚为低电平，使晶闸管 VS 处于截止状态。晶闸管 VS 截止，导致通过桥式整流电路的电流过小，无法启动照明灯 EL。

图 10-18 为触摸延时照明控制电路的触发过程。

当有人触摸感应键 A 时，人体感应信号加到集成电路 IC NE555 的②脚上，由于②脚信号的作用使 IC NE555 的③脚输出高电平，高电平信号加到晶闸管 VS 的触发端使晶闸管 VS 导通，电流经过桥式整流电路和晶闸管形成回路。交流 220V 供电电路中电流量增大，照明灯 EL 点亮。

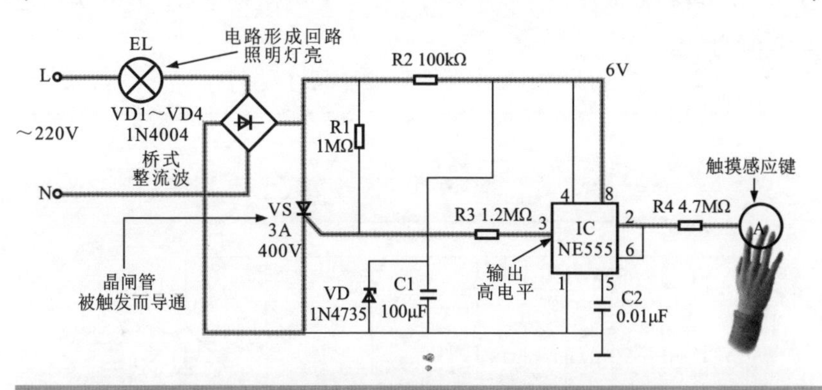

图 10-18　触摸延时照明控制电路的触发过程

照明灯工作一段时间后，IC NE555 的③脚变为低电平，晶闸管 VS 截止，照明灯自动熄灭，电路进入初始状态。

10. 2. 5　声控照明电路的识图

图 10-19 为典型的声控照明电路。该电路主要是由拾音器 S、继电器 KA、晶体管（VT1、VT2、VT3）、晶闸管 VS、桥式整流堆 VD1 ~ VD4、电源开关 SA、照明灯 EL 以及外围元器件等构成的。

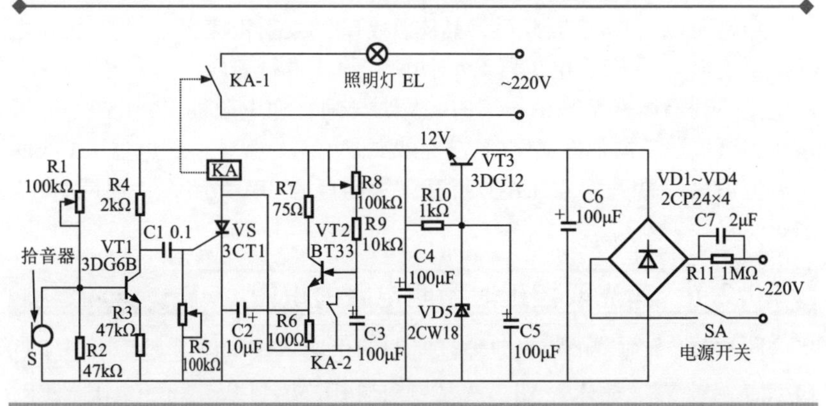

图 10-19　典型的声控照明电路

在该控制电路中，继电器 KA 有两组触点：一组为常开触点 KA-1，另一组为常闭触点 KA-2。

交流 220V 电压经电阻器 R11、电容器 C7、桥式整流堆 VD1 ~ VD4

整流，电容器C6滤波，再经晶体管VT3等，输出直流12V电压为声控电路进行供电。

图10-20为声控照明电路中照明灯的点亮过程。

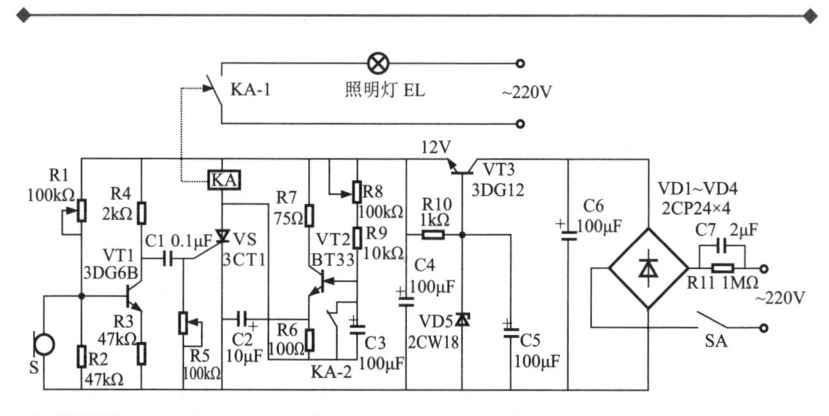

图10-20 声控照明电路中照明灯的点亮过程

当有拍手声或喊声等声波时，拾音器S将声波变为电信号，经晶体管VT1放大后，再经电容器C1触发晶闸管VS的门极，使晶闸管VS导通，继电器KA线圈中产生电流，吸合常开触点KA-1，使照明灯EL点亮。

当常闭触点KA-2断开后，晶体管VT3的发射极输出的+12V直流电压经可变电阻器R8、电阻器R9对电容器C3进行充电，当电容器C3上的电压达到晶体管VT2的导通时，VT2导通，在电阻器R6上产生脉冲电压，该电压反向加在晶闸管VS的两端，使VS截止，继电器KA线圈中电流消失，常开触点KA-1断开，常闭触点KA-2闭合，照明灯EL熄灭。

10.2.6 声光双控延时照明电路的识图

图10-21为典型的声光双控延时照明电路。该电路主要是由照明灯EL、晶闸管VS、晶体管VT、光敏电阻器RL MG44-05、可变电阻器RP、声波传感器IC T968A、电容器C1、电阻器R1和R2以及外围元器件等构成的。

交流220V电压经二极管VD3整流、电阻器R3限流，二极管VD2稳压和电容器C2滤波，输出的+12V直流电压为声波传感器IC和控制电路提供供电电压。

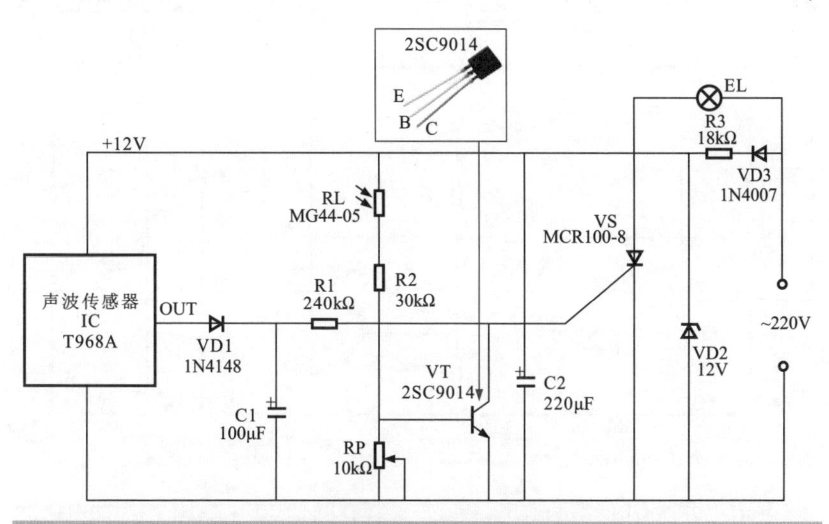

图 10-21　典型的声光双控延时照明电路

在白天，由于光敏电阻器 RL 接收自然光照射，阻值变小，晶体管 VT（2SC9014）得到偏压到达饱和导通状态，当有声音时，声波传感器 IC 输出的高电平无法加到晶闸管 VS 的门极，VS 不能导通，故照明灯在白天既使有声音也不会点亮照明灯。

在夜晚，环境变暗，光敏电阻器 RL 的阻值变大，晶体管 VT 基极电压偏低，而处于截止状态，当有声音时，声波传感器 IC 输出高电平触发 VS 的门极，使 VS 导通，照明灯点亮。

图 10-22 为声光双控延时照明电路的点亮过程。

当没有声音时，声波传感器 IC 的输出端（OUT）输出低电平，晶闸管 VS 处于截止状态，照明灯 EL 无电压，不能点亮。

扫一扫看视频

当有人敲门或开门时，产生声响，由声波传感器 IC 的输出端输出高电平，通过二极管 VD1 后，对电容器 C1 进行充电，快速将 C1 两端的电压达到 10. 3V，这一电压经电阻器 R1 使晶闸管 VS 的门极得到触发电流，从而使 VS 导通，照明灯 EL 点亮。

当声音消失后，声波传感器 IC 的输出电压降低，但由于电容器 C1 两端的电压不会瞬间下降到 2. 8V，晶闸管 VS 的门极继续得到触发电流，维持 VS 导通，故而照明灯 EL 不会马上熄灭。

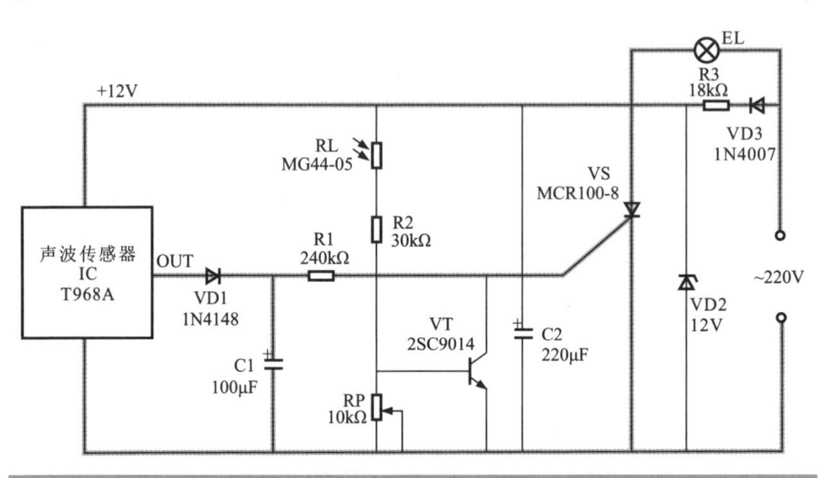

图 10-22　声光双控延时照明电路的点亮过程

随着电容器 C1 的不断放电，经过一段时间后，电容器 C1 两端的电压低于 2.8V，晶闸管 VS 的门极得不到触发电流，使 VS 截止，照明灯 EL 熄灭。

10.2.7　应急照明控制电路的识图

图 10-23 为典型的应急照明控制电路。

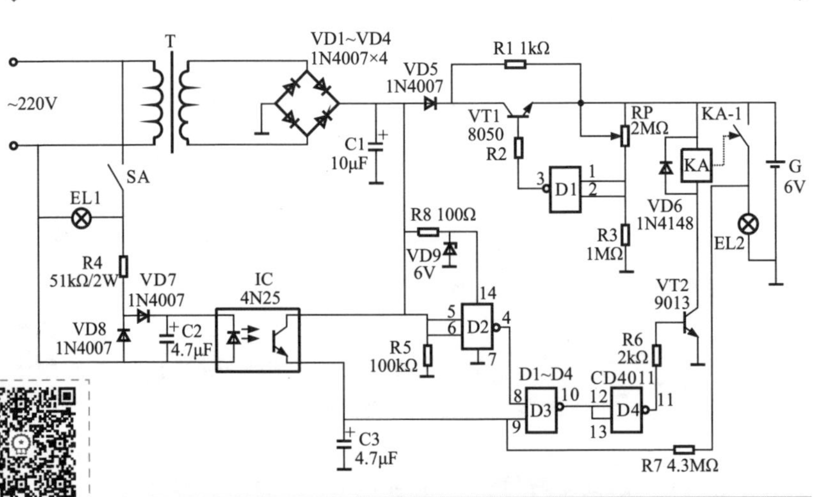

图 10-23　典型的应急照明控制电路

该电路主要是由变压器T、桥式整流电路VD1~VD4（1N4007×4）、滤波电容器C1、继电器KA、电池G、应急灯EL2、光电耦合器IC 4N25、照明灯EL1以及外围元器件等构成的。

要点说明

在该控制电路中，D1~D4（CD4011）为一个四与非门芯片。图10-24为CD4011的内部框图。

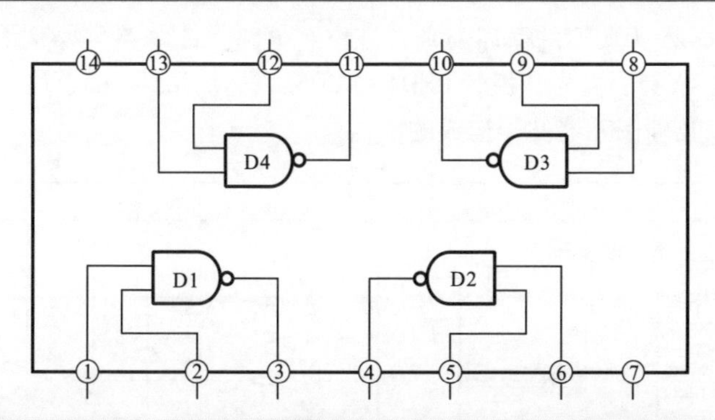

图10-24　CD4011的内部框图

当正常情况下，楼道中的照明灯EL1有交流220V电压进行供电，闭合控制开关SA，照明灯EL1亮。

同时，交流220V电压经变压器T降压、滤波电容器C1滤波后，输出直流低压，分为两路：一路经二极管VD5、晶体管VT1输出6V电压，为电池G进行充电；另一路经电阻器R8、二极管VD9为D2的⑭脚进行供电，D2的⑤脚、⑥脚输入高电平则④脚输出低电平加到D3的⑧脚；

接通控制开关SA，交流220V电压经SA、电阻器R4降压、二极管VD7和VD8整流、电容器C2滤波，输出直流低压，使光电耦合器IC 4N25内部发光二极管发光，输出端输出高电平加到D3的⑨脚，D3的⑩脚输出高电平加到D4的⑫脚和⑬脚，使D4的⑪脚输出低电平，经电阻器R6后，使晶体管VT2截止，继电器KA不能得电，KA-1不能吸合，应急灯EL2不亮。

当楼道中突然停电，即交流220V电压消失，照明灯EL1熄灭；在交流220V电压存在情况下，滤波电容器C1处于充电状态。当停电的瞬间，滤波电容器 C1 处于放电状态，放电电流经电阻器 R8、二极管 VD9 为 D2 的⑭脚进行供电，D2 的④脚输出低电平加到 D3 的⑧脚。

断电后，低电平加到 D3 的⑨脚，D3 的⑩脚输出低电平加到 D4 的⑫脚和⑬脚，使 D4 的⑪脚输出高电平，经电阻器 R6 后，晶体管 VT2 导通，继电器 KA 得电，KA-1 吸合，应急灯 EL2 点亮。

10.2.8 循环闪光彩灯控制电路的识图

图 10-25 为典型的循环闪光彩灯控制电路。该电路主要是由双向晶闸管 VS1～VS5、发光二极管 LED1～LED5、彩灯 EL1～EL5、控制芯片 IC Y997A 以及外围元器件等构成的。

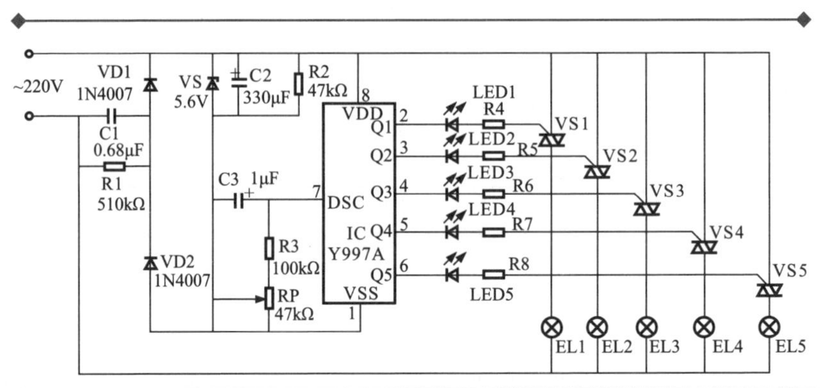

图 10-25 典型的循环闪光彩灯控制电路

当接通电源后，交流 220V 电压经电容器 C1 滤波、电阻器 R1 降压、二极管 VD2、稳压二极管 VS 稳压、输出 5.6V 电压为控制芯片 IC Y997A 的⑧脚供电，同时交流 220V 电压为晶闸管和彩灯发光二极管供电，彩灯 EL1～EL5 分别受双向晶闸管 VS1～VS5 和 IC Y997A 的控制，IC Y997A 输出触发脉冲就可以控制彩灯发光。

如图 10-26 所示，当 IC Y997A 得电后开始振荡，其频率取决于⑦脚外的 RC 时间常数，因而微调 RP 可改变其振荡信号频率，该信号经分频后由②～⑥脚输出不同时序的脉冲信号，脉冲信号顺次触发 5 个晶闸管，使双向晶闸管 VS1～VS5 间隔的导通，从而使彩灯 EL1～EL5 间隔点亮，实现循环闪光的效果。

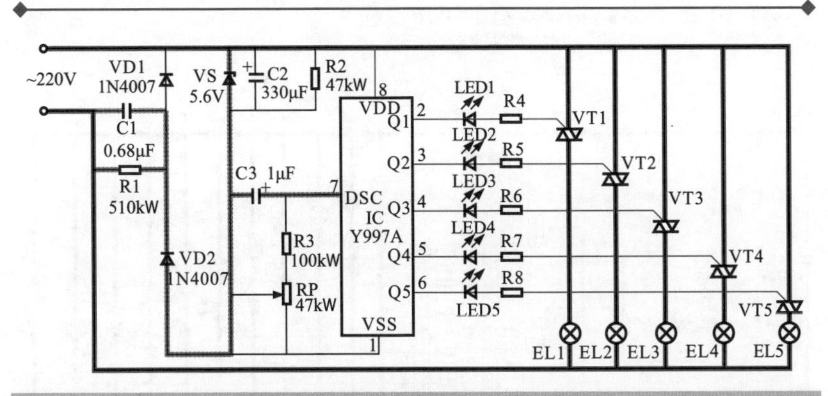

图 10-26　彩灯闪亮的工作过程

10. 2. 9　多路彩灯控制电路的识图

图 10-27 为由时基集成电路和计数分频电路构成的多路彩灯控制电路。

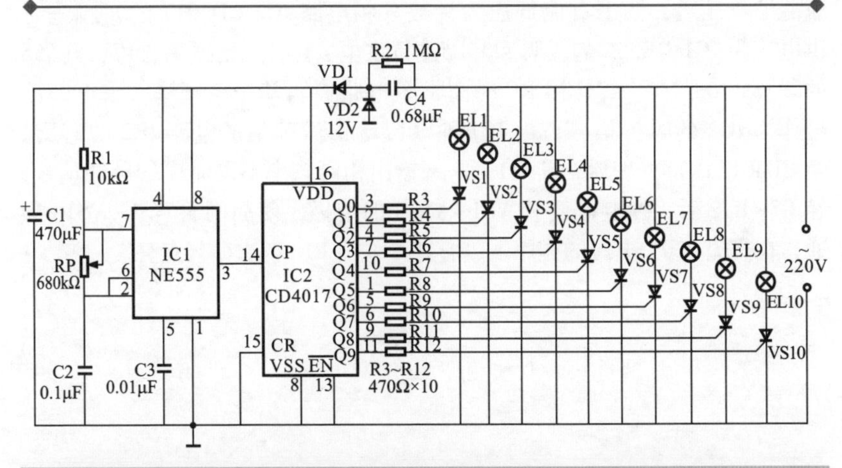

图 10-27　由时基集成电路和计数分频电路构成的多路彩灯控制电路

该电路主要是由时基集成电路IC1 NE555、计数分频电路 IC2（CD4017）、可变电阻器 RP、晶闸管 VS1 ~ VS10、彩灯 EL1 ~ EL10 以及外围元器件等构成的。

交流 220V 为彩灯进行供电，当晶闸管导通后，彩灯被点亮。

图 10-28 为多路彩灯点亮的工作过程。

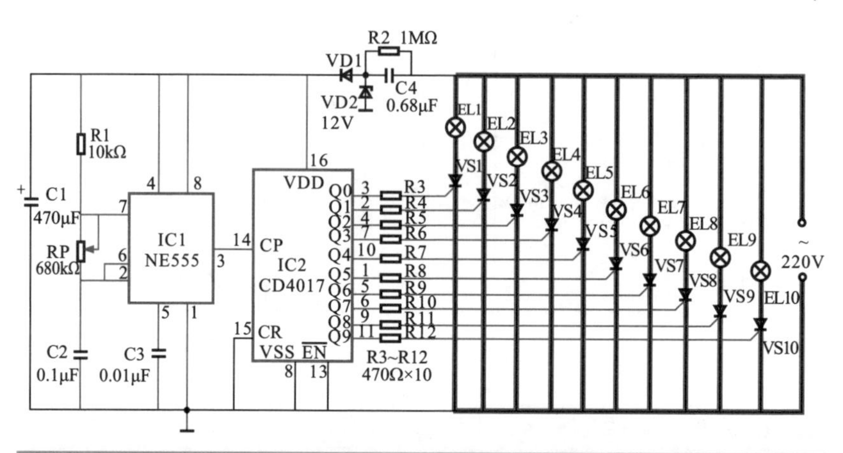

图 10-28　多路彩灯点亮的工作过程

交流 220V 电压经 C4 和 R2 降压、二极管 VD1 和 VD2 及 C1 进行整流滤波稳压后，输出直流低压为计数分频电路 IC2 CD4017 的⑯脚进行供电，为 IC1 NE555 的④脚和⑧脚进行供电，IC1 开始振荡，IC1 NE555 的②脚、⑥脚和⑦脚外接 RC 时间常数电路控制其振荡频率，该振荡信号作为 IC2 的时钟信号，由 IC1 的③脚输出送到集成电路 IC2 的⑭脚，经 CD4017 内部处理后，其 Q0~Q9 端输出相同频率不同时序的脉冲信号，经 R3~R12 后，控制晶闸管 VS1~VS10 的门极，使晶闸管 VS1~VS10 导通，在交流 220V 电压的作用下，彩灯 EL1~EL10 依次循环点亮。

第 11 章 电动机控制电路识图

11.1 直流电动机控制电路识图训练

11.1.1 直流电动机晶体管驱动电路的识图

晶体管作为一种无触点电子开关常用于直流电动机驱动控制电路中，最简单的驱动电路如图 11-1 所示，直流电动机可接在晶体管发射极电路中（射极跟随器），也可接在集电极电路中作为集电极负载。当给晶体管基极施加控制电流时晶体管导通，则直流电动机旋转；控制电流消失则直流电动机停转。通过控制晶体管的电流可实现速度控制。

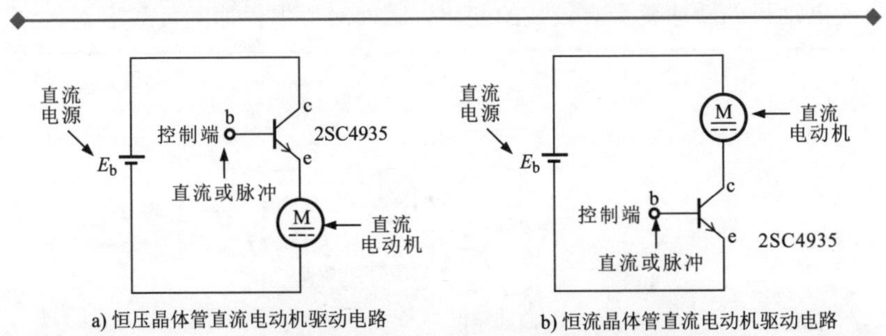

图 11-1 直流电动机晶体管驱动电路

图 11-1a 是恒压晶体管直流电动机驱动电路。所谓恒压控制是指晶体管的发射极电压受基极电压控制，基极电压恒定则发射极输出电压恒定。该电路采用发射极连接负载的方式，电路为射极跟随器，该电路具有电流增益高、电压增益为 1、输出阻抗小的特点，但电源的效率不好。该电路的控制信号为直流或脉冲。

图 11-1b 是恒流晶体管直流电动机驱动电路。所谓恒流是指晶体管的电流受基极控制，基极控制电流恒定则集电极电流也恒定。该电路采用集电极接负载的方式，具有电流/电压增益高，输出阻抗高的特点，电源效率比较高。控制信号为直流或脉冲。

11.1.2 直流电动机调速控制电路的识图

在直流电动机的机械负载不变的条件下改变直流电动机的转速称为调速，常用的调速方法主要有改变端电压调速法、改变电枢回路串联电阻器调速法和改变主磁通调速法。

1. 改变端电压调速法

改变电枢的端电压，可相应地提高或降低直流电动机的转速。由于直流电动机的电压不得超过额定电压，因而这种调速方法只能把转速调低，而不能调高。

2. 改变电枢回路串联电阻器调速法

直流电动机制成以后，其电枢电阻 R_a 是一定的。但可以在电枢回路中串联一个可变电阻器来实现调速，如图 11-2 所示。这种方法增加了串联电阻器上的损耗，使直流电动机的效率降低。如果负载稍有变动，直流电动机的转速就会有较大的变化，因而对要求恒速的负载不利。

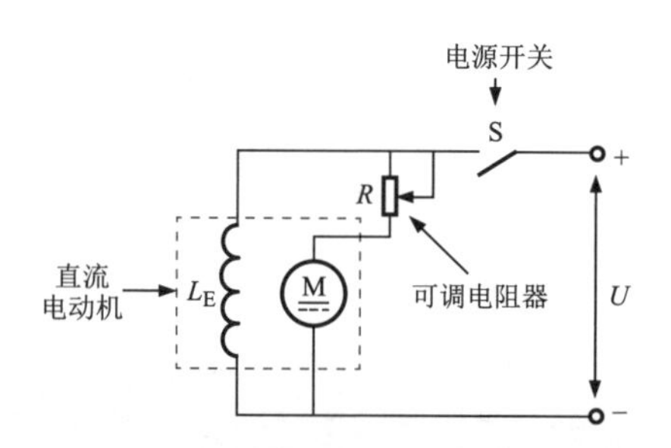

图 11-2　电枢回路中串联可调电阻器调速电路

3. 改变主磁通的调速法

为了改变主磁通 Φ，在励磁电路中串联一只可调电阻器 R，如图 11-3 所示。改变可调电阻器 R 的大小，就可改变励磁电流，进而使主磁通 Φ

得以改变，从而实现调速。这种调速方法只能减小磁通使转速上升。

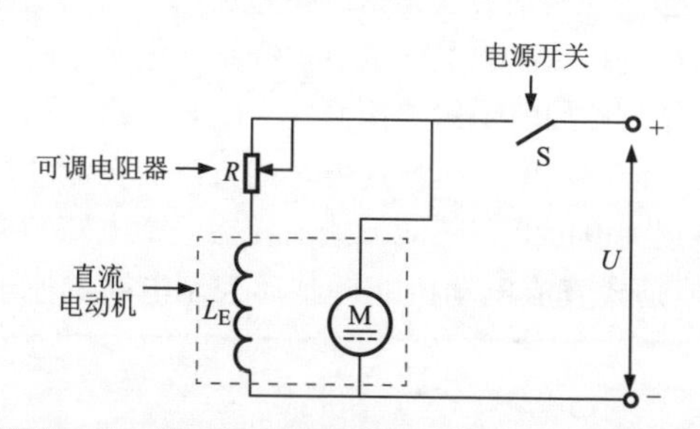

图 11-3　励磁回路中串联可调电阻器调速电路

11.1.3　变阻式直流电动机速度控制电路的识图

图 11-4 是变阻式直流电动机速度控制电路，在电路中晶体管相当于一个可变的电阻器，改变晶体管基极的偏置电压就会改变晶体管的内阻，它串接在电源与变阻式直流电动机的电路中。晶体管的阻抗减少，加给变阻式直流电动机的电流则会增加，变阻式直流电动机转速会增加，反之则降低。

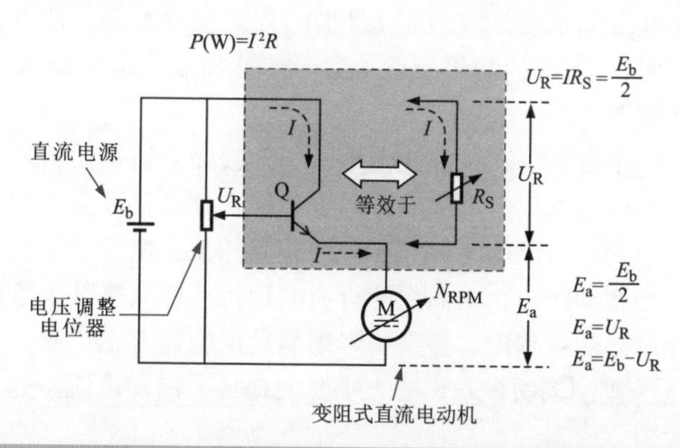

图 11-4　变阻式直流电动机速度控制电路

11.1.4　直流电动机制动控制电路的识图

直流电动机制动是指给直流电动机加上与原来转向相反的转矩，使直流电动机迅速停转或限制直流电动机的转速。直流电动机通常采用能耗制动和反接制动方式。

直流电动机的能耗制动方法是指维持直流电动机的励磁不变，把正在接通电源，并具有较高转速的电动机电枢绕组从电源上断开，使直流电动机变为发电机，并与外加电阻器连接而成为闭合回路，利用此电路中产生的电流及制动转矩使直流电动机快速停车的方法。在制动过程中，是将拖动系统的动能转化为电能并以热能形式消耗在电枢电路的电阻器上的。

图 11-5 为他励式直流电动机能耗制动控制电路的原理图。

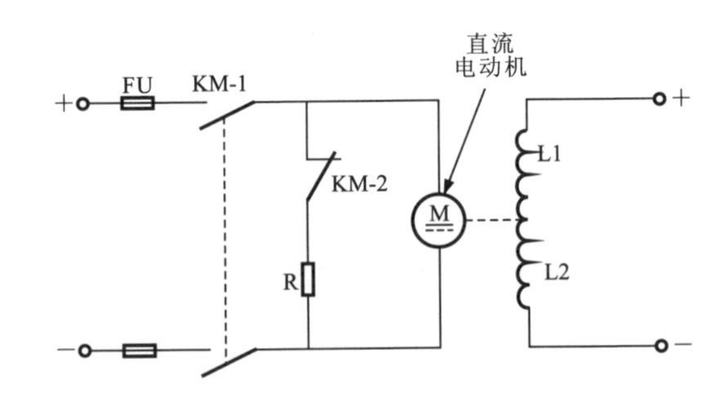

图 11-5　他励式直流电动机能耗制动控制电路原理图

直流电动机制动时，其励磁绕组 L1、L2 两端电压极性不变，因而励磁的大小和方向不变。接触器 KM-1 的常开触点断开，使电枢脱离直流电源，同时，KM-2 的常闭触点接通，使外加制动电阻器 R 与电枢绕组构成接通回路。

此时，由于直流电动机存在惯性，仍会按照直流电动机原来的方向继续旋转，所以电枢反电动式的方向也不变，并且还成为电枢回路的电源，这就使得制动电流的方向同原来的方向相反，电磁转矩的方向也随之改变，成为制动转矩，从而促使直流电动机迅速减速以至停止。

在能耗制动的过程中，还需要考虑制动电阻器 R 的大小，若制动电阻器 R 太大，则制动缓慢。R 的大小要使得最大制动电流不超过电枢额定电流的 2 倍。

11.1.5　直流电动机正反转控制电路的识图

图 11-6 是直流电动机的正反转转换控制电路。该电路采用双电源和互补晶体管（NPN/PNP）的驱动方式，直流电动机的正反转由转换开关控制。

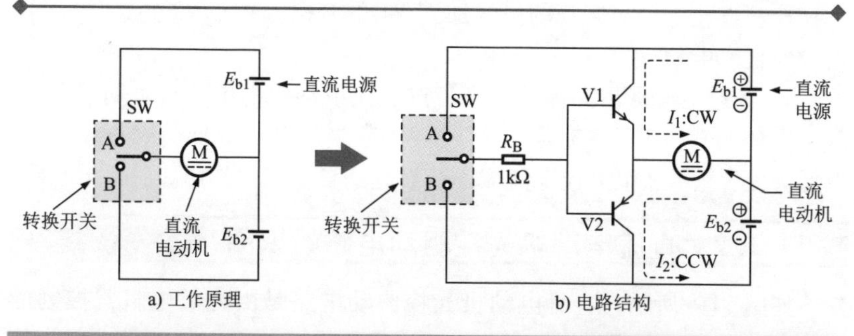

图 11-6 直流电动机的正反转转换控制电路

当转换开关 SW 置于 A 时，正极性控制电压加到两晶体管的基极。

NPN 型晶体管 V1 导通，PNP 型晶体管 V2 截止，电源 E_{b1} 为直流电动机供电，电流从左至右，直流电动机顺时针（CW）旋转。

当切换开关 SW 置于 B 时，负极性控制电压加到两晶体管的基极。

PNP 型晶体管 V2 导通，NPN 型晶体管 V1 截止，电源 E_{b2} 为直流电动机供电，电流从右至左，直流电动机逆时针（CCW）旋转。

11.1.6 直流电动机限流保护控制电路的识图

图 11-7 为直流电动机的限流保护控制电路。驱动直流电动机的是由两个晶体管组成的复合晶体管，电流放大能力较大，限流电阻器 R_E（又称电流检测电阻器）加在 V2 的发射极电路中。

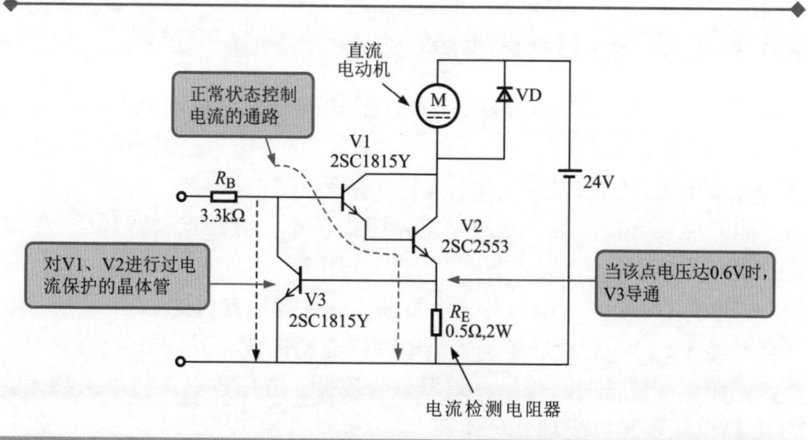

图 11-7 直流电动机的限流保护控制电路

控制直流电动机起动的信号加到 V1 的基极。V1、V2 导通后，24V 电源为直流电动机供电。

V3 是过电流保护晶体管，当流过直流电动机的电流过大时，R_E 上的电压会上升，于是 V3 会导通，使 V1 基极的电压降低，V1 基极电压降低会使 V1、V2 集电极电流减小从而起到自动保护作用。

11.1.7 直流电动机光控驱动电路的识图

如图 11-8 所示，直流电动机光控驱动电路是由光敏电阻器控制的直流电动机电路，通过光照的变化可以控制直流电动机的起动、停止等状态。

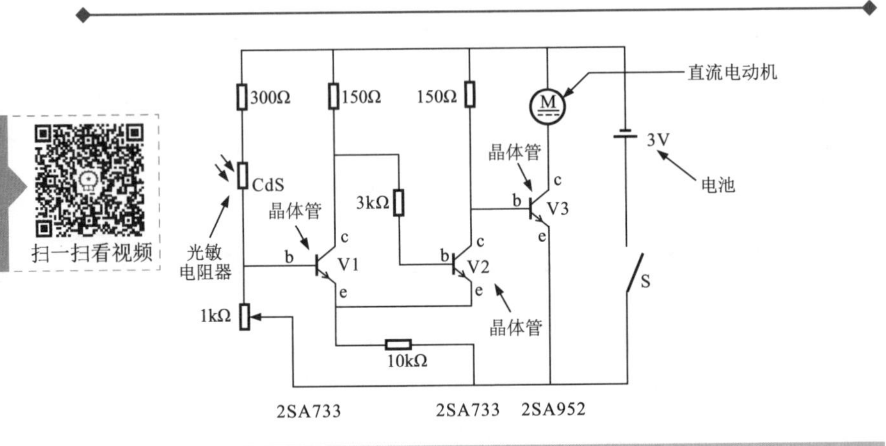

图 11-8 直流电动机光控驱动电路

闭合开关 S，在该电路中，3V 直流电压为电路和直流电动机进行供电。

光敏电阻器接在控制晶体管 V1 的基极电路中。

当光照强度较高时，光敏电阻器阻值较小，分压点（晶体管 V1 基极）电压升高。

当晶体管 V1 基极电压与集电极偏压满足导通条件时，V1 导通。触发信号经 V2、V3 放大后驱动直流电动机起动运转。

光照强度较低时，光敏电阻器阻值较大，分压点电压较小，晶体管 V1 基极电压不足以驱动其导通。

晶体管 V1 截止，晶体管 V2、V3 截止，直流电动机 M 的供电电路断开，直流电动机停止运转。

11.1.8 直流电动机减压起动控制电路的识图

图 11-9 为直流电动机减压起动控制电路的结构。直流电动机的减压起动控制电路是指直流电动机起动时，将起动电阻器 RP 串入直流电动机中，限制起动电流，当直流电动机低速旋转一段时间后，再把起动电阻器从电路中消除（使之短路），使直流电动机正常运转。

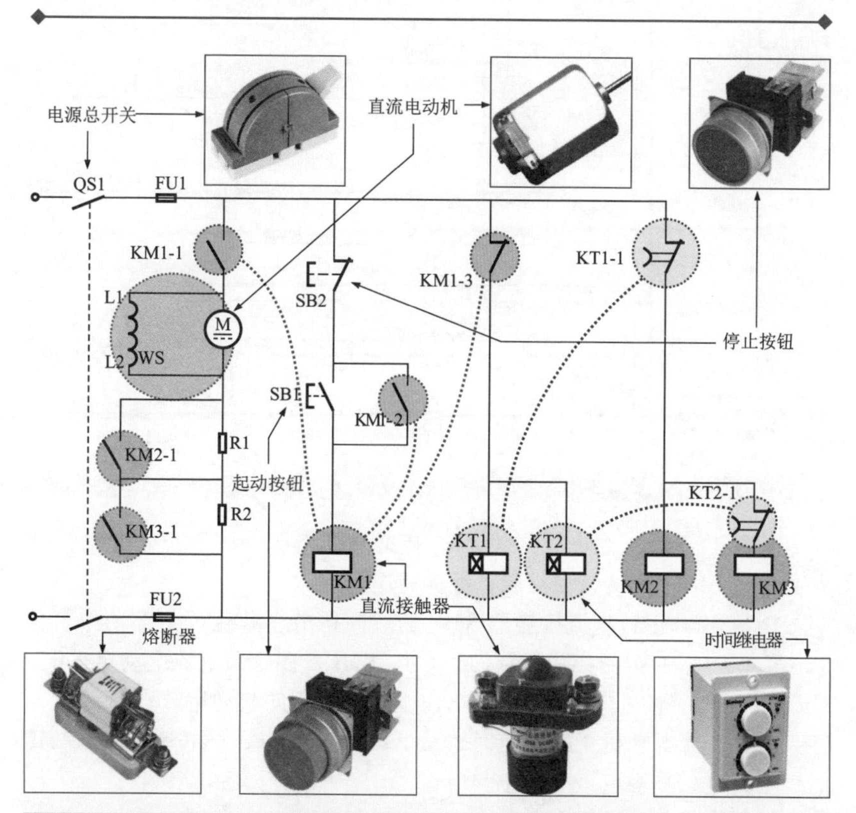

图 11-9 直流电动机减压起动控制电路的结构

该控制电路依靠起停按钮、直流接触器、时间继电器等控制部件控制直流电动机的运转。

11.1.9 直流电动机正反转连续控制电路的识图

图 11-10 为直流电动机正反转连续控制电路。该控制电路是指通过起动按钮控制直流电动机长时间正向运转和反向运转的控制电路。

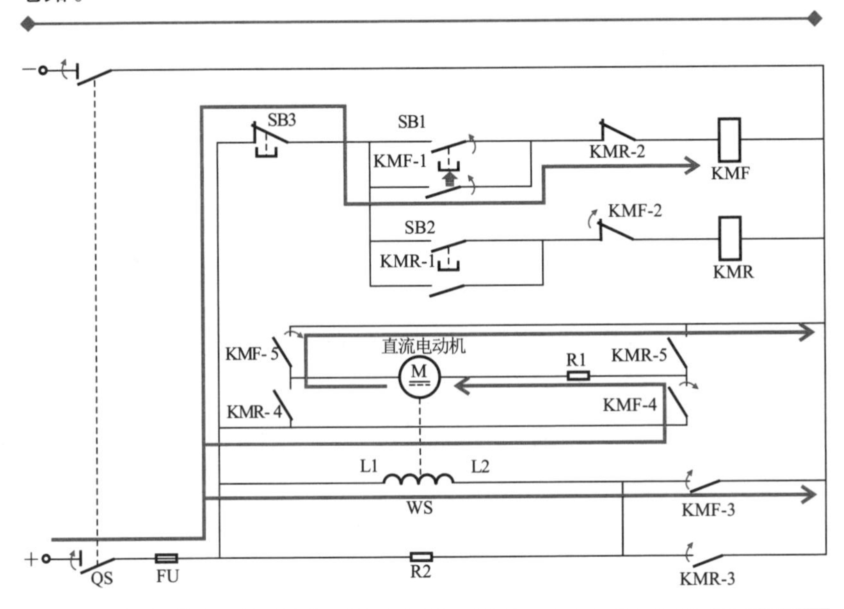

图 11-10 直流电动机正反转连续控制电路

合上总电源开关 QS，接通直流电源。按下正转起动按钮 SB1，正转直流接触器线圈得电。

正转直流接触器 KMF 的线圈得电，其触点全部动作。其中，KMF 的常开触点 KMF-4、KMF-5 闭合，直流电动机得电。

直流电动机串联起动电阻器 R1 正向起动运转。

需要直流电动机正转停机时，按下停止按钮 SB3，直流接触器 KMF 的线圈失电，其触点全部复位。

切断直流电动机供电电源，直流电动机停止正向运转。

需要直流电动机进行反转起动时，按下反转起动按钮 SB2。

反转直流接触器 KMR 的线圈得电，其触点全部动作。其中，KMR 的触点 KMR-3、KMR-4、KMR-5 闭合，直流电动机得电，反向运转。

要点说明

当需要直流电动机反转停机时，按下停止按钮SB3，反转直流接触器KMR线圈失电，其常开触点KMR-1复位断开，解除自锁功能；常闭触点KMR-2复位闭合，为直流电动机正转起动做好准备；常开触点KMR-3复位断开，直流电动机励磁绕组WS失电；常开触点KMR-4、KMR-5复位断开，切断直流电动机供电电源，直流电动机停止反向运转。

11.2 步进电动机控制电路识图训练

11.2.1 单极性二相步进电动机驱动控制电路的识图

图11-11是单极性二相步进电动机的激励驱动等效电路。“激磁”也叫“励磁”，是指电流通过线圈激发而产生磁场的过程。步进电动机定子磁极有4个两两相对的磁极。

在驱动时必须使相对的磁极极性相反。例如，磁极1为N时，磁极3必须为S，这样才能形成驱动转子旋转的转矩。

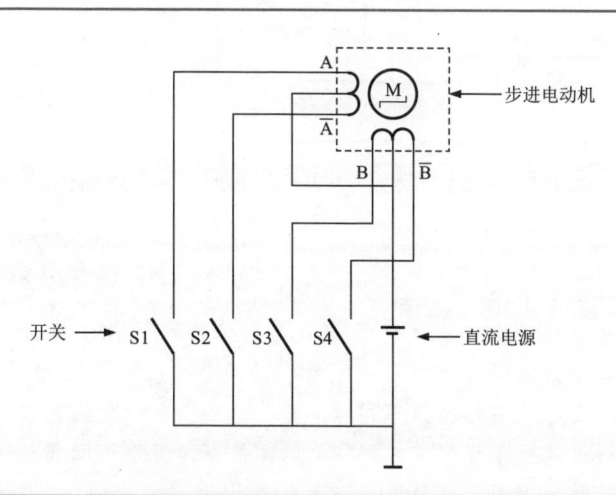

图11-11 单极性二相步进电动机的激励驱动等效电路

图 11-11 中步进电动机每相绕组有一个中心抽头将线圈分为两个。从图中可见，电源正极接到中心抽头上，绕组的 4 个引脚分别设一个开关（S1~S4），顺次接通 S1~S4 就会形成旋转磁场，使转子转动。该方式下，绕组中的电流方向是固定的，因而被称为单极性驱动方式。

图 11-12 为单极性二相步进电动机的驱动控制电路。4 个场效应晶体管（VT1~VT4）相当于 4 个开关，由脉冲信号产生电路产生的脉冲顺次加到场效应晶体管的控制栅极，便会使场效应晶体管按照脉冲的规律导通，驱动步进电动机一步一步转动。

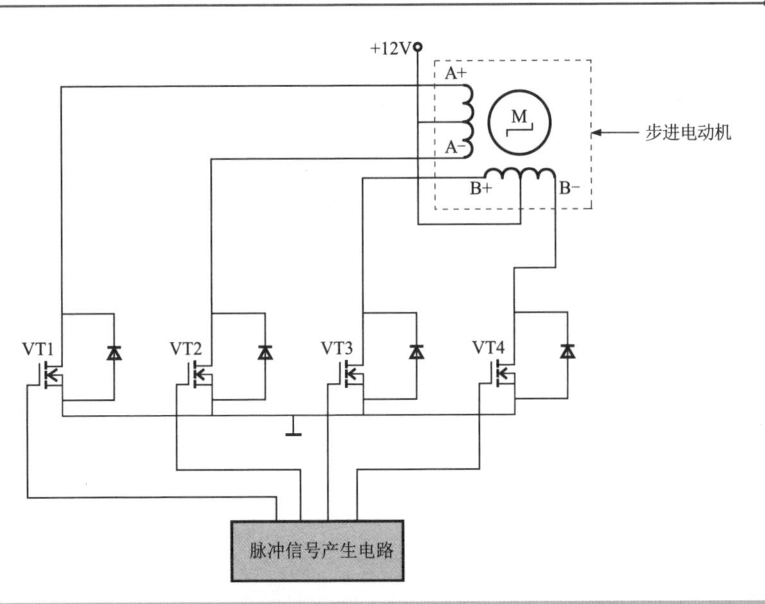

图 11-12 单极性二相步进电动机的驱动控制电路

相关资料

步进电动机是将电脉冲信号转变为角位移或线位移的开环控制器件。在负载正常的情况下，步进电动机的转速、停止的位置（或相位）只取决于驱动脉冲信号的频率和脉冲数，不受负载变化的影响。

当步进电动机驱动器接收到一个脉冲信号，就会驱动步进电动机按设定方向转动一个固定的角度。该角度被称为“步距角”。它的旋转是以固定的角度一步一步运行的，可以通过控制脉冲个数来控制角位移量，从而达到确定的目标。同时可以通过控制脉冲的频率来控制步进电动机转动的速度和加速度，从而达到调速的目的。

步进电动机从结构上说是一种感应电动机，其驱动电路将恒定的直流电变为分时供电的多相序控制电流。

11.2.2 双极性二相步进电动机驱动控制电路的识图

图 11-13 是双极性二相步进电动机的驱动方式，所谓双极性是指绕组的供电电流的方向是可变的。这种方式需要 8 个控制场效应晶体管。通过对场效应晶体管的控制可以改变绕组中电流的方向。

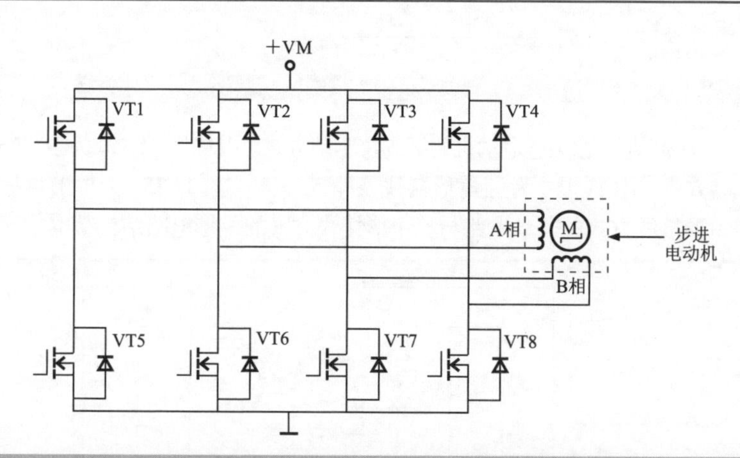

图 11-13 双极性二相步进电动机驱动控制电路

当 VT1 和 VT6 导通，VT2 和 VT5 截止时，步进电动机 A 相绕组中的电流从上至下流动。当 VT3 和 VT8 导通，VT4、VT7 截止时，步进电动机 B 相绕组中的电流从左至右流动。当 VT2 和 VT5 导通，VT1、VT6 截止时，A 相绕组中的电流方向相反。当 VT4、VT7 导通，VT3、VT8 截止时，B 相绕组中的电流方向相反。

11.2.3 5 相步进电动机驱动控制电路的识图

定子绕组由 5 组（10 个绕组）构成的步进电动机称为 5 相步进电动机。这种步进电动机目前在自动化设备中应用非常广泛。其结构如图 11-14 所示。5 相步进电动机的通电顺序与其绕组的连接方式有关。

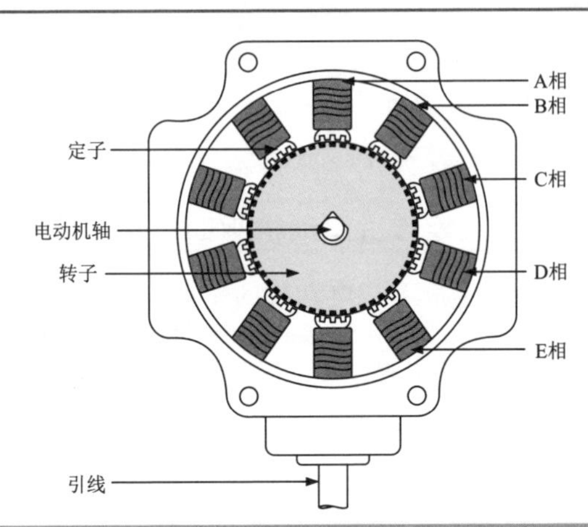

图 11-14　5 相步进电动机的结构

图 11-15 是 5 相步进电动机的接线及驱动方式。其中图 11-15a 为独立绕组及驱动方式。图 11-15b 为五角形接线及驱动方式。图 11-15c 为星形接线方式。星形接线方式的驱动电路与五角形接线方式的驱动电路结构基本相同。

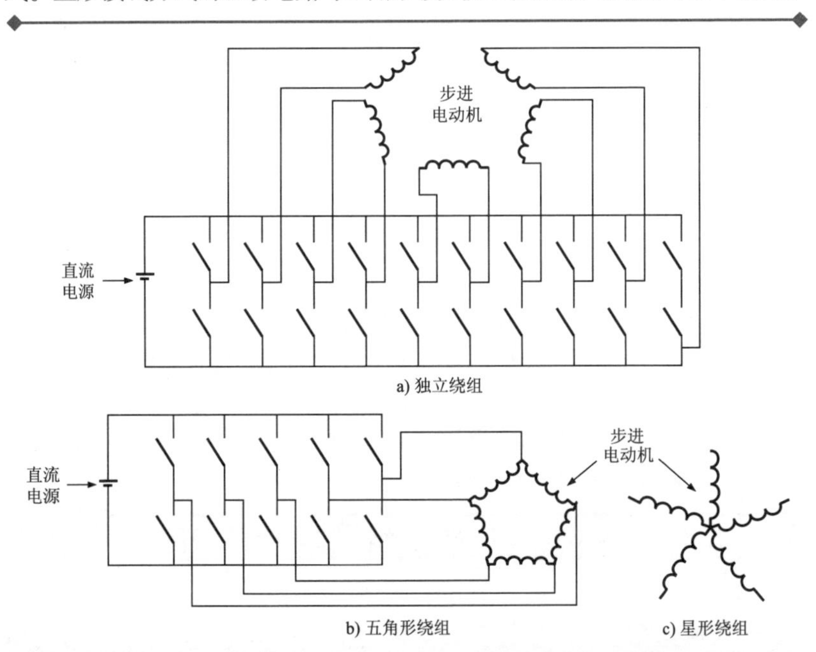

图 11-15　5 相步进电动机的接线及驱动方式

图 11-16 是 5 相步进电动机的驱动控制电路。绕组可以接成五角形，也可以接成星形。该电路为双极性驱动方式。绕组中电流的方向受驱动晶体管的控制。例如，当驱动晶体管 VT1 和 VT7 导通的瞬间，电源正极经 VT1 将电流送到 C 相绕组的右端。经绕组后由左端流出，经 VT7 到地形成回路。

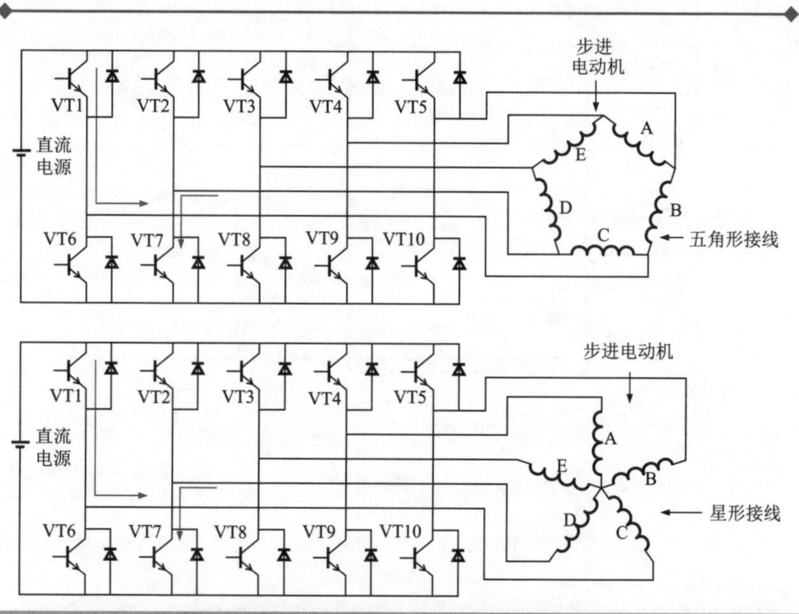

图 11-16 5 相步进电动机的驱动控制电路

11. 2. 4 TA8435 芯片控制的步进电动机驱动电路的识图

1. 步进电动机驱动电路的结构（TA8435）

图 11-17 是采用 TA8435 芯片控制的步进电动机驱动电路，该电路是一种脉宽调制（PWM）控制式微步进双极步进电动机驱动电路。微步进的步距取决于时钟周期。平均输出电流为 1. 5A，峰值电流可达 2. 5A。

2. 步进电动机驱动电路的工作过程

（1）待机状态

步进电动机驱动电路在工作前应先进入待机状态，该状态主要是电源供电电路和操作控制电路首先进入待机状态。

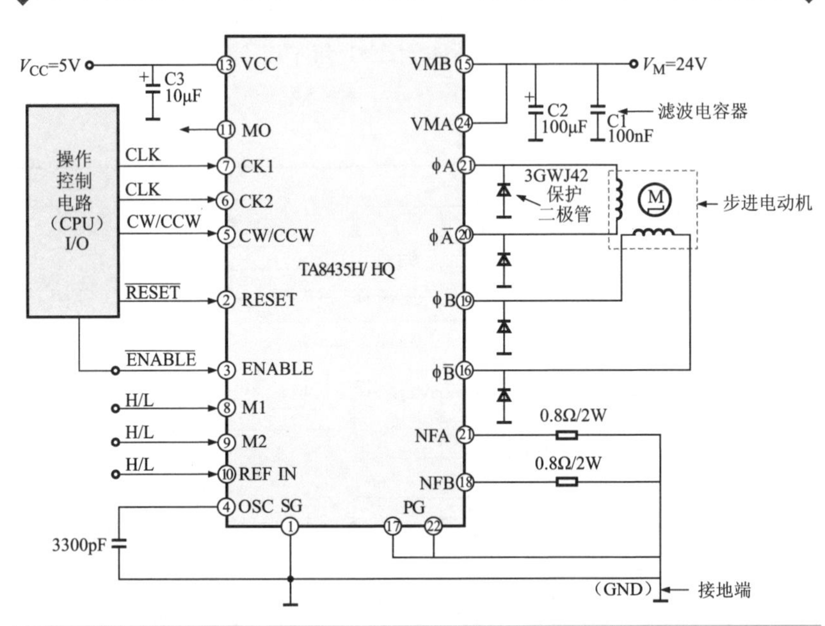

图 11-17 采用 TA8435 芯片控制的步进电动机驱动电路

+24V 电源加到芯片 TA8435 的⑮脚和㉔脚，该电源实际上是为步进电动机供电的部分。

+5V 电源为芯片的⑬脚，是为芯片内的逻辑控制电路和小信号处理电路供电。

操作控制电路（含 CPU 部分）进入工作准备状态。

（2）步进电动机的起动和运行状态

图 11-18 TA8435 驱动电路的工作流程图。在系统中芯片 TA8435 是产生驱动脉冲的主体器件。它接收控制电路的工作指令，检测电路各部分的工作条件和工作状态，并根据控制指令形成驱动电动机绕组的脉冲信号。

从图 11-18 可见，TA8435 有多个引脚接收控制电路的指令，主要有如下几种：

1）工作模式控制指令（M1、M2）加到其⑧脚、⑨脚。

2）时钟信号（CK2、CK1）加到⑥脚、⑦脚。

3）复位信号（RESET）加到②脚。

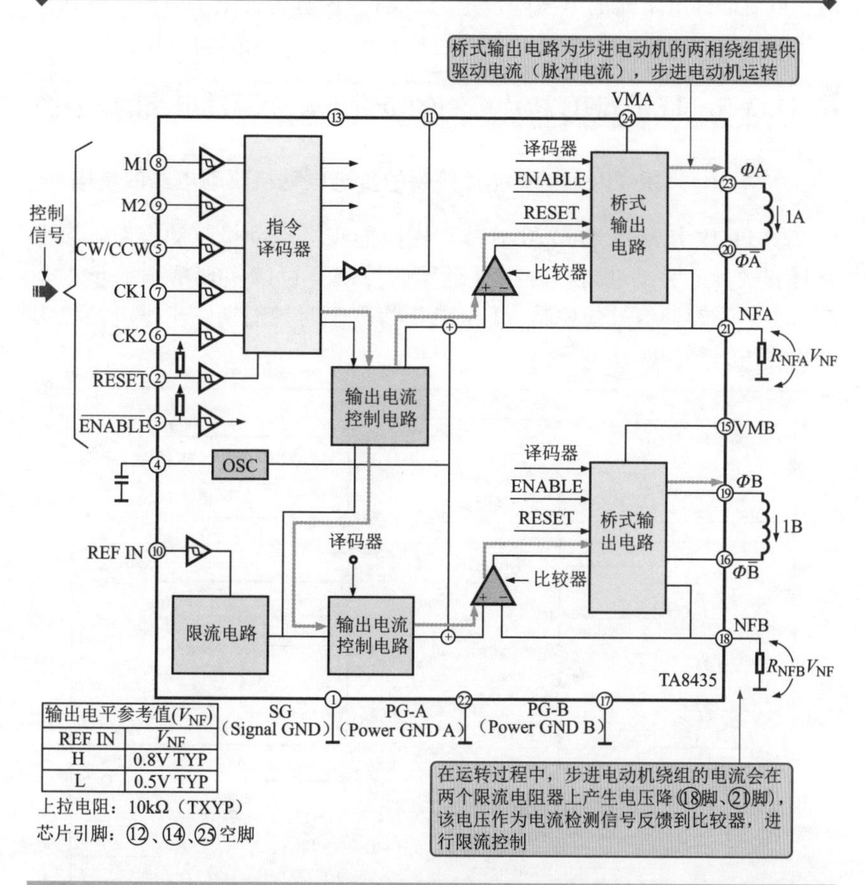

图 11-18　TA8435 驱动电路的工作流程图

4）使能控制信号（ENABLE）加到③脚。

控制信号送到芯片内的指令译码器中，进行译码识别，然后将指令信号转换成控制信号送到两组输出电流控制电路。

经比较器去驱动两个桥式输出电路，由桥式输出电路为步进电动机的两相绕组提供驱动电流（脉冲电流），步进电动机运转。

在运转过程中，步进电动机绕组的电流会在两个限流电阻器上产生电压降（⑱脚、㉑脚），该电压作为电流检测信号反馈到比较器，进行限流控制。

此外在芯片的⑩脚为输出电流的参考值设置引脚，该引脚为高电平时，电流取样电阻器的电压降设定为0.8V，该脚为低电平时，电流取样电阻器的电压降设定为0.5V。用户可根据步进电动机的特性进行设置。

11.2.5 TB62209F芯片控制的步进电动机驱动电路的识图

1. 采用TB62209F芯片控制的步进电动机驱动电路的结构

图11-19是采用TB62209F芯片控制的步进电动机驱动电路。该电路具有微步进驱动功能，在微处理器的控制下可以实现精细的步进驱动。步距受时钟信号的控制，1个微步为一个时钟周期。步进电动机为两相绕组，额定驱动电流为1A。

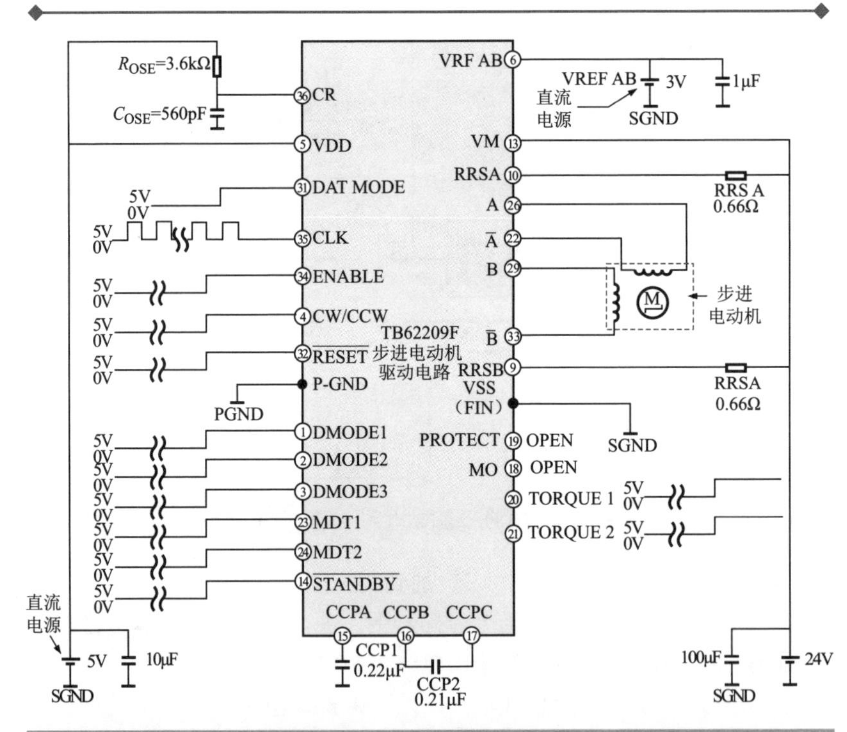

图11-19 采用TB62209F芯片控制的步进电机驱动电路

2. 步进电动机驱动控制电路的工作过程

步进电动机驱动控制电路在工作前首先进入待机状态，如下各项是满足TB62209F芯片的待机条件。

1）步进电动机供电电源+24V 加到 TB62209F 的⑬脚。

2）芯片逻辑电路所需的+5V 电源加到芯片的⑤脚。

3）基准电压+3V 加到⑥脚，为芯片内振荡电路供电。

4）RC 时间常数电路接到㊱脚。

5）微处理器进入待机状态并准备为芯片提供各种控制信号，其控制关系如图 11-20 所示。

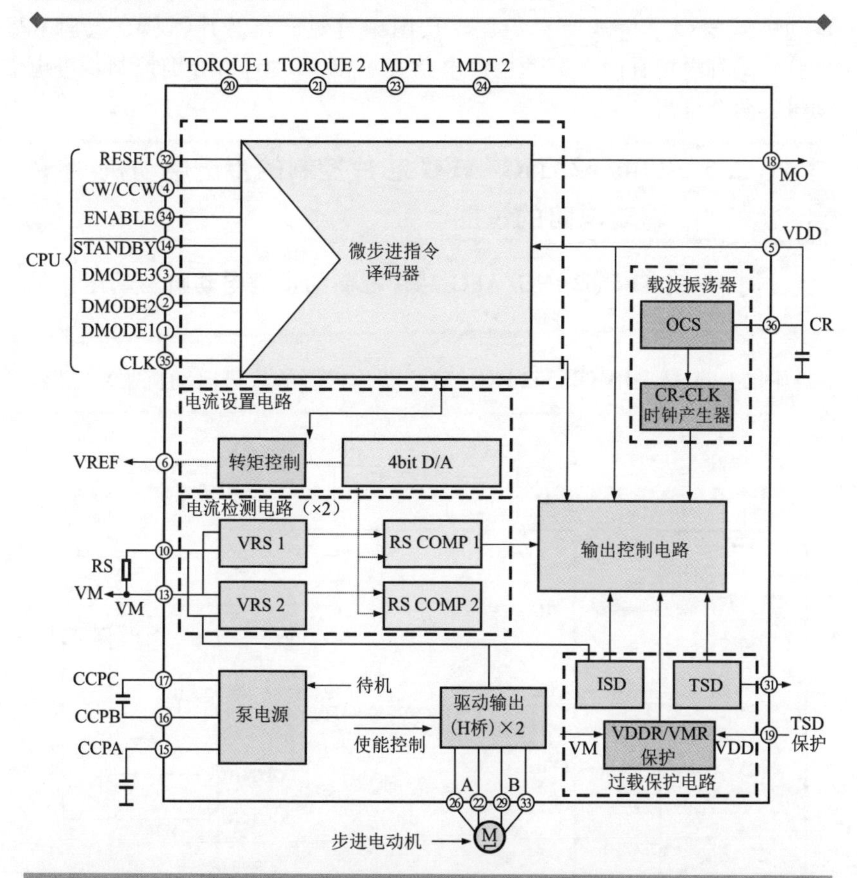

图 11-20 步进电动机驱动电路的待机状态

步进电动机的工作是在脉冲信号的作用下一步一步的运转。芯片 TB62209F 是为步进电动机提供脉冲的电路，该芯片的工作受微处理器控制，微处理器给芯片 TB62209F 提供复位信号加到㉜脚，待机控制信号加到⑭脚，转动方向指令信号加到④脚，工作模式信号加到①脚~

③脚，时钟信号加到㉟脚。使能控制信号加到㉞脚。

微处理器的指令信号送入 TB62209F 后，由芯片内的微步进指令译码器对各种指令和控制信号进行识别，然后形成各种控制信号对芯片内的电路单元进行控制，最后形成步进脉冲去驱动步进电动机，使步进电动机按指令运转。

在驱动芯片之中采用桥式输出电路可实现双向驱动功能。两相步进电动机需要两个桥式驱动电路。从图中可见，在芯片㉖脚、㉒脚和㉙脚、㉝脚内接有两个驱动控制电路（A 相、B 相），分别控制步进电动机的两个绕组。

11.2.6 TB6562ANG/AFG 芯片控制的步进电动机驱动电路的识图

采用 TB6562ANG/AFG 芯片控制的步进电动机驱动电路的结构

图 11-21 是采用 TB6562ANG/AFG 芯片控制的步进电动机驱动电路。

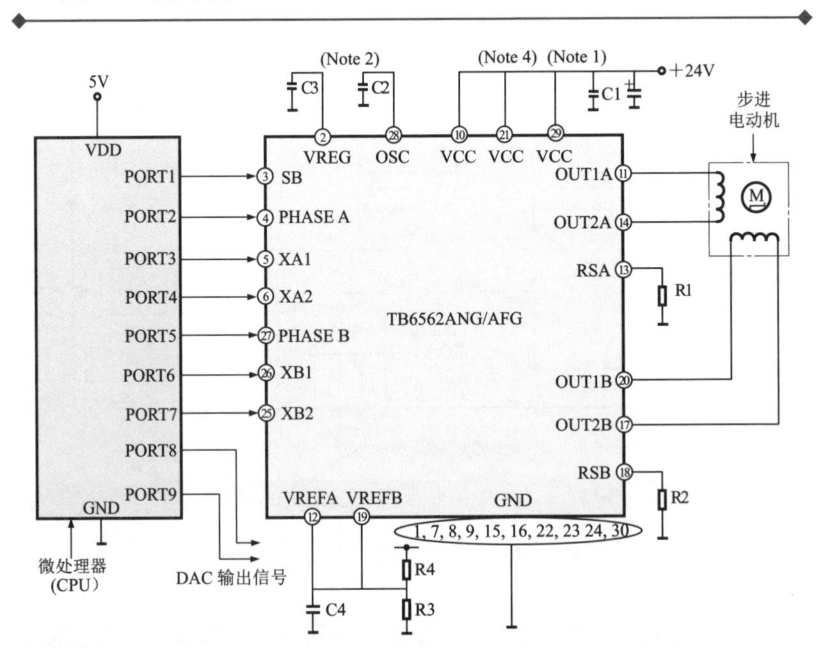

图 11-21 采用 TB6562ANG/AFG 芯片控制的步进电动机驱动电路

在步进电动机驱动电路中，TB6562ANG/APG 芯片是主要的驱动电路。

+24V 电源为芯片供电，经芯片内的桥式输出电路为步进电动机两相绕组提供电流。

R1、R2 为限流电阻器分别用以检测步进电动机两相绕组的电流，进行限流控制。

R3、R4 为分压电路为⑫、⑲脚提供基准电压。

微处理器输出多组信号对芯片进行控制，③脚为待机/开机控制信号端（SB）。

④脚为 A 相转动方向控制端（PHASE A）。

⑤脚、⑥脚为 A 相绕组电流设置端（XA1、XA2）。

㉗脚为 B 相转动方向控制端（PHASE B）。

㉕脚、㉖脚为 B 相绕组电流设置端（XB2、XB1）。

微处理器的 DAC 输出可作为 TB6562ANG/APG 芯片⑫脚、⑲脚的基准电压，取代分压电路。

相关资料

图 11-22 是 TB6562ANG/AFG 芯片的内部功能框图。

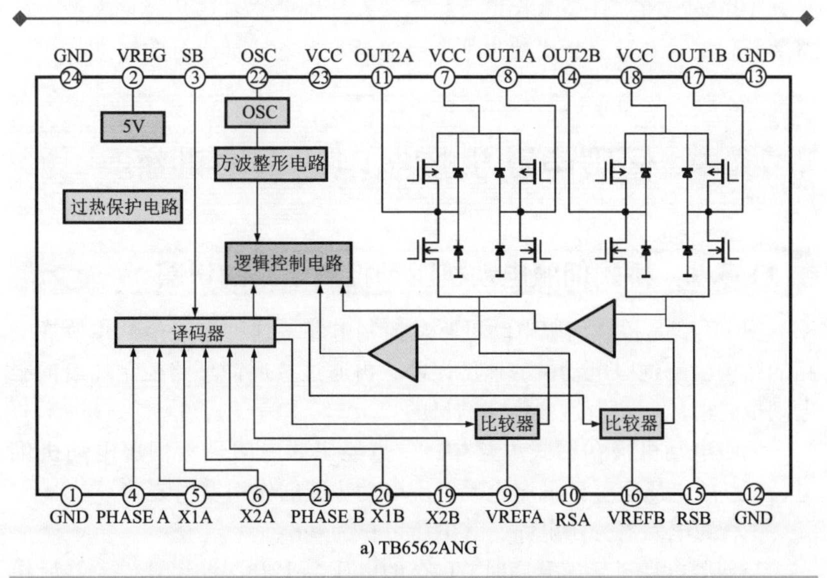

a) TB6562ANG

图 11-22 TB6562ANG/AFG 芯片的内部功能框图

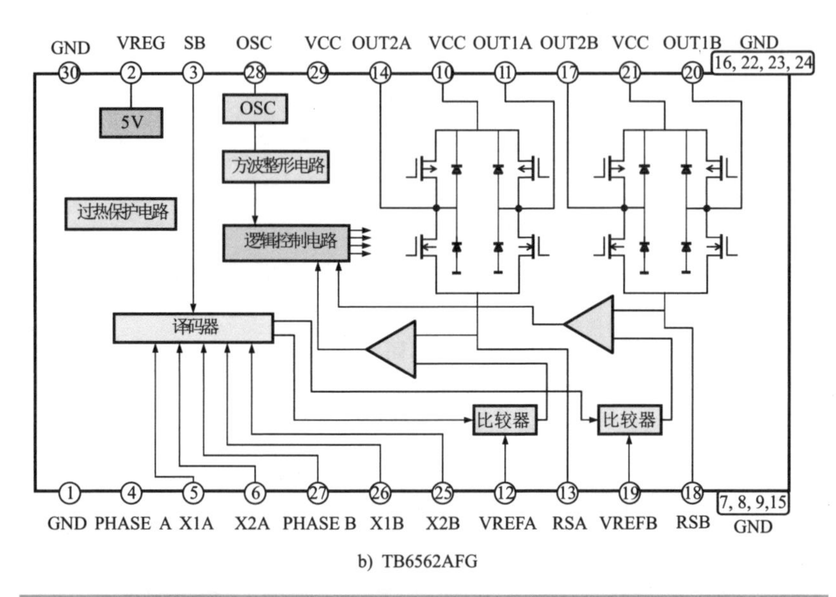

b) TB6562AFG

图 11-22 TB6562ANG/AFG 芯片的内部功能框图（续）

从图 11-22 可见步进电动机驱动电路受微处理器的控制，控制信号送到 TB6562ANG/APG 芯片中，经译码器转换成控制信号对逻辑控制电路进行控制，最后经桥式输出电路去驱动步进电动机的两个绕组。

11.3 伺服电动机控制电路识图训练

11.3.1 桥式伺服电动机驱动控制电路的识图

图 11-23 是桥式伺服电动机驱动控制电路，这种电路是利用桥式电路的结构检测伺服电动机的速度误差，再通过负反馈环路控制加给伺服电动机的电压，从而达到稳速的目的。

伺服电动机接在桥式电路中，A 点经串联电阻器为伺服电动机供电，C 点的电压会受到伺服电动机反电动势能的作用发生波动。

B 点为电阻器分压电路，其电压可作为基准。

当伺服电动机转速升高时，C 点的电压会上升，经运算放大器后作为速度反馈信号，电压也会上升，经与基准设定电压比较（输出放大器是一个电压比较器）会使输出电压下降，A点的供电电压也会下降，伺服电动机会自动降速。

伺服电动机速度下降后C点的电压会低于B点，经运算放大器后反馈电压会减小，从而使输出放大器的输出电压上升，又会使伺服电动机的速度上升。这样就能将伺服电动机的转速稳定在一定范围内。

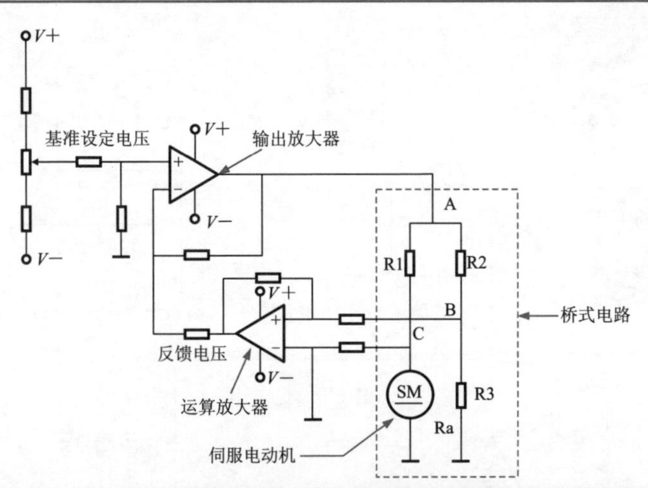

图11-23　桥式伺服电动机驱动控制电路

11.3.2　LM675芯片控制的伺服电动机驱动电路的识图

1. 采用LM675芯片控制的伺服电动机驱动电路的结构

图11-24是一种采用功率运算放大器LM675芯片控制的伺服电动机驱动电路。伺服电动机采用直流伺服电动机。

伺服电动机上装有测速信号产生器，用于实时检测伺服电动机的转速，实际上测速信号产生器是一种发电机，它输出的电压与转速成正比，测速信号产生器G输出的电压经分压电路后作为速度误差信号反馈到运算放大器的反相输入端。

电位器的输出实际上就是速度指令信号，该信号加到运算放大器的同相信号输入端，相当于基准电压。

当伺服电动机的负载发生变动时，反馈到运算放大器反相输入端的电压也会发生变化，即伺服电动机负载加重时，速度会降低，测速信号产生器的输出电压也会降低，使运算放大器反相输入端的电压降低，该

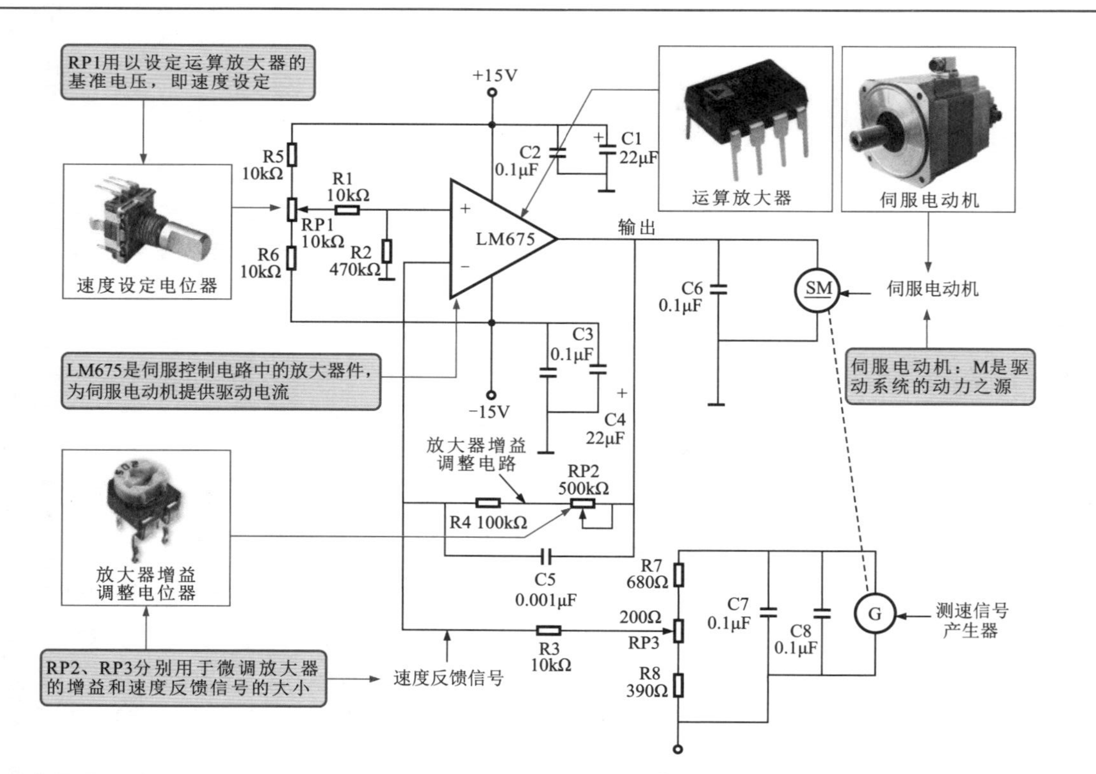

图 11-24　采用 LM675 芯片控制的伺服电动机驱动电路

电压与基准电压之差增加，运算放大器的输出电压增加。

反之，当负载变小电动机速度增加时，测速信号产生器的输出电压上升，加到运算放大器反相输入端的反馈电压增加，该电压与基准电压之差减小，运算放大器的输出电压下降，会使伺服电动机的速度下降，从而使转速能自动稳定在设定值。

2. 伺服电动机的控制过程

伺服系统中驱动电路可根据指令信号对伺服电动机进行控制。下面分四步介绍伺服控制电路的工作过程。

（1）伺服控制电路的初始工作过程

伺服控制电路的初始工作状态如图 11-25 所示，初始工作状态伺服电动机的驱动电压为 6V，转速为 5000r/min。此时输入指令电压为 5.12V，速度信号经频率检测电路后输出 5V 反馈信号，误差电压（5.12V-5V=0.12V）。在电路中伺服放大器的增益 $A=50$，0.12V×50=6V。

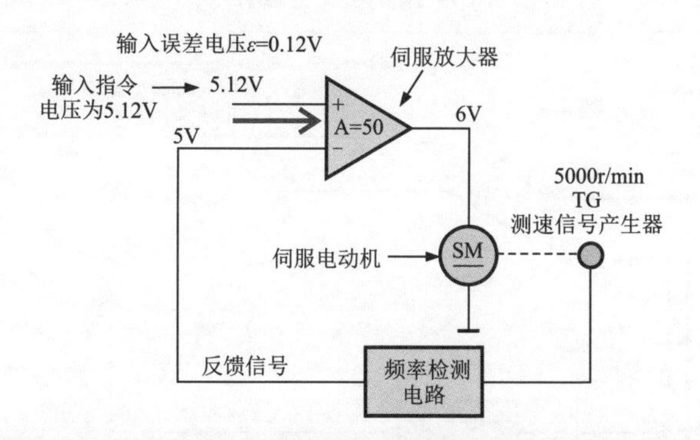

图 11-25 伺服控制电路的初始工作状态

（2）伺服电动机负载增加时的工作状态

伺服电动机负载增加时的工作状态如图 11-26 所示，当负载增加时伺服电动机的速度会下降，其速度下降为 4960r/min，此时测速信号经频率检测电路输出 4.96V，速度信号反馈到伺服放大器的输入端，指令电压与反馈电压之差的电压增加，即 5.12V-4.96V=0.16V，经伺服放大器放大后（增益 $A=50$），输出驱动电压为 0.16V×50=8V。在伺服电动机的负载增加，引起转速下降时，伺服放大器的输出电压会自动增加，从 5V 增加到 8V，从而可增加伺服电动机的输出功率。

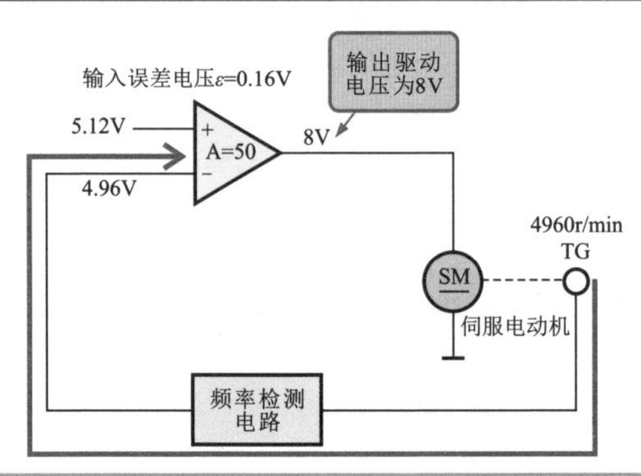

图 11-26 伺服电动机负载增加时的工作状态

(3) 伺服电动机负载进一步加重时的工作状态

如果负载进一步加重，伺服电动机的速度会进一步降低，当速度下降为 4920r/min 时，频率检测电路的输出会减小为 4.92V，伺服放大器的输入误差会变成 0.2V，放大器的输出电压会增加到 10V，如图 11-27 所示。

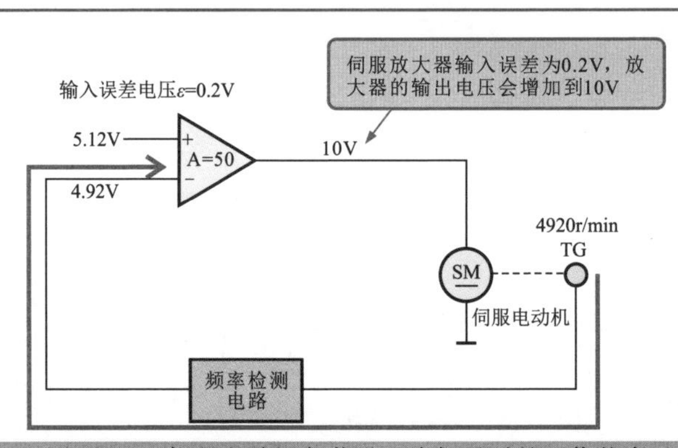

图 11-27 伺服电动机负载进一步加重时的工作状态

(4) 伺服电动机的负载减轻时的工作状态

反之如果伺服电动机的负载减轻，其转速会升高，伺服放大器的输入误差电压会减小，输出电压会降低。伺服放大器会根据伺服电动机的转速进行自动控制。如果改变输入指令电压的值，伺服放大器的跟踪目标值会发生变化，伺服电动机会按指令的值改变转速。

11.3.3 NJM2611 芯片控制的伺服电动机驱动电路的识图

图 11-28 是采用 NJM2611 芯片控制的伺服电动机驱动电路。图 11-29

是 NJM2611 芯片的内部功能框图。

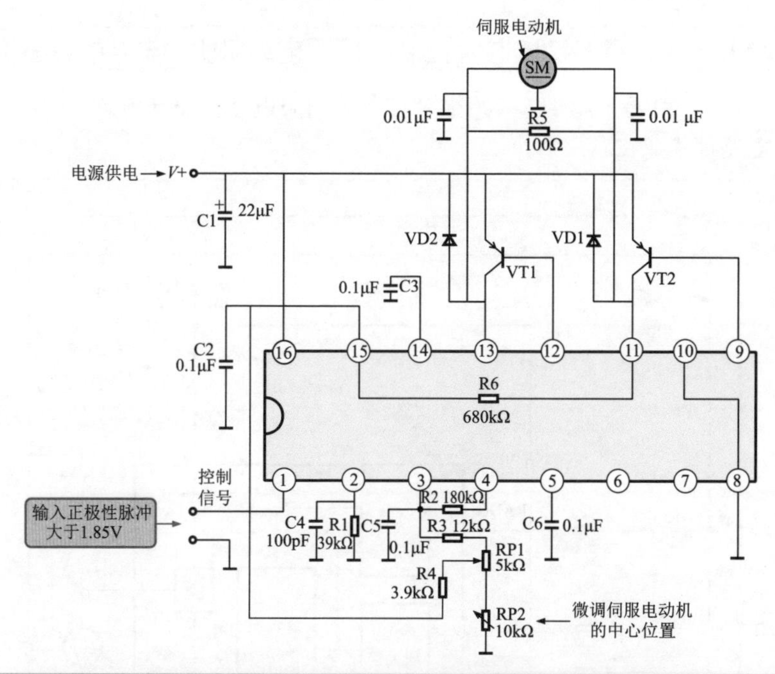

图 11-28　采用 NJM2611 芯片控制的伺服电动机驱动电路

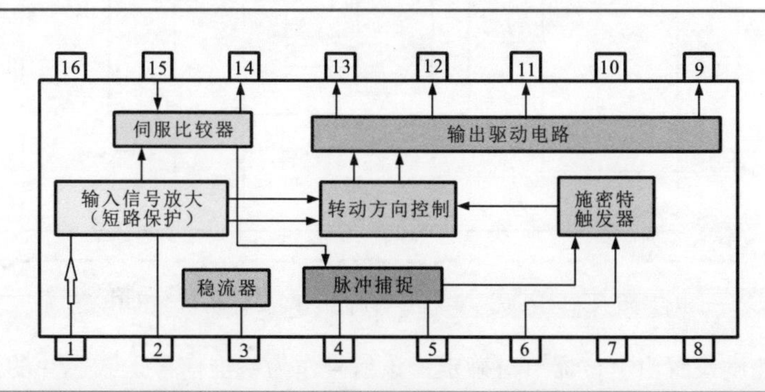

图 11-29　NJM2611 芯片的内部功能框图

控制信号（大于 1.85V 的正极性脉冲）加到芯片的①脚，经输入信号放大后在芯片内送入伺服比较器与⑮脚送来的反馈信号进行比较。

比较获得的误差信号经脉冲捕捉和触发器送到转动方向控制电路，

经控制后由⑨脚和⑫脚输出控制信号。

控制信号分别经 VT1 和 VT2 去驱动伺服电动机。

11.3.4 TLE4206 芯片控制的伺服电动机驱动电路的识图

图 11-30 是采用 TLE4206 芯片控制的伺服电动机驱动电路。它的主要电路都集成在芯片中。

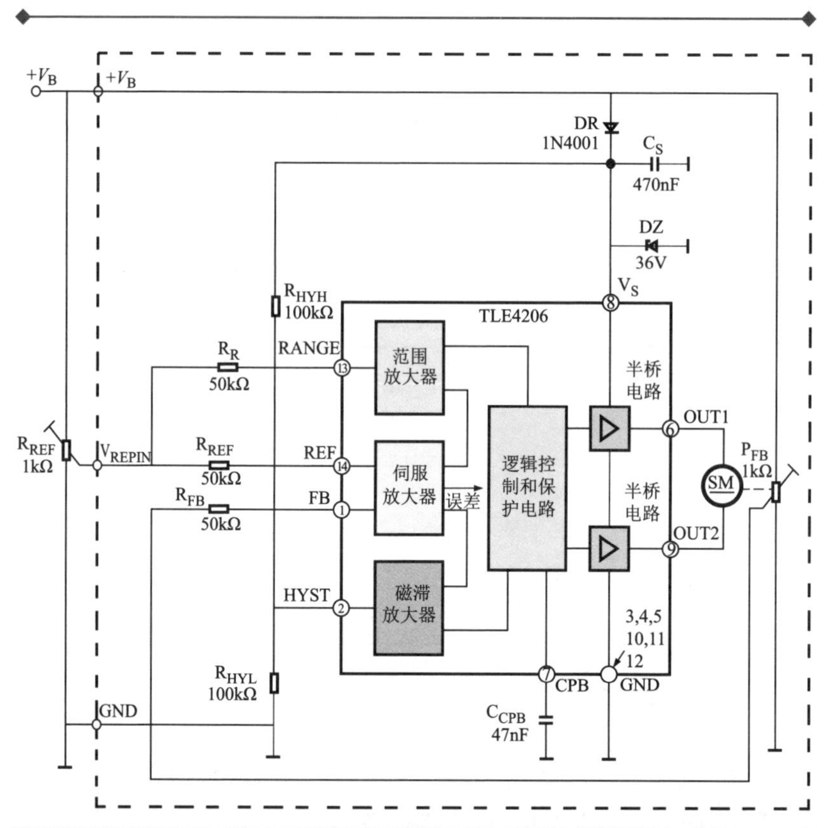

图 11-30　采用 TLE4206 芯片控制的伺服电动机驱动电路

速度设置由电位器 R_{REF} 确定，该信号作为基准信号送入芯片的伺服放大器中。

基准信号与伺服电动机连动的电位器 P_{FB} 的输出作为负反馈信号也送到伺服放大器中，反馈信号与基准电压进行比较从而输出误差信号，误差信号经逻辑控制电路后经两个半桥电路为伺服电动机提供驱动信号。

11.3.5 M64611芯片控制的伺服电动机驱动电路的识图

图11-31是采用M64611芯片控制的伺服电动机驱动电路。该电路可用于无线电控制设备中。

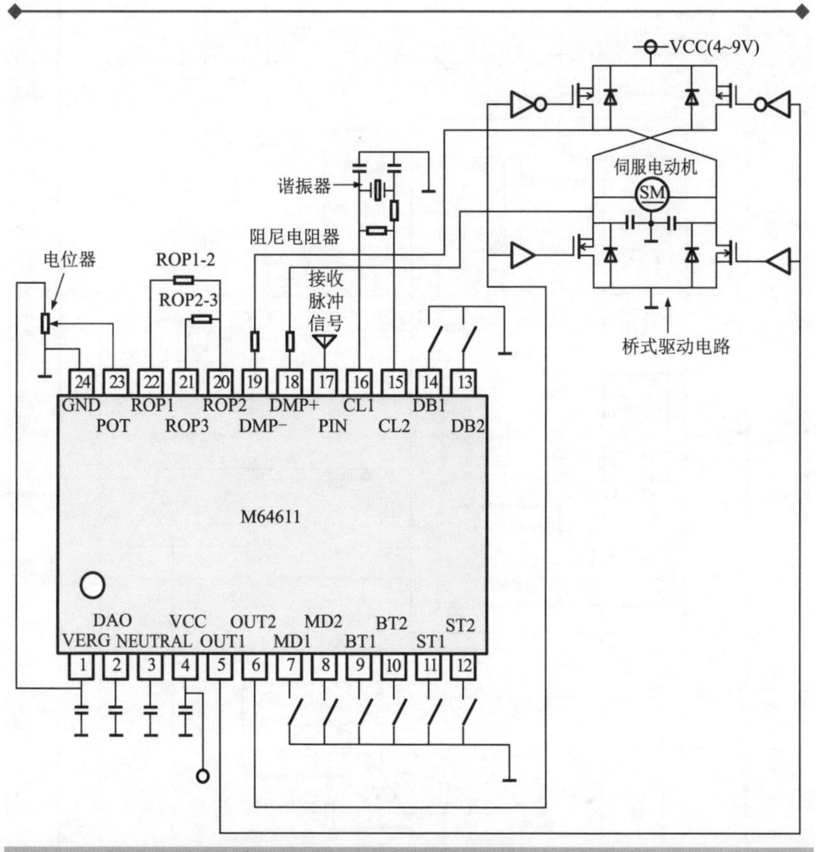

图11-31 采用M64611芯片控制的伺服电动机驱动电路

电源为4~9V伺服电动机的速度设置是由电位器设定。电位器将模拟电压加到集成芯片的㉓脚，经芯片处理后由⑤脚和⑥脚输出控制信号，经桥式电路为伺服电动机供电。

相关资料

图11-32为M64611芯片的内部功能框图。

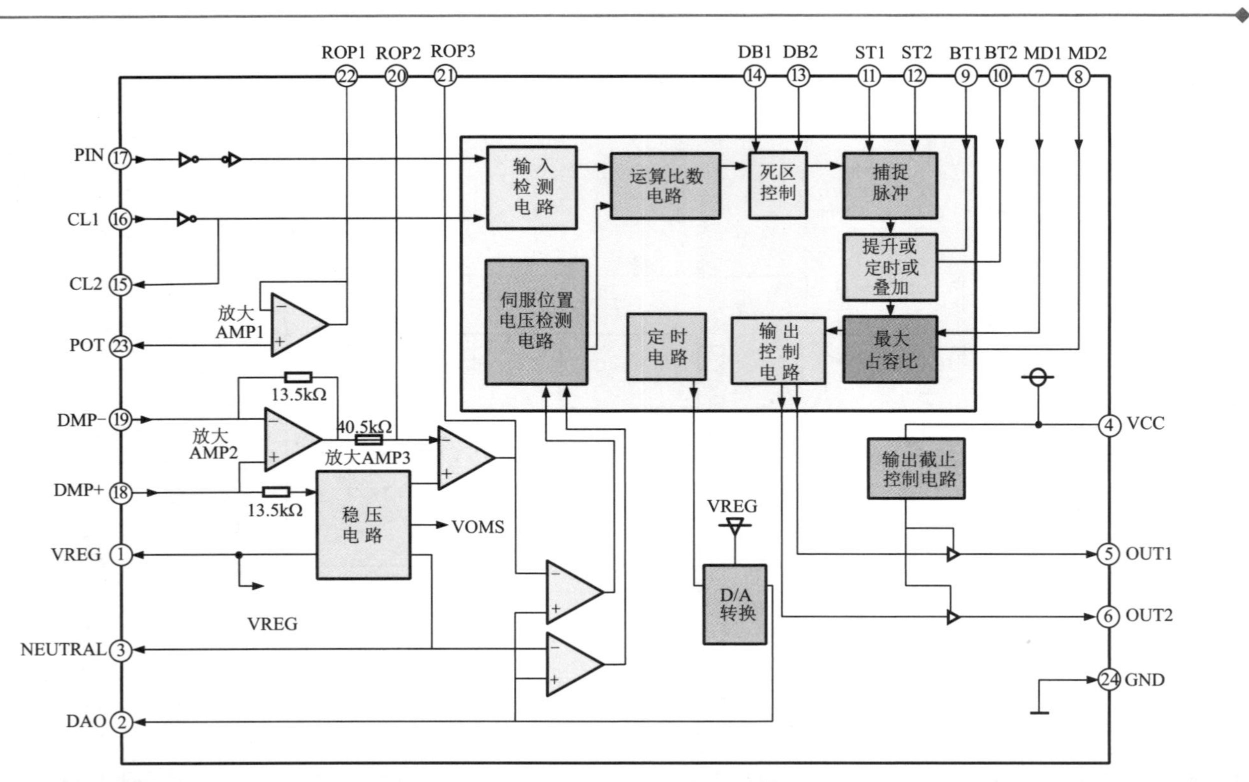

图 11-32 M64611 芯片的内部功能框图

11.4 交流电动机控制电路识图训练

11.4.1 单相交流电动机正反转控制电路的识图

如图 11-33 所示，单相交流电动机的正反转驱动电路中辅助绕组通过起动电容器与电源供电线相连，主绕组通过正反向开关与电源供电线相连，开关可调换接头，来实现正反转控制。

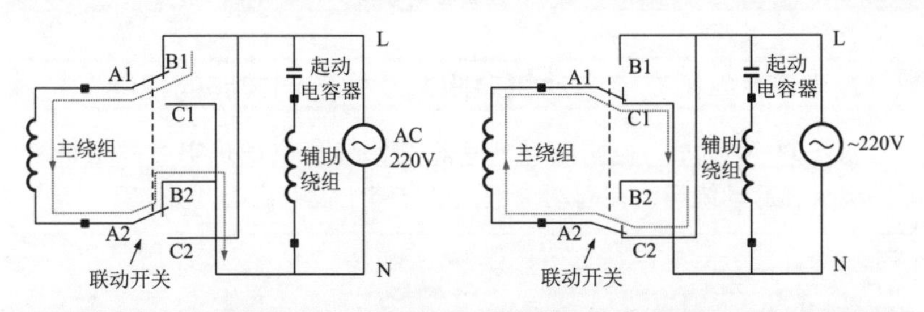

图 11-33 单相交流电动机正反转控制电路

当联动开关触点 A1~B1、A2~B2 接通时，主绕组的上端接交流 220V 电源的 L 端，下端接 N 端，交流电动机正向运转。

当联动开关触点 A1~C1、A2~C2 接通时，主绕组的上端接交流 220V 电源的 N 端，下端接 L 端，交流电动机反向运转。

11.4.2 可逆单相交流电动机控制电路的识图

图 11-34 为可逆单相交流电动机的控制电路。该控制电路中交流电动机内设有两个绕组（主绕组和辅助绕组），单相交流电源加到两绕组的公共端，绕组另一端接一个起动电容器。正反向旋转转换开关接到电源与绕组之间，通过转换两个绕组实现转向控制。这种方式需要交流电动机的两个绕组参数相同。

当转向开关 AB 接通时，交流电源的供电端加到 A 绕组。经起动电容器后，为 B 绕组供电。交流电动机正向起动、运转。

当转向开关 AC 接通时，交流电源的供电端加到 B 绕组。经起动电容器后，为A绕组供电。交流电动机反向起动、运转。

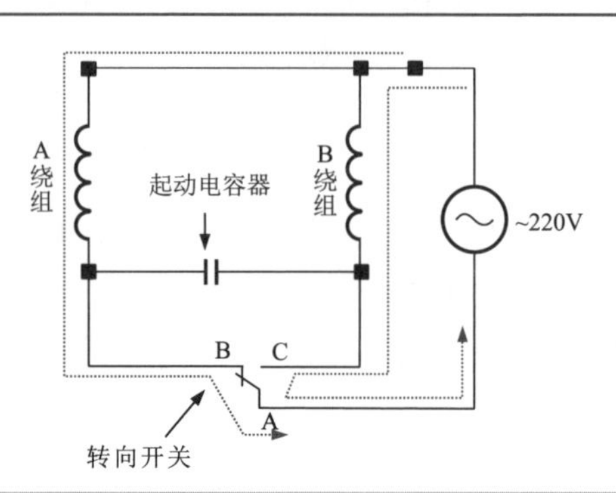

图 11-34 可逆单相交流电动机的控制电路

11.4.3 单相交流电动机电阻起动式控制电路的识图

如图11-35所示，电阻起动式单相交流异步电动机中有两组绕组，即主绕组和起动绕组，在起动绕组供电电路中设有离心开关。

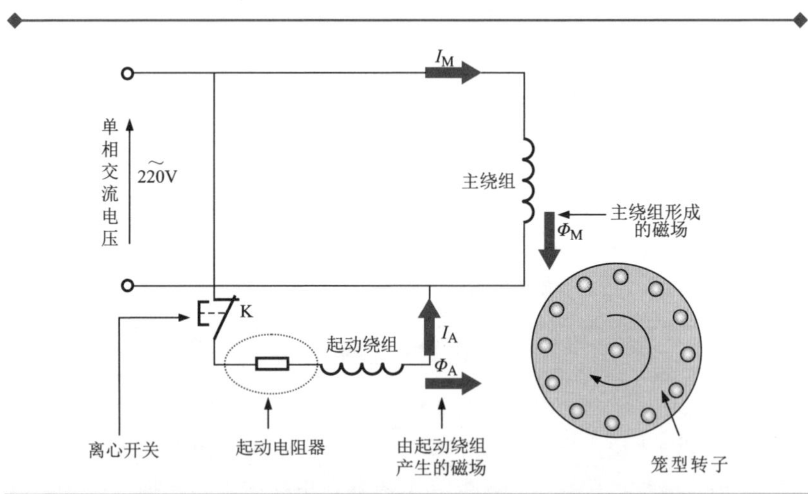

图 11-35 单相交流电动机电阻起动式控制电路

电路起动时，开关闭合，交流220V电压加到主绕组，同时经离心开关K和起动电阻为起动绕组供电。

由于两绕组的相位成90°，绕组产生的磁场对转子形成起动转矩使交流电动机起动。

当电动机起动后达到一定转速时，离心开关受离心力作用而断开，起动绕组停止工作，只由主绕组驱动交流电动机转子旋转。

11.4.4　单相交流电动机电容起动式控制电路的识图

如图 11-36 所示，单相交流电动机的电容起动式驱动电路中，为了使电容起动式单相交流电动机形成旋转磁场，将起动绕组与电容串联，通过电容移相的作用，在加电时形成起动磁场。通常在机电设备中所用的交流电动机多采用电容起动方式。

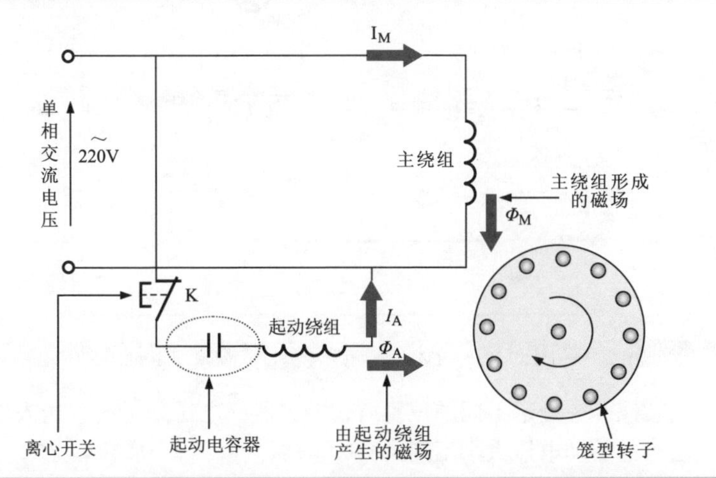

图 11-36　单相交流电动机电容起动式控制电路

单相交流电动机的主绕组与起动绕组的结构与图 11-35 中交流电动机的结构相同。

起动时，交流 220V 电源为主绕组供电，同时交流电源的一端经离心开关 K 和起动电容为起动绕组供电，交流电动机起动。

当起动后达到一定转速时，离心开关受离心力作用而断开，起动绕组停止工作，只由主绕组驱动交流电动机转子旋转。

要点说明

起动电容器是一种用来起动单相交流电动机的交流电解电容器。单相电流不能产生旋转磁场，需要借助电容器来分相，使两个绕组中的电流产生近于90°的相位差，以产生旋转磁场，使交流电动机旋转。

11.4.5 单相交流电动机电感器调速电路的识图

如图 11-37 所示，采用串联电抗器的调速电路，将交流电动机主、副绕组并联后再串入具有抽头的电抗器。当转速开关处于不同的位置时，电抗器的电压降不同，改变交流电动机端电压，从而实现有级调速。

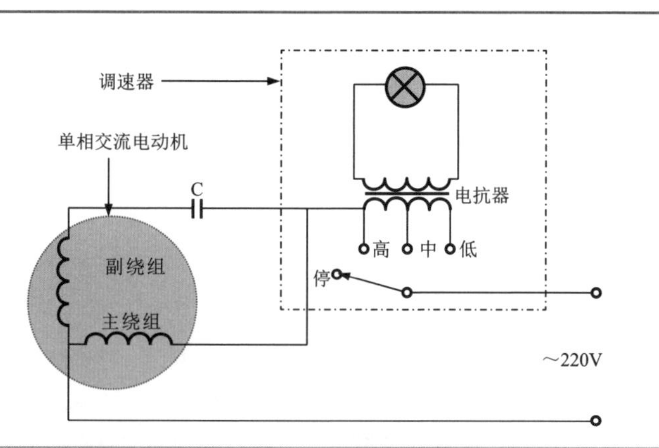

图 11-37 单相交流电动机电感器调速电路

当转速开关处于不同的位置时，电抗器的电压降不同，送入单相交流电动机的驱动电压大小不同。

当调速开关接高速档，交流电动机绕组直接与电源相连，阻抗最小，单相交流电动机全压运行转速最高。

将调速开关接中、低档时，交流电动机串联不同的电抗器，总电抗就会增加，从而使转速降低。

11.4.6 单相交流电动机热敏电阻器调速电路的识图

如图 11-38 所示，采用热敏电阻器（PTC 元件）的单相交流电动机调速电路中，由热敏电阻器感知温度变化，从而引起自身阻抗变化，并以此来控制所关联电路中单相交流电动机驱动电流的大小，进而实现调速控制。

当需要单相交流电动机高速运转时，将调速开关置于“高”档。交流 220V 电压全压加到电动机绕组上，电动机高速运转。

当需要单相交流电动机中/低速运转时，将调速开关置于“中/低”

档。交流220V电压部分或全部串联电感线圈后加到交流电动机绕组上，电动机中/低速运转。

将调速开关置于“微”档。交流220V电压串联接PTC和电感线圈后加到交流电动机绕组上。常温状态下，PTC阻值很小，交流电动机容易起动。

起动后电流通过PTC元件，电流热效应使其温度迅速升高。

PTC阻值增加，送至交流电动机绕组中的电压降增加，交流电动机进入微速档运行状态。

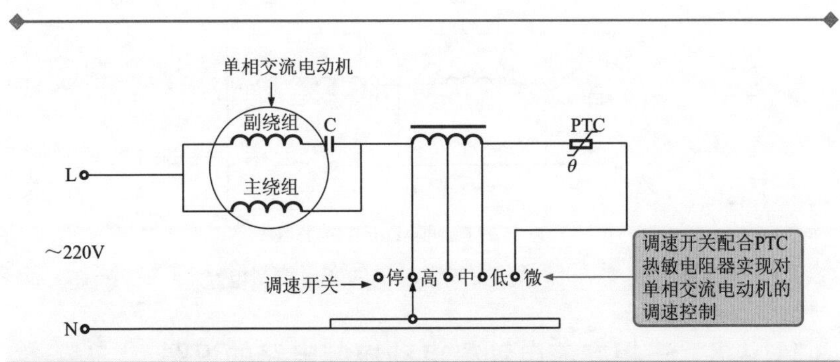

图11-38　单相交流电动机热敏电阻器调速电路

11.4.7　单相交流电动机变速控制电路的识图

图11-39为单相交流电动机的变速控制电路。

图11-39a，常见的单相交流电动机的变速控制电路有两种形式：第一种是在运行绕组中串接辅助绕组，辅助绕组中设有抽头，通过旋转开关改变供电接点，从而改变加到运行绕组上的电压（全压加到运行绕组上就得到全速运行的效果；如果在运行绕组中串接线圈，运行绕组上所加的电压就会降低，实现降速运行），达到调速目的。串接的绕组线圈越多，速度则越低，这样可实现三速运行方式。

图11-39b，第二种是在交流电动机的供电电路中串入电抗器的方法，由电抗器分压后再为交流电动机供电，也可以实现变速的目的。变速开关SA可选择旋转开关。

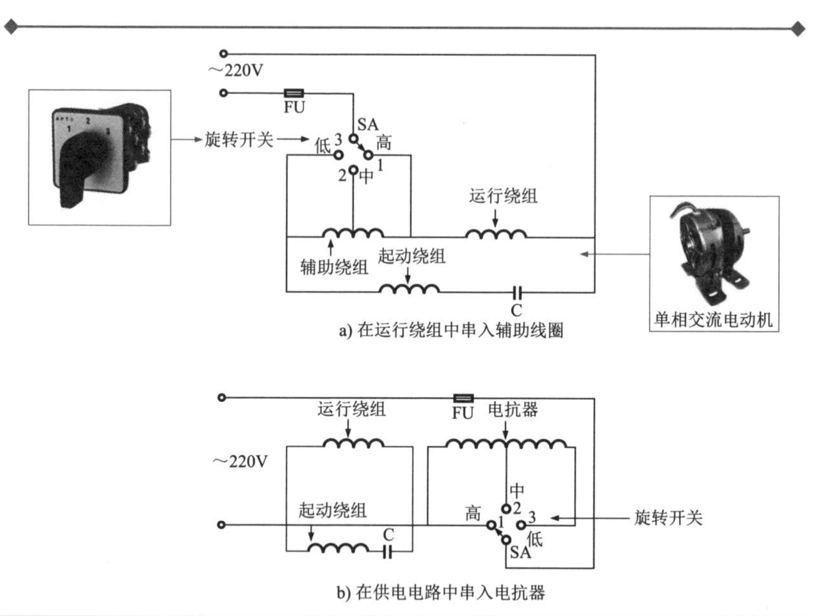

图 11-39　单相交流电动机的变速控制电路

11.4.8　三相交流电动机点动控制电路的识图

三相交流电动机点动控制电路是指通过按钮控制交流电动机的工作状态（起动和停止）。交流电动机的运行时间完全由按钮按下的时间决定，如图 11-40 所示。

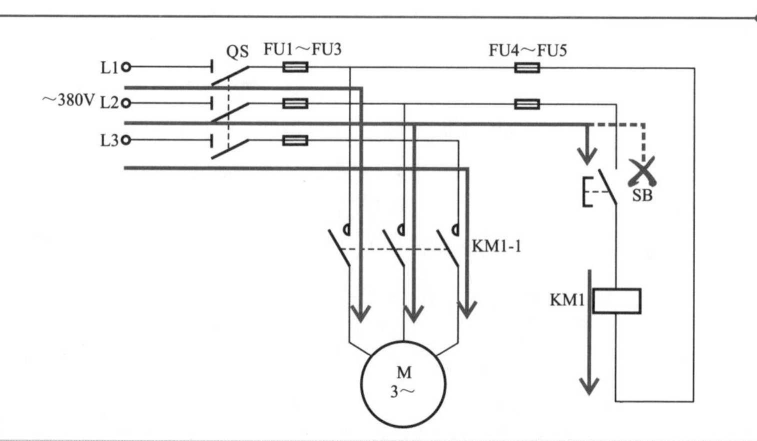

图 11-40　三相交流电动机点动控制电路

当需要三相交流电动机工作时，闭合电源总开关 QS，按下起动按钮 SB，交流接触器 KM 线圈得电吸合，触点动作。

交流接触器主触点 KM1-1 闭合，三相交流电源通过接触器主触点 KM1-1 与交流电动机接通，交流电动机起动运行。

当松开起动按钮 SB 时，由于接触器线圈断电，吸力消失，接触器便释放，交流电动机断电停止运行。

11.4.9 具有过载保护功能的三相交流电动机正转控制电路的识图

图 11-41 是具有过载保护功能的三相交流电动机正转控制电路。

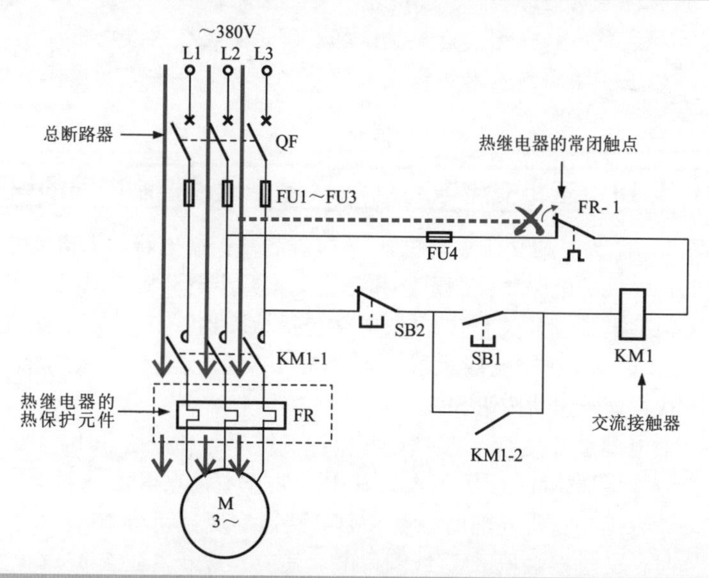

图 11-41 具有过载保护功能的三相交流电动机正转控制电路

在正常情况下，接通总断路器 QF，按下起动按钮 SB1 后，电动机起动正转。

当电动机过载时，主电路热继电器 FR 所通过的电流超过额定电流值，使 FR 内部发热，其内部双金属片弯曲，推动 FR 闭合触点断开，接触器 KM1 的线圈断电，触点复位。

接触器 KM1 的常开主触点复位断开，电动机便脱离电源供电，电动机停转，起到了过载保护作用。

要点说明

过载保护属于过电流保护中的一种类型。过载是指交流电动机的运行电流大于其额定电流，小于1.5倍额定电流。

引起交流电动机过载的原因很多，如电源电压降低、负载的突然增加或断相运行等。若交流电动机长时间处于过载运行状态，其内部绕组的温升将超过允许值而使绝缘老化、损坏。因此在交流电动机控制电路中一般都设有过载保护器件。所使用的过载保护器件应具有反时限特性，且不会受交流电动机短时过载冲击电流或短路电流的影响而瞬时动作，所以通常用热继电器作为过载保护装置。

值得注意的是，当有大于6倍额定电流通过热继电器时，需经5s后才动作，这样在热继电器未动作前，可能先烧坏热继电器的发热元件，所以在使用热继电器作过载保护时，还必须装有熔断器或低压断路器等短路保护器件。

11.4.10 三相交流电动机Y—△减压起动控制电路的识图

图11-42为三相交流电动机Y—△减压起动控制电路。该电路主要由供电电路、保护电路、控制电路和三相交流异步电动机M构成。其中供电电路包括电源总开关QS；保护电路包括熔断器FU1～FU5、热继电器FR；控制电路包括交流接触器KM1/KM△/KMY、停止按钮SB3、起动按钮SB1、全压起动按钮SB2。

合上电源总开关QS，接通三相电源。按下起动按钮SB1。

交流接触器KM1线圈得电。其中，常开主触点KM1-1接通，为减压起动做好准备；常开辅助触点KM1-2接通实现自锁功能。

同时，交流接触器KMY线圈得电。其中，常开主触点KMY-1接通；常闭辅助触点KMY-2断开，保证KM△的线圈不会得电，此时交流电动机以Y联结接通电路，交流电动机减压起动运转。

当交流电动机转速接近额定转速时，按下全压起动按钮SB2。

SB2的常闭触点SB2-1断开，接触器KMY线圈失电，其触点全部复位。

同时，SB2的常开触点SB2-2闭合，接触器KM△的线圈得电。常开触点KM△-1接通，此时交流电动机以△联结接通电路，交流电动机在全压状态下开始运转；同时，常闭触点KM△-2断开，保证KMY的线圈不会得电。

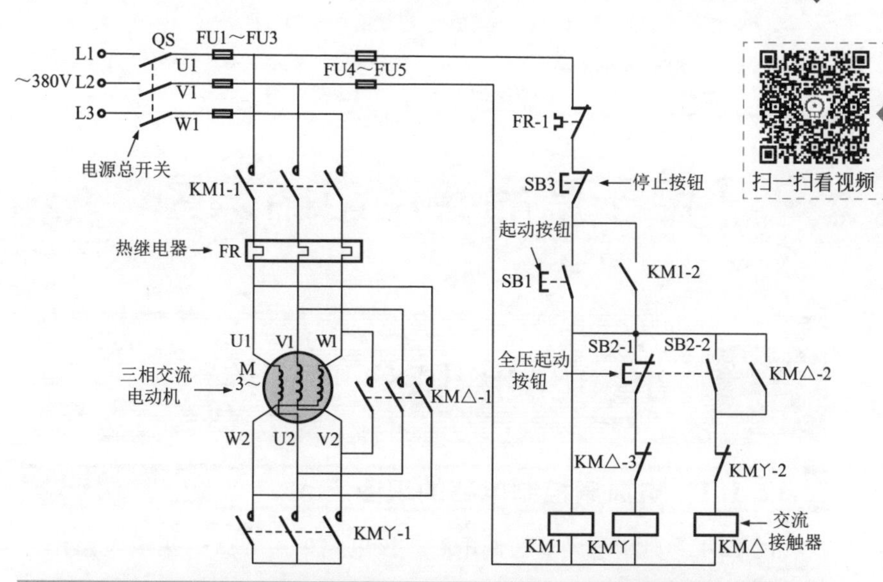

图 11-42 三相交流电动机Y—△减压起动控制电路

相关资料

当三相交流电动机绕组采用Y联结时，三相交流电动机每相绕组承受的电压均为220V；当三相交流电动机绕组采用△联结时，三相交流电动机每相绕组承受的电压为380V，如图11-43所示。

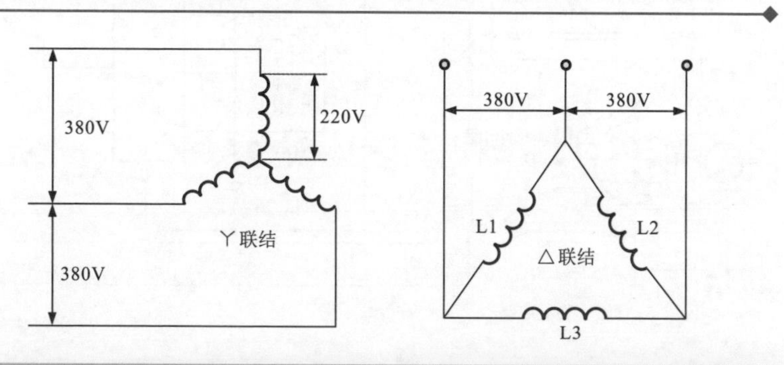

图 11-43 三相交流电动机绕组的联结

第12章 电子产品实用电路识图

12.1 小家电实用电路识图训练

12.1.1 电风扇控制电路的识图

图12-1为典型电风扇控制电路。该电路采用NE555集成电路作为控制核心。

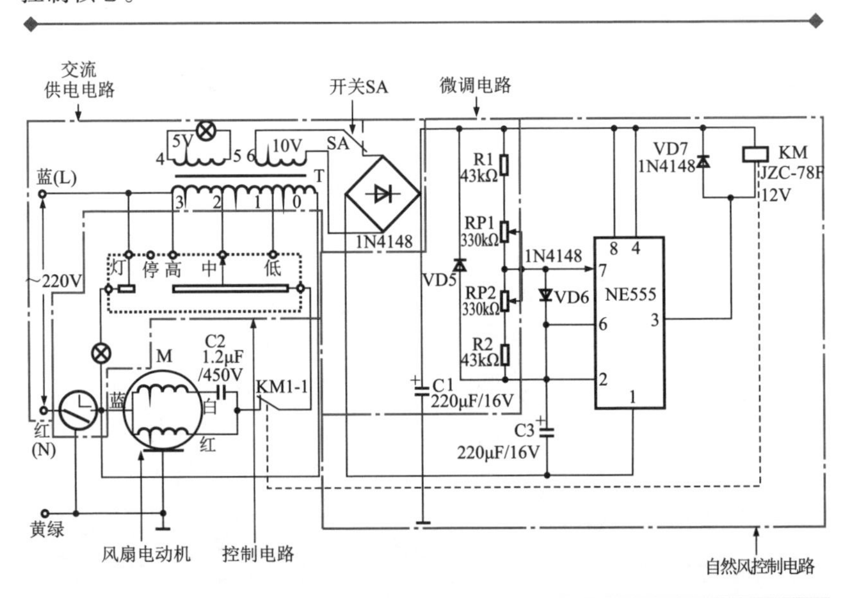

图12-1 典型电风扇控制电路

交流220V电源输入后，经控制电路对风扇电动机的转速和运转时间进行控制，但开关 SA 闭合时，电流送入自然风控制电路，自然风控制电路控制风扇电动机间歇式工作，从而形成自然风。

在该电路中定时器可以设定为 15min、30min、45min、60min 和更长时间运转，当定时器达到设定时间时，内部触点断开，整个电路形成断路，风扇电动机停止运行。

在控制电路中由琴键开关控制电动机的低速运转、中速运转、高速运转和停机，照明灯又由琴键开关内的单独按钮进行控制。

自然风开关 SA 控制自然风电路的运转，当其断开时停止电风扇的自然风功能，当 SA 闭合时电风扇的自然风功能可以正常使用。

当将定时器设定为 15min、琴键开关设定于中档，电风扇的风扇电动机进行中速运转，开关 SA 闭合时，供电电压经变压器 T 后，送入桥式整流电路进行整流，再经电容器 C1 滤波后为集成电路 NE555 供电，同时经微调电路为⑦脚、⑥脚、②脚提供控制信号，使③脚按一定规律输出高电平和低电平信号，当输出高电平时，继电器 KM 不动作，当输出低电平时 KM 动作，继电器常闭触点 KM1-1 断开，电风扇电动机停止工作，整个电路形成断路；继电器 KM 失电，使其常闭触点闭合，电风扇电动机运转。继电器在 NE555 的控制下有规律的工作使电动机间歇式运转，形成了自然风。

当不需要自然风时，可将开关 SA 断开，自然风控制电路停止运行，但不影响电风扇电路的工作。

12.1.2 吸尘器电路的识图

图 12-2 为典型吸尘器电路。它主要是由直流供电电路、转速控制电路以及电动机供电电路等部分构成的。

从图中可见，交流输入 220V 电源经过双向晶闸管为吸尘器驱动电动机供电。控制双向晶闸管的导通角度（每个供电周期内的相位），就可以实现电动机的速度控制。

在该电路中交流 220V 输入经变压器 T1 降压成交流 11V 电压，经桥式整流和 C1 滤波变成直流电压，为 IC 供电，由 R2、R3 分压点取得的 100Hz 脉冲信号加到 LM555 的②脚作为同步基准，LM555 的③脚则输出触发脉冲信号，经 C3 耦合到变压器 T2 的一次侧，于是 T2 的二次侧输出触发脉冲加到晶闸管的门极 G 端，使双向晶闸管导通，电动机旋转，调整 LM555 的⑦脚外接电位器，可以调整触发脉冲的相位，即可实现速度调整。

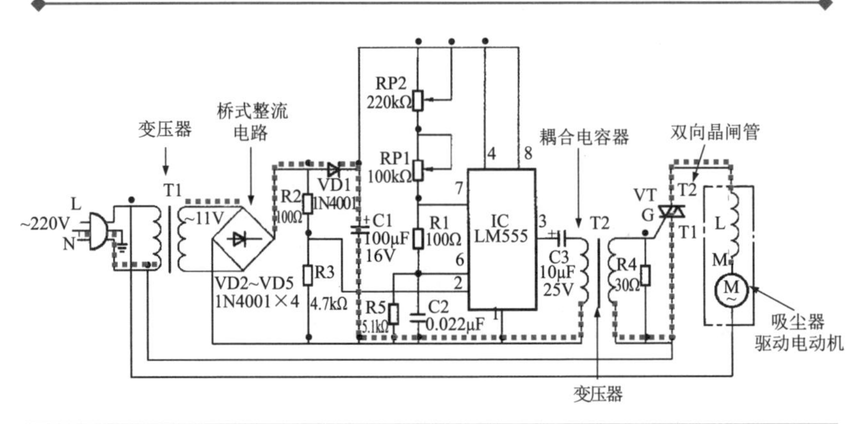

图 12-2 典型吸尘器电路

12.1.3 电热水壶电路的识图

图 12-3 为典型电热水壶的整机电路。该电路主要是由加热及控制电路、电磁泵驱动电路等部分构成的。

扫一扫看视频

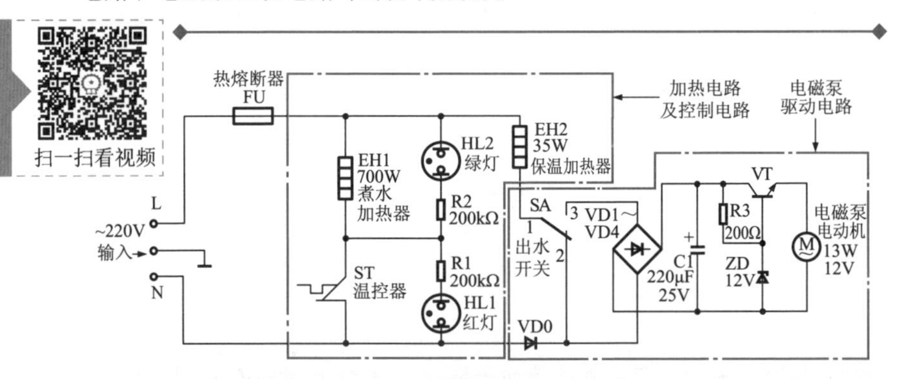

图 12-3 电热水壶的整机电路

交流 220V 电源为电热水壶供电，交流电源的 L（相线）端经热熔断器 FU 加到煮水加热器 EH1 和保温加热器 EH2 的一端，交流电源的 N（零线）端经温控器 ST 加到煮水加热器的另一端，同时交流电源的 N（零线）端经二极管 VD0 和选择开关 SA 加到保温加热器 EH2 的另一端。使煮水加热器和保温加热器两端都有交流电压，从而开始加热。

在煮水加热器两端加有 220V 电压，交流 220V 经 VD0 半波整流后变成 100V 的脉冲直流电压加到保护加热器上，保温加热器只有 35W。

电热水壶刚开始煮水时，温控器 ST 处于低温状态。此时，温控器 ST 两引线端之间是导通的，为电源供电提供通路，此时，绿色指示灯亮，红色指示灯两端无电压，不亮。

当水瓶中的温度超过 96℃时（水开了），温度控制器 ST 自动断开，停止为煮水加热器供电。

如果电热水壶中水的温度降低了，温度控制器 ST 又会自动接通，煮水加热器继续加热，始终使水瓶中的开水保持在 90℃以上。

12.2 电话机实用电路识图训练

12.2.1 电话机振铃电路的识图

振铃电路是主电路板中相对独立的一块电路单元，一般位于整个电路的前端，工作时与主电路板中其他电路断开。

图 12-4 所示为采用振铃芯片 KA2410 的振铃电路。由图中可知，该电路主要是由叉簧开关 S、振铃芯片 IC301 KA2410、匹配变压器 T1、扬声器 BL 等部分构成的。

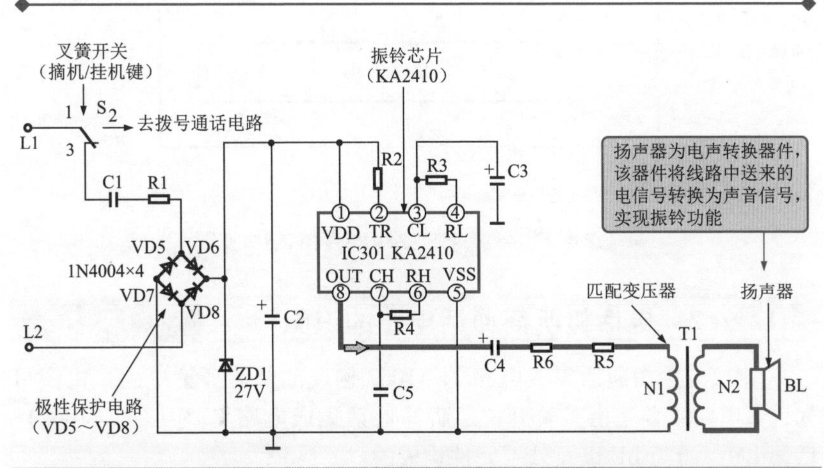

图 12-4 采用振铃芯片 KA2410 的振铃电路

- 当有用户呼叫时，交流振铃信号经相线（L1、L2）送入电路中；

• 在未摘机时，摘机/挂机开关触点接在1→3触点上，振铃信号经电容器C1后耦合到振铃电路中，再经限流电阻器R1、极性保护电路VD5~VD8、C2滤波以及ZD1稳压后，加到振铃芯片IC301的①脚、⑤脚，为其提供工作电压。

• 当IC301获得工作电压后，其内部振荡器起振，由一个超低平振荡器控制一个音频振荡器，并经放大后由⑧脚输出音频振铃信号，经耦合电容器C4、电阻器R6后，由匹配变压器T1耦合至扬声器发出铃声。

要点说明

在对电话机振铃电路进行分析时，了解电路中主要集成电路的内部结构或功能特点，对分析电路工作过程和厘清信号关系非常有帮助。图12-5所示为振铃芯片KA2410的内部结构框图。

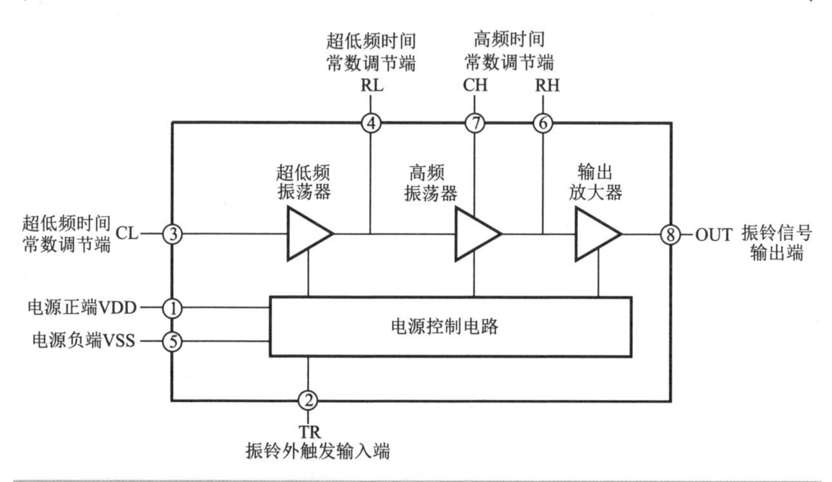

图12-5 振铃芯片KA2410的内部结构框图

12.2.2 电话机听筒通话电路的识图

图12-6为由通话集成电路TEA1062构成的听筒通话电路。由图可知，该电路主要是由叉簧开关、听筒通话集成电路IC201（TEA1062）、话筒BM、听筒BE以及外围元件构成的。

电源从外线送入听筒通话集成电路IC201芯片的①脚，同时经电阻器R209、电容器C212滤波后加到芯片的⑬脚，为芯片提供工作电压。

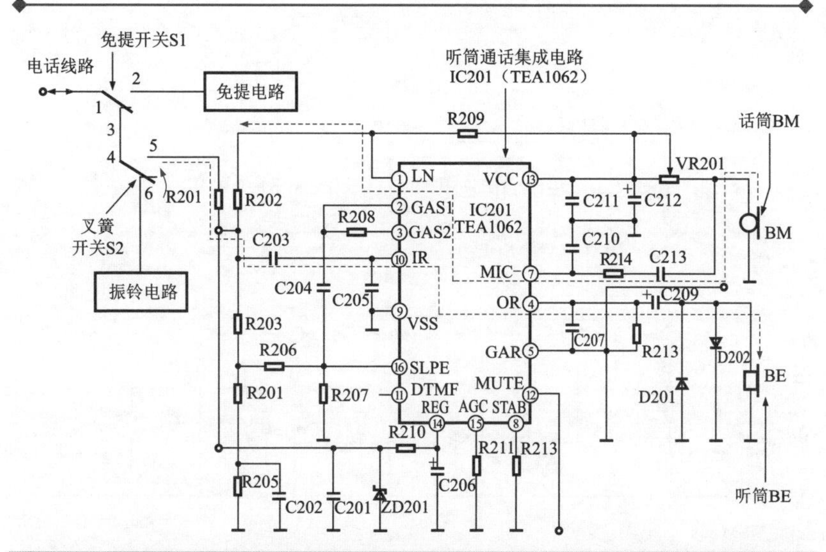

图 12-6　由通话集成电路 TEA1062 构成的听筒通话电路

当用户讲话时，语音信号经话筒 BM、电容器 C213、电阻器 R214 后加到芯片的⑦脚，经 IC201 放大后，由其①脚输出，送往外线。

在使用听筒接听对方声音时，提起听筒后，摘机/挂机开关 S2 触点 4→5 闭合，4→6 断开。

外线送来的话音信号，经电阻器 R201、电容器 C203 后加到 IC201 的⑩脚，经 IC201 芯片内部放大后，由其④脚输出，再经耦合电容器 C209 后，送至听筒 BE。

听筒 BE 再将电信号还原出声音信号，便可听到对方声音了。另外，话筒和听筒的音量分别受 VR201 和 R213 调节。

12. 2. 3　电话机免提通话电路的识图

图 12-7 所示为由通话集成电路 MC34018 构成的免提通话电路。由图中可知，该电路主要是由免提通话集成电路 MC34018、免提话筒 BM、扬声器 BL 及外围元器件构成的。

在免提通话状态下，当用户讲话时，语音信号经话筒 BM、电容器 C43 后加到芯片的⑨脚，经 MC34018 放大后，由其④脚输出，送往外线；接听对方声音时，外线送来的话音信号经电容器 C26 后送入芯片 MC34018 的㉗脚，经其内部放大后由⑮脚输出，送至扬声器 BL 发出声音。

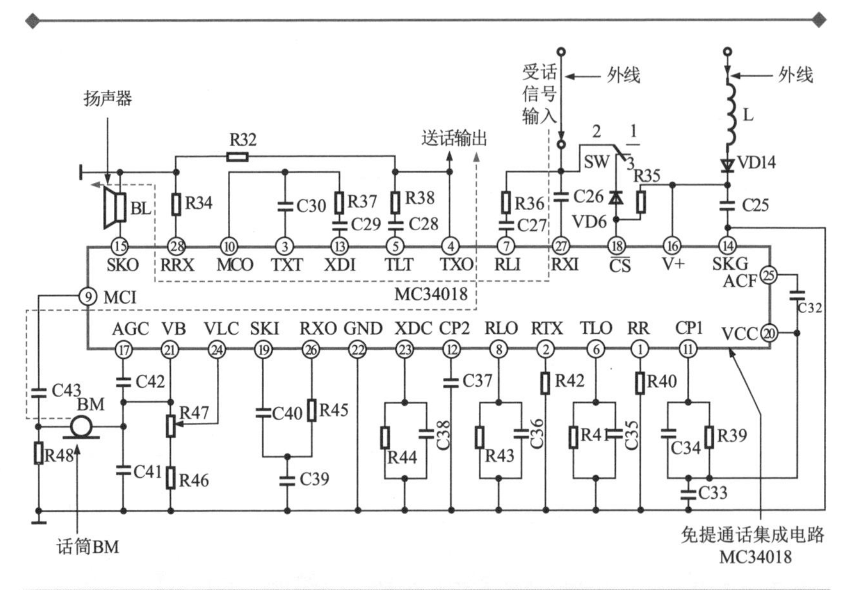

图 12-7　由通话集成电路 MC34018 构成的免提通话电路

要点说明

免提通话集成电路 MC34018 的内部结构框图如图 12-8 所示。

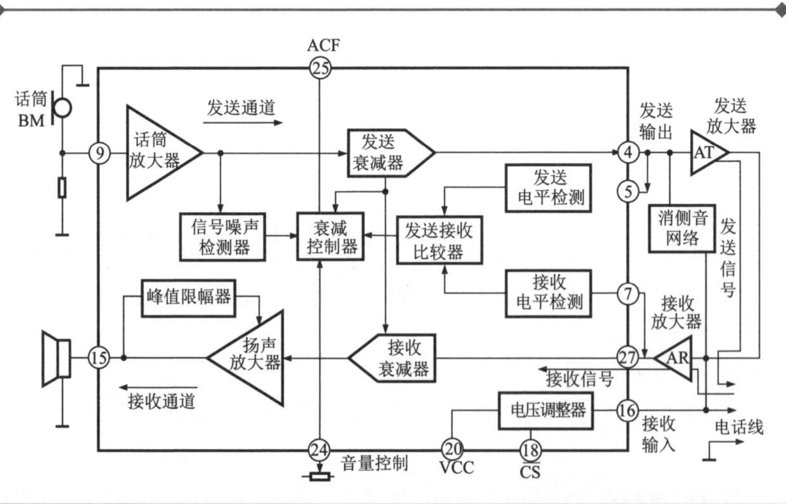

图 12-8　免提通话集成电路 MC34018 的内部结构框图

12.2.4　电话机拨号电路的识图

图 12-9 所示为由拨号芯片 KA2608 构成的拨号电路。从图中可以看到，该电路是以拨号芯片 IC6 KA2608 为核心的电路单元，该芯片是一种多功能芯片，其内部包含有拨号控制、时钟及计时等功能。

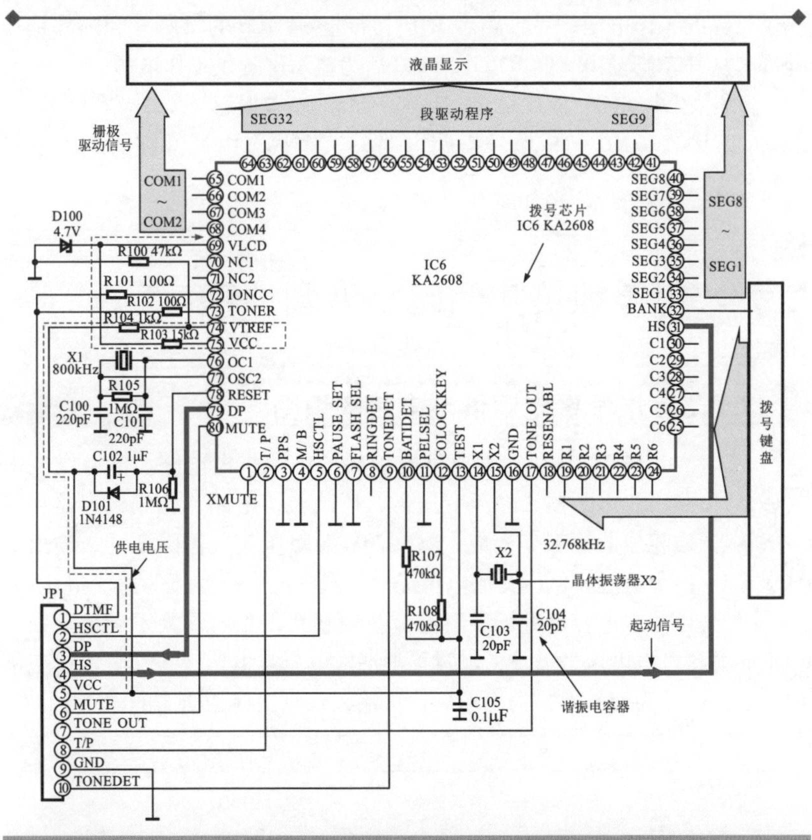

图 12-9　由拨号芯片 KA2608 构成的拨号电路

由图中可知，拨号芯片 IC6 KA2608 的㉝脚~68脚为液晶显示器的控制信号输出端，为液晶屏提供显示驱动信号；69脚外接 4.7V 的稳压管 D100，为液晶屏提供一个稳定的工作电压；⑭脚、⑮脚外接晶体振荡器 X2、谐振电容器 C103 和 C104 构成时钟振荡电路，为芯片提供时钟信号。

IC6（KA2608）的⑲脚~㉔脚、㉕脚~㉚脚与操作按键电路板相连，组成 6×6 键盘信号输入电路，用于接收拨号指令或其他功能指令。

另外，IC6（KA2608）的㉛脚为起动端，该端经插件 JP1 的④脚与主电路板相连，用于接收主电路板部分送来的起动信号（电平触发）。

从图 12-9 也可以看到，JP1 为拨号芯片与主电路板连接的接口插件，各种信号及电压的传输都是通过该插件进行的，如主电路板送来的 5V 供电电压，经 JP1 的⑤脚后分为两路：一路直接送往 IC6 芯片的⑬脚，为其提供足够的工作电压；另一路经 R104 加到芯片 IC6 的㉔脚，经内部稳压处理，从其㉕脚输出，经 R103、D100 后为显示屏提供工作电压。

除此之外，IC6 芯片的㉗脚、㉖脚和晶体振荡器 X1（800kHz）、R105、C100、C101 组成拨号振荡电路，工作状态由其㉛脚的起动电路进行控制。

12.3 电饭煲实用电路识图训练

12.3.1 电饭煲电源供电电路的识图

图 12-10 所示为典型电饭煲的电源供电电路。电源供电电路由热熔断器、降压变压器、桥式整流电路、滤波电容器和三端稳压器等部分构成，AC 220V 经降压变压器降压后，输出低压交流电。低压交流电再经过桥式整流电路整流为直流电压后，由滤波电容器进行平滑滤波，使其变得稳定。为了满足电饭煲中不同电路供电电压的需求，经过平滑滤波的直流电压，一部分经过三端稳压器，稳压为+5V 左右的电压后，再输入到电饭煲的所需的电路中。

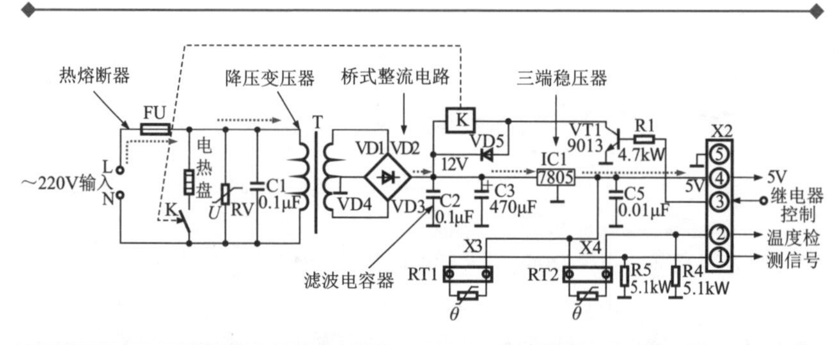

图 12-10 典型电饭煲的电源供电电路（电源供电和控制接口）

交流220V市电送入电路后，通过FU（热熔断器）将交流电输送到电源电路中。热熔断器主要起保护电路的作用，当电饭煲中的电流过大或电饭煲中的温度过高时，热熔断器熔断，切断电饭煲的供电。

交流220V进入到电源电路中，经过降压变压器降压后，输出交流低压。

交流低压经过桥式整流电路和滤波电容，整流滤波后，变为直流低压，直流低压再送到三端稳压器中。

三端稳压器对整流电路输出的直流电压进行稳压后，输出+5V的稳定直流电压，稳压5V为微处理器控制电路提供工作电压。

12.3.2 电饭煲操作显示电路的识图

图12-11所示典型电饭煲的操作显示电路图。从图中可以看出，操作电路与显示电路都由微处理器直接控制。

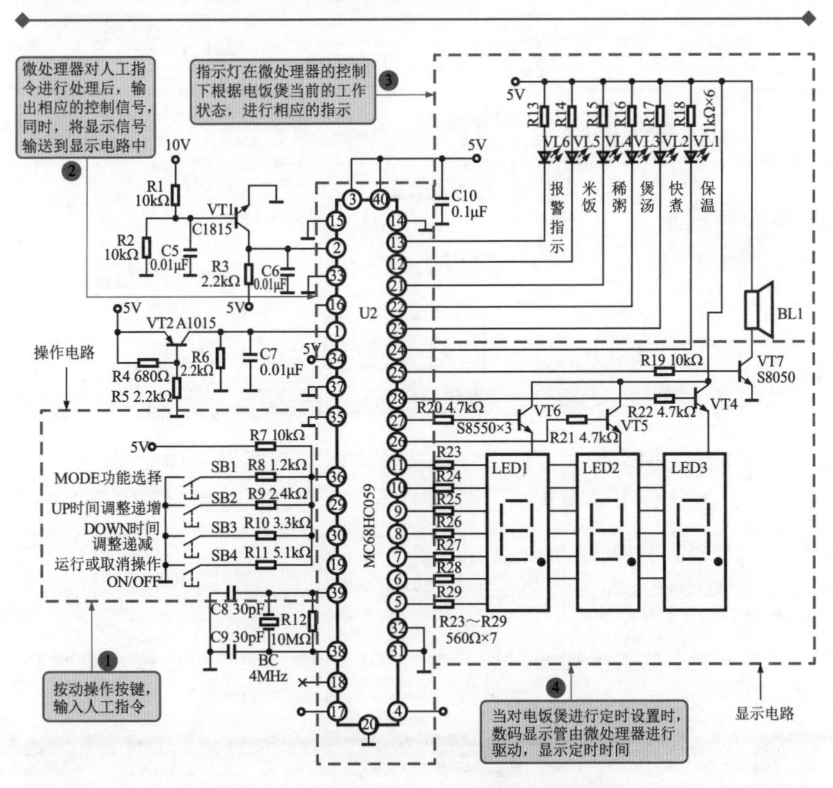

图12-11 典型电饭煲操作显示电路

电饭煲通电后，操作电路有+5V 的工作电压，按动电饭煲的操作按键，输入人工指令对电饭煲进行操作。

人工指令信号由操作电路输入到微处理器中，经微处理器处理后，根据当前的电饭煲工作状态，直接控制指示灯的显示。

指示灯（LED）由微处理器控制，根据当前电饭煲的工作状态，进行相应的指示。

当通过操作电路对电饭煲进行定时设置时，数码显示管通过微处理器的驱动，显示电饭煲的定时时间。

12.3.3 电饭煲加热控制电路的识图

图 12-12 所示为典型电饭煲加热控制电路。

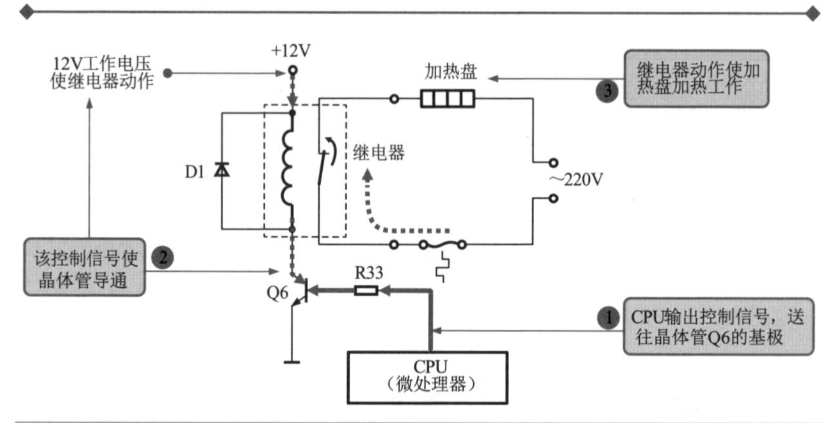

图 12-12 典型电饭煲加热控制电路

人工输入加热指令后，CPU（微处理器）为驱动晶体管 Q6 提供控制信号，使其处于导通状态，即 CPU（微处理器）向驱动晶体管中提供一个“加热驱动信号”。

当晶体管 Q6 导通，12V 工作电压为继电器绕组提供工作电流，使继电器开关触点接通。

继电器中的触点接通以后，AC 220V 电源与加热盘电路形成回路，开始加热工作。

要点说明

由于加热盘的供电电压较高，因此，检修加热盘时应先检测加热盘本身及控制电路是否正常。若经检测均正常，再对加热盘的供电电压进行检测。检测加热盘的供电电压时，应注意安全，防止在检修的过程中造成人员触电事故。

加热盘控制电路中所采用的驱动晶体管大多数为NPN型，在对驱动晶体管进行更换前，要仔细核对驱动晶体管的型号及引脚排列顺序。

12.4 微波炉实用电路识图训练

12.4.1 机械控制微波炉电路的识图

采用机械控制装置的微波炉，以定时器作为主要控制部件，由其对微波炉内各功能部件的供电状态及通电时间进行控制，进而实现整机自动加热、停止的功能。

图12-13为典型机械控制方式微波炉的整机电路。该电路主要是由高压变压器、高压整流二极管、高压电容器和磁控管等部件构成的。

由图中可见，这种电路的主要特点是由定时器控制高压变压器的供电。定时器定时旋钮旋到一定时间后，交流220V电压便通过定时器为高压变压器供电。当到达预定时间后，定时器回零，便切断交流220V供电，微波炉停机。

微波炉的磁控管是微波炉中的核心部件。它是产生大功率微波信号的器件，它在高电压的驱动下能产生2450MHz的超高频信号，由于波长比较短，因此这个信号被称为微波信号。利用这种微波信号可以对食物进行加热，所以磁控管是微波炉里的核心部件。

给磁控管供电的重要器件是高压变压器。高压变压器的一次侧接220V交流电，高压变压器的二次侧有两个绕组，一个是低压绕组，另一个是高压绕组，低压绕组给磁控管的阴极供电，磁控管的阴极相当于电视机显像管的阴极，给磁控管的阴极供电就能使磁控管有一个基本的工作条件。高压绕组线圈的匝数约为一次绕组线圈的10倍，所以高压绕组的输出电压也大约是输入电压的10倍。如果输入电压为220V，高压绕组输出的电压约为2000V，频率为50Hz，经过高压二极管的整流，就将2000V的电压变成4000V的高压。当220V是正半周时，高压二极管导通接地，高压绕组产生的电压就对高压电容器进行充电，使其达到2000V左右的电压。当220V是负半周时，高压二极管是反向截止的，此时高压电容器上面已经有2000V的电压，高压线圈上又产生了2000V左右的电压，加上电容器上的2000V电压大约就是4000V的电压加到磁控管上。磁控管在高压下产生了强功率的电磁波，这种强功率的电磁波就是微波信号。微波信号通过磁控管的发射端发射到微波炉的炉腔里，在炉腔里面的食物由于受到微波信号的作用就可以实现加热。

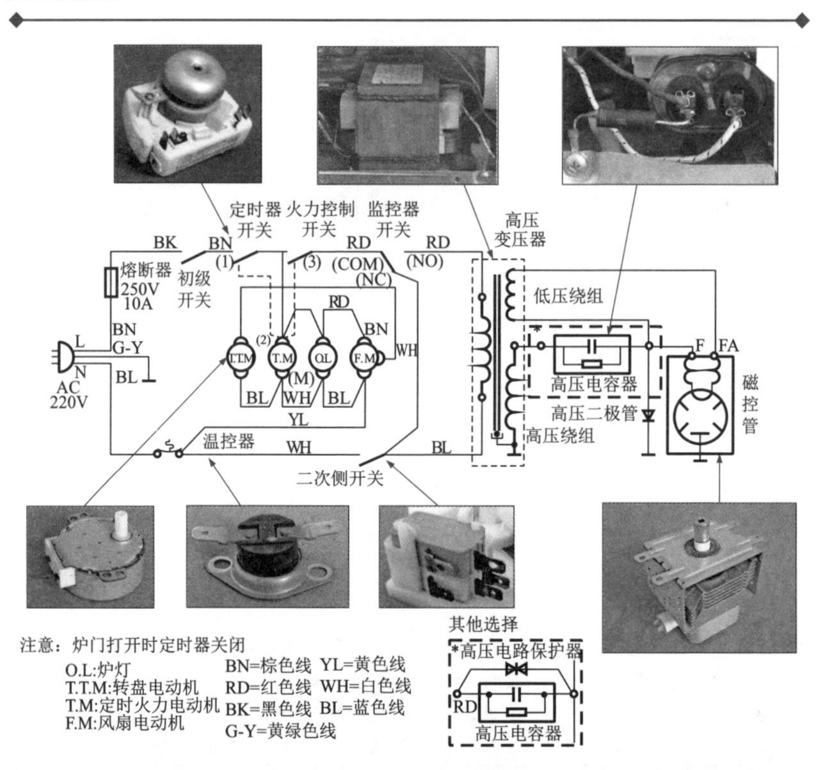

图 12-13　典型机械控制方式微波炉的整机电路

12.4.2　微处理器控制微波炉电路的识图

采用微处理器控制装置的微波炉，其高压绕组部分和机械控制方式的微波炉基本相同，所不同的是控制电路部分，图12-14为典型微处理器控制微波炉的整机电路。

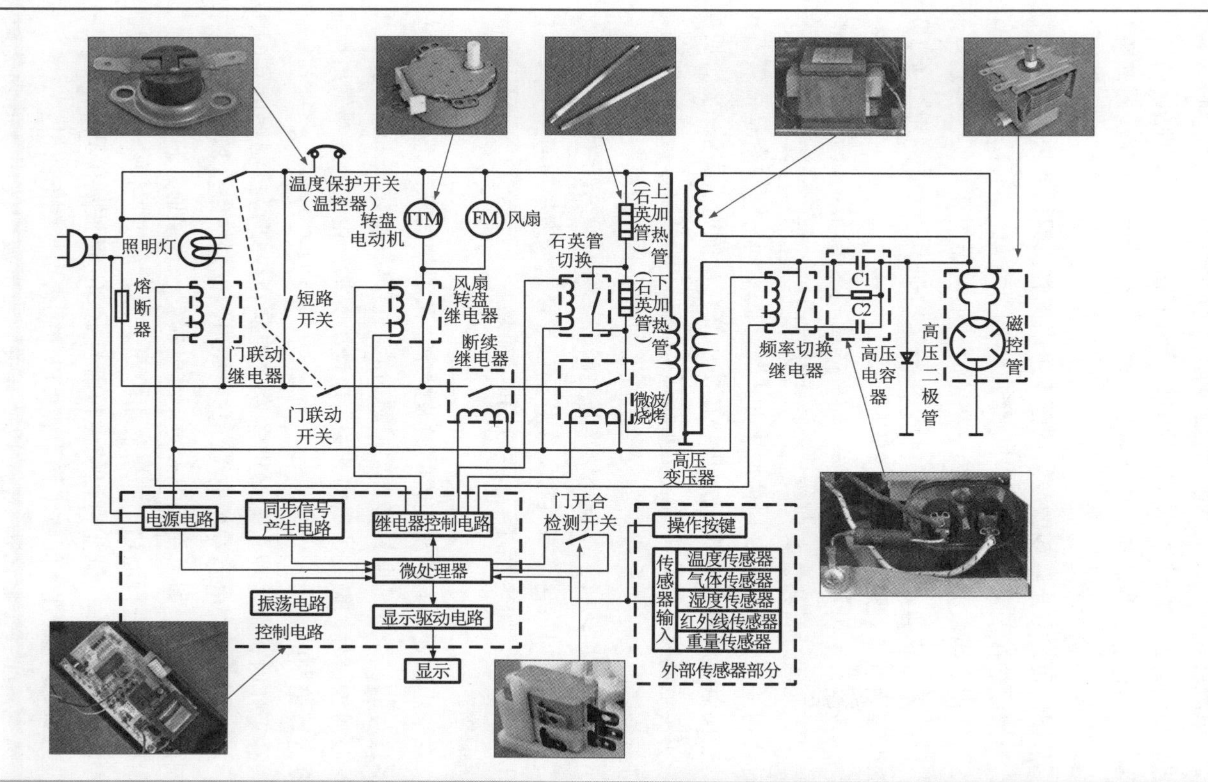

图 12-14　典型微处理器控制的微波炉整机电路

采用微处理器控制装置的微波炉的主要器件和采用机械控制装置的微波炉是一样的，即产生微波信号的都是磁控管。其供电电路由高压变压器、高压电容器和高压二极管构成。高压电容器和高压变压器的绕组产生 2450MHz 的谐振。

从图中可以看出，该微波炉的频率可以调整。即微波炉上有两个档位，当微波炉拨至高频率档位时，继电器的开关就会断开，电容器 C2 就不起作用。当微波炉拨至低频率档位时，继电器的开关便会接通。继电器的开关一接通，就相当于给高压电容又增加了一个并联电容器 C2，谐振电容量增加，频率便有所降低。

该微波炉不仅具有微波功能，而且还具有烧烤功能。微波炉的烧烤功能主要是通过石英管实现的。在烧烤状态时，石英管产生的热辐射可以对食物进行烧烤加热，这种加热方式与微波不同。它完全是依靠石英管的热辐射效应对食物进行加热。在使用烧烤功能时，微波/烧烤切换开关切换至烧烤状态，将微波功能断开。微波炉即可通过石英管加热食物进行烧烤。为了控制烧烤的程度。微波炉中安装有两根石英管。当采用小火力烧烤加热时，石英管切换开关闭合，将下加热管（石英管）短路，即只有上加热管（石英管）工作。当选择大火力烧烤时，石英管切换开关断开，上加热管（石英管）和下加热管（石英管）一起工作对食物加热。

在采用微处理器控制装置的微波炉中，微波炉的控制都是通过微处理器进行的。微处理器具有自动控制功能。它可以接收人工指令，也可以接收遥控信号。微波炉里的开关、电动机等都是由微处理器发出控制指令进行控制的。

在工作时，微处理器向继电器发送控制指令即可控制继电器的工作。继电器的控制电路有 5 根线，其中一根控制断续继电器，它是用来控制微波火力的。如果使用强火力，继电器就一直接通，磁控管便一直发射微波对食物进行加热；如果使用较弱火力，继电器便会在微处理器的控制下间断工作，例如可以使磁控管发射 30s 微波后停止 20s，然后再发射 30s，这样往复间歇工作，就可以达到火力控制的效果。

第二条线是控制微波/烧烤切换开关，当微波炉使用微波功能时，微处理器发送控制指令将微波/烧烤切换开关接至微波状态，磁控管工作对食物进行微波加热。当微波炉使用烧烤功能时，微处理器便控制切换开关将石英管加热电路接通，从而使微波电路断开，实现对食物的烧烤加热。

第三条线是控制频率切换继电器从而实现对微波炉功率的调整控制。第四根和第五根线分别控制风扇/转盘继电器和门联动继电器。通过继电器对开关进行控制可以实现小功率、小电流、小信号对大功率、大电流、大信号的控制。同时，便于将工作电压高的器件与工作电压低的器件分开放置，对电路的安全也是一个保证。

在微波炉中，微处理器及相关的外围电路或辅助电路都安装在控制电路板上。其中，时钟振荡电路是给微处理器提供时钟信号的部分。微处理器必须有一个同步时钟，微处理器内部的数字电路才能够正常工作。同步信号产生器为微处理器提供同步信号。微处理器的工作一般都在集成电路内部进行，用户是看不见摸不着的，所以微处理器为了和用户实现人工对话，通常会设置有显示驱动电路。显示驱动电路将微波炉各部分的工作状态通过显示面板上的数码管、发光二极管、液晶显示屏等器件显示出来。这些电路在一起构成微波炉的控制电路部分。它们的工作一般都需要低压信号，因此需要设置一个低压供电电路，将交流 220V 电压变成 5V、12V 直流低压，为微处理器和相关电路供电。

12.5 电磁炉实用电路识图训练

12.5.1 电磁炉电源电路的识图

图 12-15 为典型电磁炉的电源电路，由于该电磁炉中的电源供电电路每部分实现的功能不同，因此将该电源供电电路分为几个电路进行分析。

电磁炉开机后，交流 220V 电压经熔断器、滤波电容器 C201 以及压敏电阻器 R201 等元器件，滤除市电的高频干扰后，送往整流滤波电路中。经滤波后的交流 220V 电压，再经过桥式整流电路 DB 整流后输出 +300V 的直流电压，再由扼流线圈 L1、电容器 C202 构成的低通滤波器进行平滑滤波，并阻止功率输出电路产生的高频谐波。

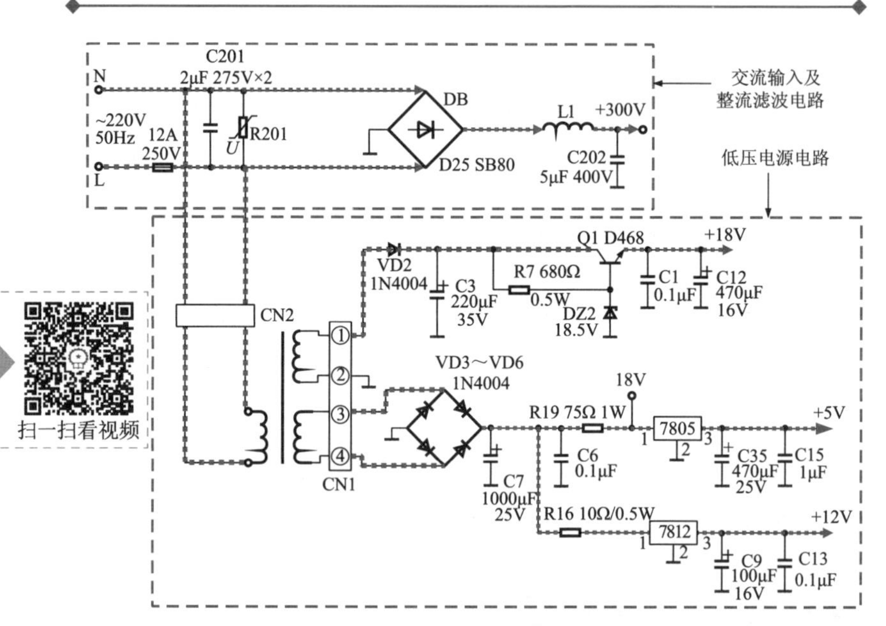

图 12-15　典型电磁炉的电源电路

要点说明

不同型号的电磁炉的市电输入电路也有所区别，图 12-16 中的电容器 C1、C2 和互感滤波器 T 构成滤波电路，用来滤除市电中的高频干扰，防止强脉冲冲击炉内电路，同时抑制电磁炉工作时对市电的电磁辐射污染，如图 12-16 所示，而有一些电磁炉的市电输入电路中则只是采用一个谐波吸收电容器 C 进行滤波。

另外，低压电源电路部分：

交流 220V 电压，加到降压变压器的一次侧绕组，其二次侧有两个绕组 A、B。A 绕组经连接插件 CN1 的①脚输出，经整流滤波电路（VD2、C3）整流滤波后，再经稳压电路（Q1、VD2）稳压后，输出+18V 直流电压为其他电路供电。

降压变压器的二次侧绕组 B 经连接插件的③脚和④脚输出交流低压电压，经桥式整流电路（VD3～VD6）整流滤波后分为两路：一路经电阻器 R19 和三端稳压器 7805 输出+5V 的直流电压；另一路经电阻器

R16 和三端稳压器 7812 输出+12V 的直流电压。

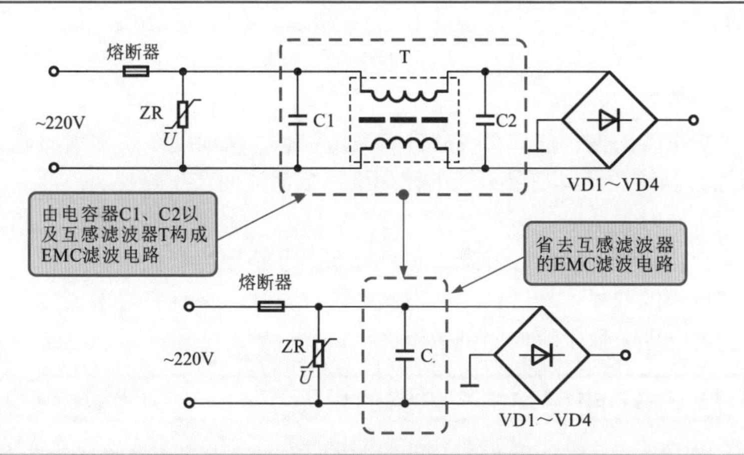

图 12-16 不同型号电磁炉中的交流输入电路

12.5.2 电磁炉功率输出电路的识图

图 12-17 为典型电磁炉的功率输出电路。由图中可知，该电路主要由炉盘线、高频谐振电容器 C203、IGBT 以及阻尼二极管 D201 等构成。

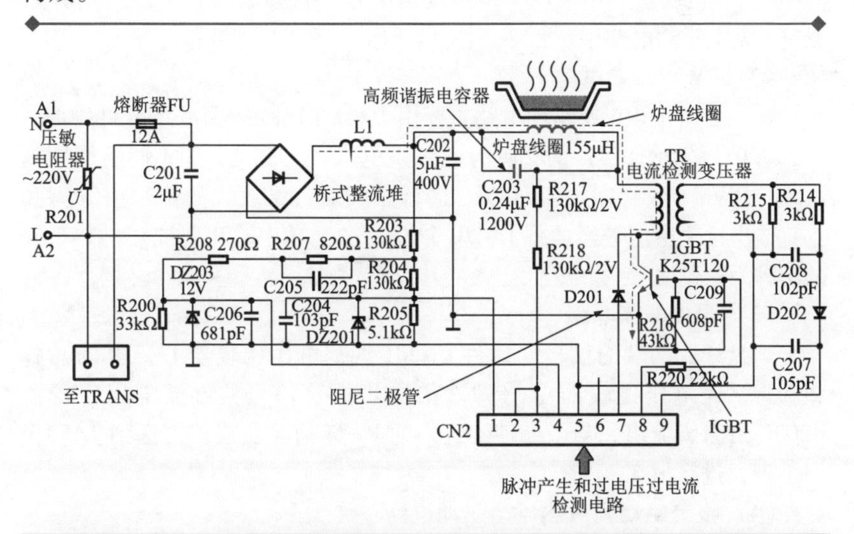

图 12-17 典型电磁炉的功率输出电路

交流220V市电经熔断器FU、滤波电容器C201加到桥式整流堆上，整流后的直流电压经扼流线圈L1和平滑滤波电容器C202为炉盘线圈供电，炉盘线圈与C203构成并联谐振电路。炉盘线圈的另一端经电流检测变压器与门控管的集电极相连。工作时门控管（IGBT）输出的脉冲加到炉盘线圈上，使炉盘线圈进入振荡状态，从而使线圈辐射出磁力线（磁能）。铁质灶具在磁力线的作用下形成涡流而产生热量。

工作时振荡电流流过电流检测变压器的一次侧绕组，其二次侧会感应出交流信号，该信号经限流和整流滤波电路形成直流电压，作为炉盘线圈电流的取样信号送到微处理器中进行监测，一旦有过电流情况，微处理器立即采取限流或停机措施进行自我保护。

12.5.3 电磁炉主控电路的识图

图12-18为典型电磁炉的主控电路。该电路主要由蜂鸣器驱动电路、温度检测电路、电流检测电路、直流电源供电电路、同步振荡电路、PWM驱动放大器、操作显示电路接口、微处理器（MCU）控制电路等构成。

（1）微处理器控制电路

微处理器（ST72215）的㉜脚为+5V电压供电端，②脚和③脚外接8MHz晶体振荡器，用来产生时钟振荡信号；⑬脚输出PWM控制信号，送往PWM驱动电路中。

（2）PWM驱动电路

该电磁炉的PWM驱动电路主要由U201 TA8316S及外围元件构成。

U201（TA8316S）的②脚为电源供电端，①脚为PWM调制信号输入端，PWM调制信号经TA8316进行放大后，将放大的信号由⑤脚和⑥脚输出，输出信号经插件CN201输出，送至功率输出电路中。TA8316的⑦脚为钳位端。

（3）同步振荡电路

炉盘线圈两端的信号经插件CN201加到电压比较器LM339的⑩脚和⑪脚，经电压比较器由⑬脚输出同步振荡信号，再经电压比较器U200C由⑭脚输出，与微处理器送来的PWM信号合成，再送到TA8316的①脚，进行放大。

（4）报警驱动和散热风扇驱动电路

微处理器的⑫脚输出蜂鸣器驱动脉冲信号，经电阻器R243后送到

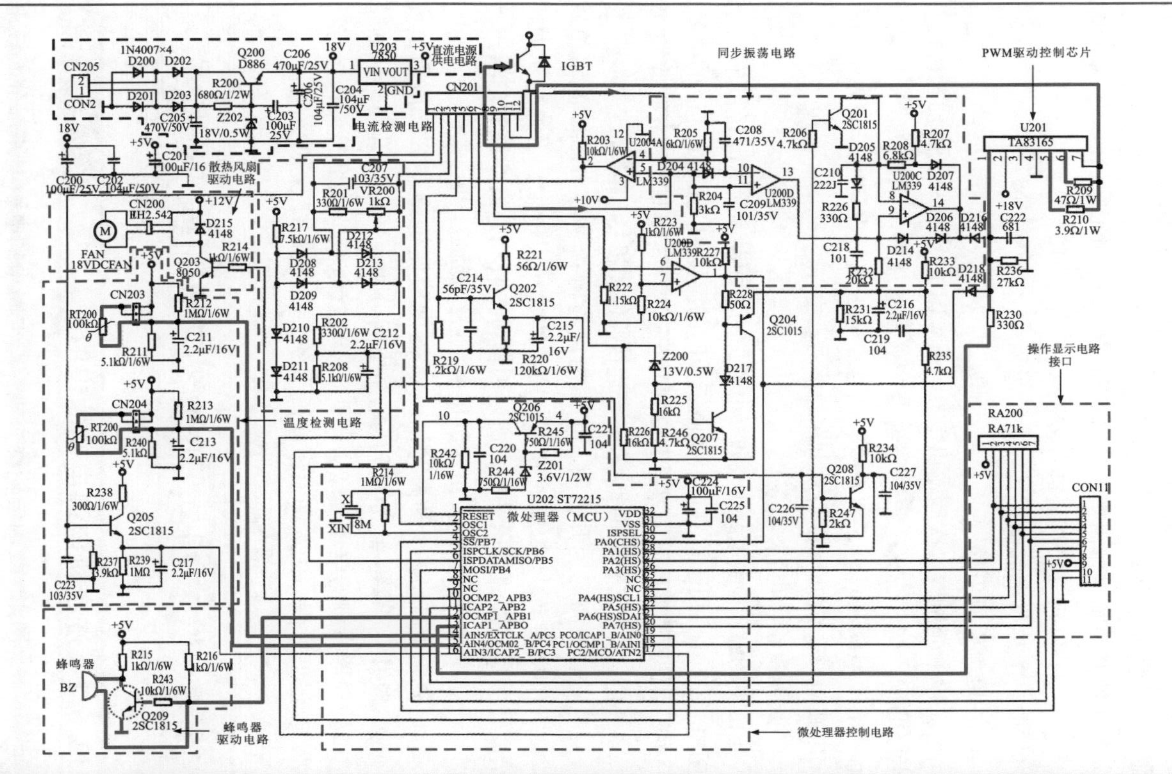

图 12-18 典型电磁炉的主控电路

驱动晶体管 Q209 的基极，经晶体管放大后，驱动蜂鸣器 BZ 发出声响。当电磁炉在开始工作、停机、开机或处于保护状态时，为了提示用户进而驱动蜂鸣器发出声响。

微处理器的⑩脚输出散热风扇驱动信号，经电阻器 R214 后送到晶体管 Q203 的基极，触发晶体管 Q203 导通后，+12V 开始为散热风扇电动机供电，散热风扇起动运转。

（5）电流检测电路

电流检测变压器二次侧输出信号经 CN201 的②脚和③脚加到桥式整流电路的输入端，桥式整流电路输出的直流电压经 RC 滤波后送到微处理器的电流检测端⑰脚，如果该脚的直流电压超过设定值，则表明功率输出电路过载，微处理器则输出保护信号。

（6）温度检测电路

电磁炉的温度检测电路主要包括电磁炉的炉面温度检测电路和 IGBT 温度检测电路。主要用于检测炉盘线圈工作时的温度和 IGBT 工作时的温度，它们主要由炉面温度检测传感器 RT200（位于炉盘线圈上）和 IGBT 温度检测传感器 RT201（位于散热片下方）及连接插件和相关电路构成。

当电磁炉炉面温度升高时，炉面温度检测传感器 RT200 的阻值减小，则 RT200 与 R211 组成的分压电路中间分压点的电压升高，从而使送给微处理器⑭脚的电压升高，微处理器将接收到的温度检测信号进行识别，若温度过高，立即发出停机指令，进行保护。

当电磁炉 IGBT 温度升高时，IGBT 温度检测传感器 RT201 阻值变小，则 RT201 与 R240 组成的分压电路中间分压点的电压升高，从而使送给微处理器⑮脚的电压升高，微处理器将接收到的温度检测信号进行识别，若温度过高，则立即发出停机指令，进行 IGBT 保护。

12.6 洗衣机实用电路识图训练

12.6.1 洗衣机电源电路的识图

扫一扫看视频

图 12-19 为波轮洗衣机控制电路中的电源电路部分。该电路主要是由熔断器 FU、电源开关 K1、过电压保护器 ZNR、电源变压器 T1、桥式整流电路 VD1~VD4 等元器件构成的。

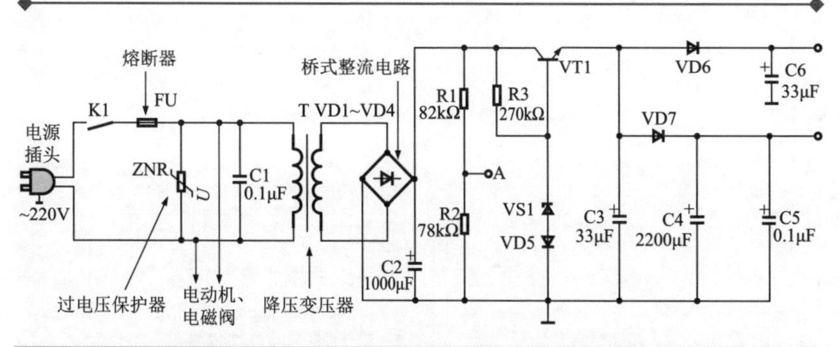

图 12-19 波轮洗衣机控制电路中的电源电路部分

通过识读可知，洗衣机通电开机后，交流 220V 电压经电源插头送入电源电路中，经熔断器 FU、电源开关 K1、过电压保护器 ZNR 后分为两路：一路直接输出交流电压为电动机、电磁阀等供电；另一路，经过降压变压器降压后送入桥式整流电路 VD1 ~ VD4 进行整流，输出的直流电压再经滤波电容器 C2 滤波，VT1 稳压后，输出稳定的直流电压为微处理器和其他需要直流供电的元器件供电。

12. 6. 2 洗衣机微处理器电路的识图

图 12-20 为波轮洗衣机的微处理器电路。微处理器电路是由微处理器 IC1 4021WFW、5V 供电电路、时钟电路、复位电路和操作显示电路等部分构成的。

电路中，微处理器 IC1 4021WFW 是一只具有 28 个引脚的集成电路，内部设定有各种控制程序，当满足供电、时钟和复位三大基本条件后，当操作显示电路送入人工指令信号后，可输出各种控制信号和状态显示信号，是洗衣机整机控制核心。

（1）5V 供电电路

电源电路经 VT1 输出约 5. 6V 直流电压，经 VD7 整流后，输出 5V 直流电压，经电容器 C3、C4 滤波后，送到微处理器 IC1 的㉖脚，为其提供基本供电条件。

（2）时钟电路

微处理器 IC1 的㉗脚、㉘脚外接晶体振荡器 JZ，微处理器内部振荡电路与 JZ 构成晶体振荡器，产生时钟信号，为微处理器提供同步脉冲，协调各部位工作。

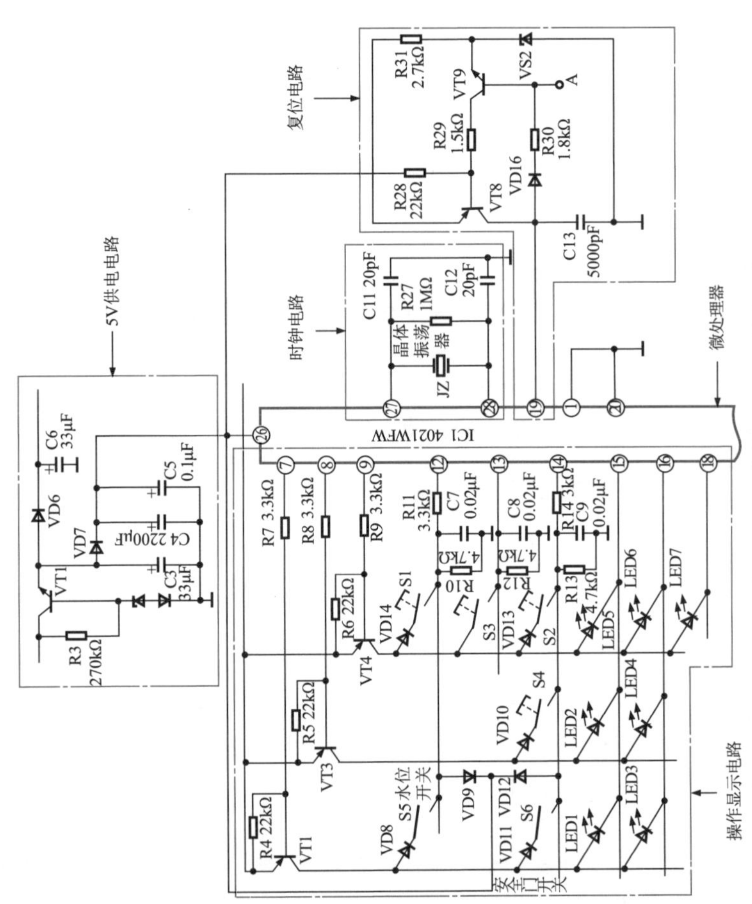

图 12-20 波轮洗衣机的微处理器电路

电路中晶体振荡器JZ外部并联的电阻器R27起到阻尼作用。

（3）复位电路

复位电路主要由晶体管VT8、VT9、VD16、R29、R30、C13等构成。复位电路是为微处理器提供启动信号的电路，电源供电经复位电路延迟后产生一个复位信号。控制电路开始工作时，电源电路输出+5V电压为微处理器（CPU）供电，+5V的建立有一个由0到5V的上升过程，如果在上升过程中CPU开始工作，会因电压不足导致程序紊乱。复位电路实际上是一个延迟供电电路，当电源电压由0上升到4.3V以上时，才输出复位信号，此时CPU才开始启动程序进入工作状态。

+5V电压经电阻器R28、R29加到VT9的集电极，当该电压由0上升到4.3V以前，晶体管VT9基极为反向偏置状态而截止。当输入端电压超过4.3V时，VT9基极电压（A）由R1、R2分压得到，该电压上升后使VT9导通，VT9导通为VT8提供了基极电流，使VT8导通，从而为微处理器⑲脚提供复位信号。

（4）操作显示电路

操作显示电路由操作按键S1~S4、状态指示灯LED1~LED7（发光二极管）等构成。通过按动操作按键可向微处理器送入启动、暂停、洗涤、漂洗、脱水等指令，由微处理器识别后输出相应的控制信号。

状态指示灯LED1~LED7的正极分别经晶体管VT1、VT3、VT4后与交流供电零线相连。VT1、VT3、VT4的基极分别经电阻器R7、R8、R9后与微处理器IC1的⑦脚、⑧脚、⑨脚相连，受微处理器控制导通与截止状态。

状态指示灯LED1~LED7的负极连接微处理器IC1的⑮脚、⑯脚、⑱脚。由微处理器控制状态指示灯的点亮与熄灭，从而指示微处理器的工作状态。

12.6.3 洗衣机进水控制电路的识图

图12-21为洗衣机进水控制电路部分。进水控制电路由水位开关S5、微处理器IC1、启动/暂停操作按键、双向晶闸管TR4、进水电磁阀IV等构成。

启动洗衣机前，首先设定洗衣机洗涤时的水位高度，然后按下洗衣机“启动/暂停”操作按键，向洗衣机微处理器IC1发出“启动”信号。

微处理器收到“启动”信号后，由⑦脚输出控制信号，使晶体管

VT1 导通，VT1 输出电压加到水位开关 S5 一端，此时水位开关未检测到设定的水位，开关仍处于断开状态。

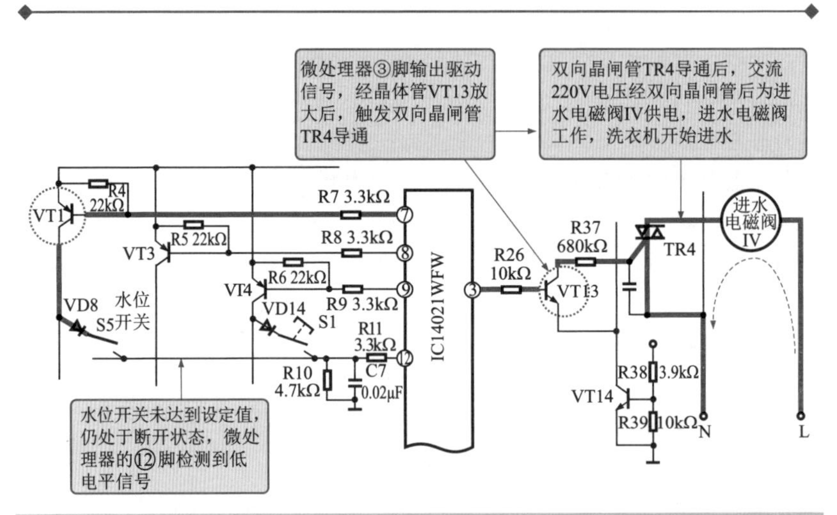

图 12-21 洗衣机进水控制电路部分

同时，在微处理器收到“启动”信号后，因水位开关仍处于断开状态，此时微处理器 IC1 的⑫脚检测到低电平，经内部程序识别后，控制其③脚输出驱动信号，送入晶体管 VT13 的基极，晶体管 VT13 导通，触发双向晶闸管 TR4 导通。

双向晶闸管 TR4 导通后，交流 220V 电压经双向晶闸管后为进水电磁阀 IV 供电，进水电磁阀工作，洗衣机开始进水。

当水位开关 S5 检测到洗衣机内水位上升到设定位置时，触点闭合，微处理器 IC1 的⑫脚检测到高电平，控制其③脚停止输出驱动信号，晶体管 VT13 截止，双向晶闸管 TR4 控制极上的触发信号消失，双向晶闸管 TR4 截止，进水电磁阀停止工作，洗衣机停止进水。

12.6.4 洗衣机洗涤控制电路的识图

图 12-22 为洗衣机洗涤控制电路部分。洗涤控制电路主要是由微处理器 IC1、晶体管 VT11 和 VT12、双向晶闸管 TR2 和 TR3、电动机、离合器等器件构成。

当洗衣机停止进水后，微处理器内部定时器启动，此时，洗衣机进入“浸泡”状态，洗衣机操作显示面板上的“浸泡”指示灯点亮。

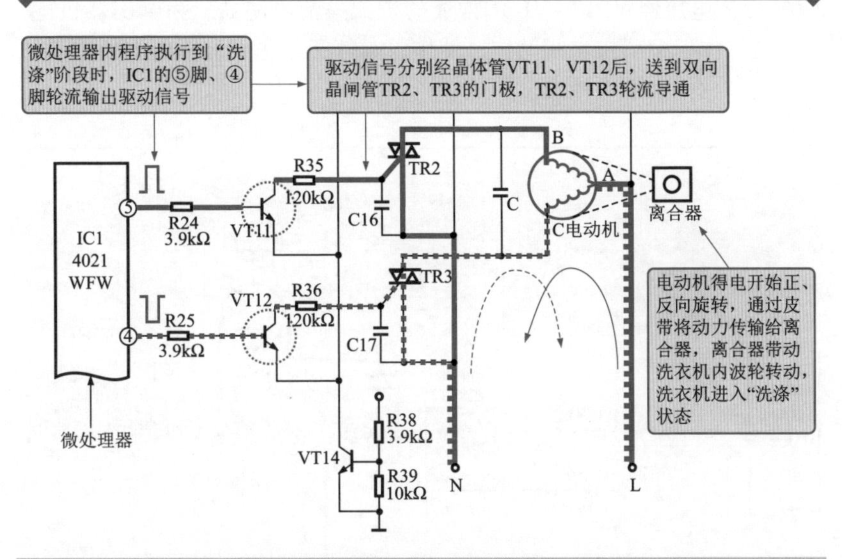

图 12-22 洗衣机洗涤控制电路部分

当定时时间到，微处理器在内部程序控制下，由⑤脚、④脚轮流输出驱动信号，分别经晶体管 VT11、VT12 后，送到双向晶闸管 TR2、TR3 的门极，TR2、TR3 轮流导通，电动机得电开始正、反向旋转，通过皮带将动力传输给离合器，离合器带动洗衣机内波轮转动，洗衣机进入“洗涤”状态，洗衣机操作显示面板上的“洗衣”指示灯点亮。

在洗涤开始同时，微处理器内部定时器开始对洗涤时间进行计时（用户选择洗涤模式不同，如普通洗涤、节水洗涤、加长洗涤等，定时器设定时间不同），当计时时间到后，微处理器⑤脚、④脚停止输出驱动信号，电动机停止工作，洗涤完成。

12.6.5 洗衣机排水控制电路的识图

图 12-23 为洗衣机排水控制电路部分。排水控制电路主要由微处理器 IC1、晶体管 VT10、双向晶闸管 TR1、桥式整流电路 VD17 ~ VD21、牵引器和排水阀构成。

当洗衣机停止洗涤后，微处理器在内部程序作用下，由⑥脚输出控制信号，经晶体管 VT10 放大后送到双向晶闸管 TR1 的门极，TR1 导通。

220V 交流电压经 VD17～VD21 构成的桥式整流电路后，为牵引器供电，牵引器工作后牵引排水阀动作，使排水阀打开，洗衣机桶内水便顺着排水阀出口从排水管中排出。

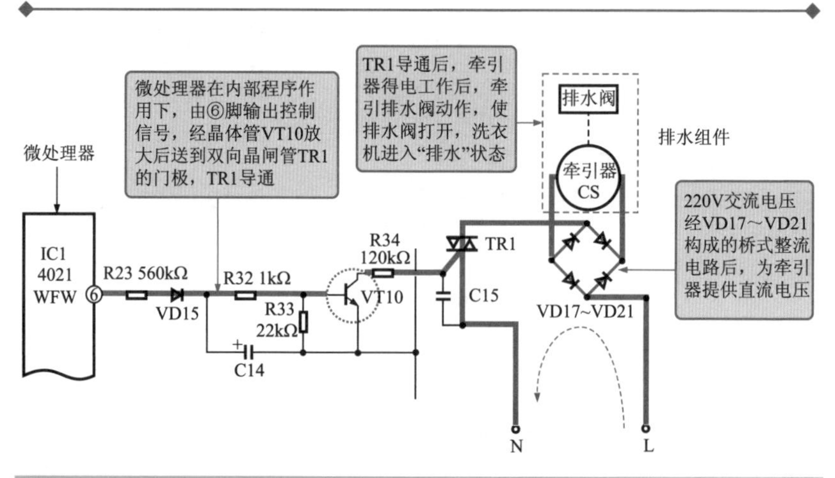

图 12-23 洗衣机排水控制电路部分

与此同时，牵引器内电磁线圈得电后将离合器转入脱水状态，为下一步脱水控制做好准备。

12. 6. 6 洗衣机安全门开关检测电路的识图

图 12-24 为洗衣机安全门检测电路部分。安全门开关检测电路主要是由微处理器 IC1、安全门开关 S6 及外围元器件构成。

当洗衣机上盖处于关闭状态时，安全门开关 S6 闭合。当按下洗衣机“启动/暂停”操作按键后，微处理器⑦脚输出控制信号使晶体管 VT1 导通，VT1 为安全门开关供电，然后将该电压送至微处理器的⑭脚。

当微处理器⑭脚能够检测 VT1 导通的电流，⑤脚、④脚才可输出驱动信号，控制洗衣机洗涤或脱水。

若上盖被打开，微处理器便检测不到经过安全门开关闭合信号，便会暂时⑤脚、④脚的信号输出，洗衣机电动机立即断电，停止洗涤工作，待上盖关闭后，继续工作。

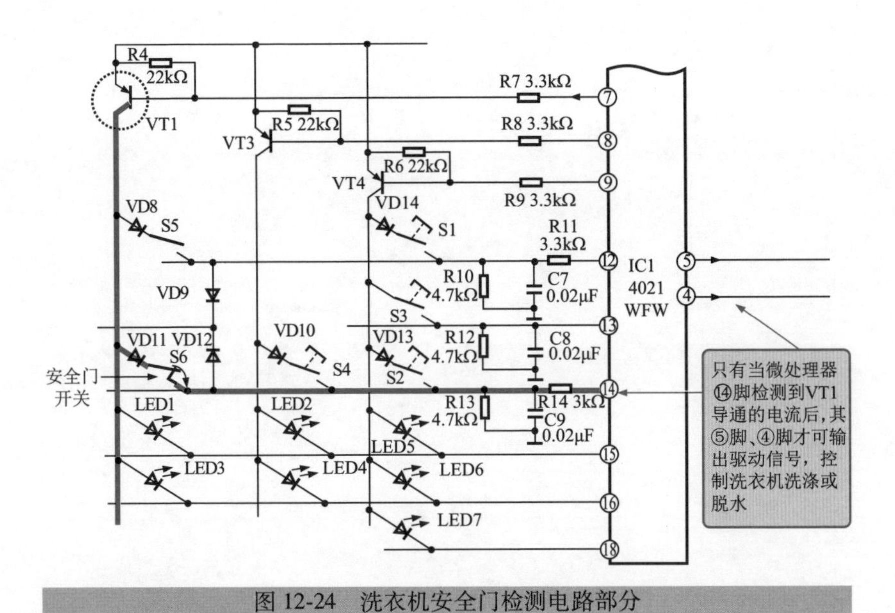

图 12-24　洗衣机安全门检测电路部分